PYTHON 幫幫忙!

用程式思維解決現實世界問題

PYTHON

幫幫忙！

用程式思維解決現實世界問題

LEE VAUGHAN 著 | 張清徽・張康寶 譯

感謝您購買旗標書，
記得到旗標網站
www.flag.com.tw

更多的加值內容等著您…

● FB 官方粉絲專頁：旗標知識講堂

● 旗標「線上購買」專區：您不用出門就可選購旗標書！

● 如您對本書內容有不明瞭或建議改進之處，請連上
旗標網站，點選首頁的 聯絡我們 專區。

若需線上即時詢問問題，可點選旗標官方粉絲專頁
留言詢問，小編客服隨時待命，盡速回覆。

若是寄信聯絡旗標客服email，我們收到您的訊息後，
將由專業客服人員為您解答。

我們所提供的售後服務範圍僅限於書籍本身或內
容表達不清楚的地方，至於軟硬體的問題，請直接
連絡廠商。

學生團體　訂購專線：(02)2396-3257 轉 362
　　　　　傳真專線：(02)2321-2545

經銷商　　服務專線：(02)2396-3257 轉 331
　　　　　將派專人拜訪
　　　　　傳真專線：(02)2321-2545

國家圖書館出版品預行編目資料

Python 幫幫忙！用程式思維解決現實世界問題
/ LEE VAUGHAN 作；張清徽、張康寶 譯. --

臺北市：旗標，2022.02　面；　公分

譯自：REAL WORLD PYTHON: A HACKER'S GUIDE TO
SOLVING PROBLEMS WITH CODE

ISBN 978-986-312-700-0 (平裝)

1.Python (電腦程式語言)

312.32P97　　　　　　　　　　110021790

作　　者／LEE VAUGHAN

翻譯著作人／旗標科技股份有限公司

發行所／旗標科技股份有限公司

台北市杭州南路一段15-1號19樓

電　　話／(02)2396-3257(代表號)

傳　　真／(02)2321-2545

劃撥帳號／1332727-9

帳　　戶／旗標科技股份有限公司

監　　督／陳彥發

執行編輯／劉品妤

美術編輯／陳慧如

封面設計／陳慧如

校　　對／劉品妤

新台幣售價：630 元

西元 2022 年 2 月初版

行政院新聞局核准登記-局版台業字第 4512 號

ISBN　978-986-312-700-0

目錄

chapter **04** 諜報戰—
打造量子電腦也無法破解的密碼本

chapter *06* 用阿波羅 8 號贏得太空競賽

chapter *07* 選擇登陸火星地點

chapter **08** 偵測系外行星

chapter **09** 異世界的敵我識別系統

chapter *10* 使用人臉辨識，建立禁區封鎖線

▌作者簡歷

Lee Vaughan 是程式設計師、流行文化愛好者、教育家，以及《Impractical Python Projects》(No Starch Press, 2018) 一書的作者。作為埃克森美孚 (Exxon Mobil) 的高階管理階層的科學家，他負責建構和審查電腦模型，開發和測試軟體，以及培訓地質科學家和工程師。他撰寫《Impractical Python Projects》和本書是為了幫助自學者加強 Python 技術並享受其中的樂趣！

▌技術校閱者簡歷

Chris Kren 畢業於南阿拉巴馬大學 (University of South Alabama) 資訊系統碩士，目前從事網路安全相關工作，經常使用 Python 製作報告、分析數據和設計自動化程式。

Eric Mortenson 是威斯康辛大學麥迪遜分校 (University of Wisconsin at Madison) 數學博士，他曾在賓州大學 (Pennsylvania State University)、昆士蘭大學 (The University of Queensland)、馬克斯・普朗克數學研究所 (Max Planck Institute for Mathematics) 進行研究和擔任教職。他現在是聖彼得堡國立大學 (Saint Petersburg State University) 的副教授。

致謝

儘管受疫情影響，但 No Starch Press 的團隊仍在書籍製作方面有非常傑出的表現。沒有這些頂尖的專業人士，這本書就不會存在。在此致上我對他們深刻的謝意和敬意。

還要感謝 Chris Kren 和 Eric Evenchick 審查程式碼內容，感謝 Joseph B. Paul、Sarah 以及 Lora Vaughan 對 cosplay 的熱情，以及 Hannah Vaughan 提供實用的照片。

特別感謝 Eric T. Mortenson 一絲不苟的技術審核以及許多實用的建議和補充。Eric 提議寫一章介紹貝氏定理，並提供了許多練習和挑戰專案，包括將蒙地卡羅法應用於貝氏定理、替小說逐章製作摘要、模擬月球和阿波羅 8 號之間的交互作用、以 3D 方式觀察火星、計算有衛星環繞的系外行星亮度曲線變化、…等等。有了他的幫助讓本書增色不少。

最後要感謝 stackoverflow.com 網站上的所有貢獻者，Python 的特色之一就是龐大且熱衷的使用者社群，不管什麼樣的問題，總會有人能解答；不管你想要用 Python 完成什麼奇怪的工作，可能早已有人做過，這些在 Stack Overflow 網站上都可找到參考答案，甚至找到人幫你忙。

本書簡介

　　如果讀者具備 Python 的基礎知識，就有能力去編寫程式來解決現實生活問題。在本書中，你會學到用 Python 程式來以阿波羅 8 號贏得登月競賽、幫助 Clyde Tombaugh 發現冥王星、選擇火星探測器的著陸地點、尋找系外行星 (exoplanets)，傳送機密訊息給朋友、與變種人大戰、拯救船難水手、逃離喪屍大軍、…等等。現實生活裡，你當然不會真的需要解決這些問題，但在實作過程中，你會了解怎麼站在程式設計師的角度去思考問題，從中你將學到如何運用各種功能強大的電腦視覺、自然語言處理、和科學計算工具，像是 OpenCV、NLTK、NumPy、Pandas 和 matplotlib，以及其它能幫助我們輕鬆完成困難工作的各種套件。

▎誰應該讀這本書？

　　本書可被視為中階的 Python 讀物。書中沒有入門的程式設計教學，而是提供專案化的實作練習，讓讀者就不必浪費金錢或書架空間來複習已經學過的概念。書中仍會解釋專案的每個步驟，並說明如何安裝和使用各種相關函式庫和模組。

　　這些專案應能吸引那些想利用程式來進行實驗、測試理論、模擬自然或單純為了好玩的讀者們。隨著研究這些專案的進程、讀者將提升對 Python 函式庫和模組的了解，並學習一些有用的技巧，實用的函式和技術。藉由逐步完成整個專案的設計和實作，而非只將焦點放在部份模組化的程式片段，讀者將能學到如何建構能處理實際生活、資料和問題的程式專案。

為何使用 Python？

Python 是高效率的直譯式通用程式語言。它不但是免費的，還有良好的互動性，而且寫好的程式可以在所有主要平台和微控制器 (如 Raspberry Pi) 上執行。Python 支援函數式和物件導向程式設計，並且可以與許多其他以其它程式語言 (例如 C++) 編寫的程式互通。

由於 Python 不僅易學又能應用在專業領域，因此它已滲透到學校、大學、大型企業、金融機構以及大多數科學領域。也因為如此，它成為了機器學習、資料科學和人工智慧應用中最廣被使用的語言。

本書有什麼樣的內容

以下是本書各章的概述。讀者不必依章節順序閱讀，但書中用到的模組和技術，只會在第一次出現的章節中做詳細的解說。

- 第 1 章 用貝氏定理搜救船難生還者：使用貝氏定理計算機率，有效地協助海巡人員在蟒蛇角 (Cape Python) 附近進行搜救工作。本章會使用 OpenCV、NumPy 和 itertools 模組。

- 第 2 章 用 NLP 技術找出小說作者本尊：使用自然語言處理來判定是亞瑟・柯南・道爾爵士 (Sir Arthur Conan Doyle) 或 H. G. 威爾斯 (H. G. Wells) 撰寫了小說《失落的世界》。本章會使用 NLTK、matplotlib 和文體分析技術 (例如停用詞、詞性、詞彙量和 Jaccard 相似度)。

- 第 3 章 使用自然語言處理來建立演說摘要：從網路上取得著名演講的演說內容，並自動產生重點摘要。另外本章也會介紹如何將小說的文本轉變為如同廣告宣傳般酷炫的展示。本章會使用 BeautifulSoup、Requests、re 常規表達式、NLTK、collections、wordcloud 和 matplotlib 等套件。

- 第 4 章 諜報戰—打造量子電腦也無法破解的密碼本：將肯・弗雷特 (Ken Follet) 暢銷間諜小說《諜夢尋謎》(The Key to Rebecca) 中使用的一次性密碼本，以數位的方式重現，用以和朋友分享牢不可破的加密訊息。本章會使用 collections 模組。

- 第 5 章 影像比對—發現冥王星：重現克萊德・湯博 (Clyde Tombaugh) 在 1930 年發現冥王星時使用的閃爍比較儀 (blink comparator)。然後使用現代電腦視覺技術自動尋找在星空上移動的微小瞬變，例如彗星和小行星。本章會使用 OpenCV 和 NumPy。

- 第 6 章 用阿波羅 8 號贏得太空競賽：幫助美國與阿波羅 8 號贏得登月比賽。繪製並執行巧妙的自由返航飛行路線，該路線說服了 NASA 提前一年登月，並有效讓蘇聯中止了太空計劃。本章會練習使用 turtle 模組。

- 第 7 章 選擇登陸火星地點：根據現實的任務目標，為探測器鎖定潛在的著陸點。在火星地圖上標出候選的降落地點，以及該位置的統計數據摘要。本章會練習使用 OpenCV、Python 影像函式庫 (PIL)、NumPy 和 tkinter。

- 第 8 章 偵測系外行星：模擬系外行星公轉時繞過恆星的情況，繪製因為此現象所產生的相對亮度變化，並估計行星的直徑。最後再模擬新的詹姆斯・韋伯太空望遠鏡觀測系外行星的情形，包括估算該行星一天的長度。本章會使用 OpenCV、NumPy 和 matplotlib。

- 第 9 章 異世界的敵我識別系統：設計一個機器步哨防禦槍，以視覺方式辨識太空防衛隊成員和邪惡變種生物。本章會使用 OpenCV、NumPy、playsound、pyttsx3 和 datetime。

- 第 10 章 使用人臉辨識，建立禁區封鎖線：使用臉部辨識控制實驗室的門禁。本章會使用 OpenCV、NumPy、playsound、pyttsx3 和 datetime。

- 第 11 章 建立互動式的喪屍逃生地圖：建構喪屍 "人口" 密度圖，以幫助電視節目《陰屍路》中的倖存者逃離亞特蘭大。本章會使用 Pandas、bokeh、holoviews 和 webbrowser。

- 第 12 章 在模擬世界中覺醒的救世主：我們生活在電腦模擬的世界中嗎？替模擬生物 (也許是我們) 找出一種方法，以證明他們確實生活在電腦模擬世界中。本章會使用 turtle、statistics 和 perf_counter。

每章結尾都有至少一個**練習專案**或**挑戰題**，可以在本書範例資料下載網站找到練習專案的解答。不過這些範例並非唯一的解法，也不一定是最好的解決方案。讀者或許會想出更好的方案。

但對於挑戰題，就請讀者自行挑戰完成，這是最好的學習方法！希望藉由這些挑戰題，能激發讀者個人創意，進而建立及完成更多新的專案。

▌本書範例下載

本書使用 Python 和其相關套件進行實作，每章節專案的實作檔案和練習專案的解答我們會放在旗標網站上提供讀者下載，包含兩種檔案格式 .py 檔和 .ipynb 檔可進行選擇，小編針對原書的程式有做了在地化或功能上的微調，若要取得與本書所列的程式碼一致的內容，請到以下網站下載：

https://www.flag.com.tw/bk/st/F2756/

請讀者依照網頁指示輸入通關密語即可下載取得本書範例程式，也可進一步輸入 Email 加入 VIP 會員，取得更多豐富的 Bonus 資源。

另外也可以從作者的 GitHub 網站 https://github.com/rlvaugh/Real_World_Python 進行下載，取得原書範例的 .py 檔。

Python 版本、平台和 IDE

筆者是在微軟 Windows 10 環境中使用 Python 3.7.2 建構了本書中的所有專案（編註：小編同樣使用 Windows 10 環境，但實作 .py 程式檔時使用 Python 3.10.0），你使用的是其他作業系統也沒關係；在書中適當的地方都有為不同的平台補充說明操作上或程式上的差異。

本書中的程式範例都是在 Python IDLE 編輯器或文字模式 Shell 中編輯的。IDLE (Integrated Development and Learning Environment) 是特意將整合開發環境 IDE (Integrated Development Environment) 加入一個 L，使其縮寫和 Monty Python 這個喜劇組合中的成員 Eric Idle 名字相同。文字模式的互動 Shell (也稱為直譯器) 會開啟一個獨立的視窗，我們可透過它執行命令和測試程式，而無需建立程式檔。

IDLE 雖然有一些缺點，像是沒有提供行號，但是它是免費的並且已包含在 Python 套件中，所以安裝 Python 後就可直接使用。當然讀者也可自由選用其它的 IDE，常見的選擇包括 Visual Studio Code、Atom、Geany (讀作 "genie")、PyCharm 和 Sublime Text。它們都支援 Linux、macOS 和 Windows 等平台。另外還有只能在 Windows 中使用的 PyScripter。有關可用的 Python 編輯器和相容平台的清單，請參見 https://wiki.python.org/moin/PythonEditors/。

小編是以 Anaconda Jupyter notebook (Python 3.8) 進行 .ipynb 程式檔的實作，.ipynb 程式檔可從本書範例資料下載網站下載。

▍安裝 Python

　　讀者可以選擇在電腦上安裝 Python 或是安裝第三方建立的整合開發套件 (也稱為發行版 distribution)。要單獨安裝 Python，請進入 https://www.python.org/downloads/ 找到符合所用作業系統的安裝說明。Linux 和 macOS 電腦通常都已預先安裝 Python，但若預先安裝的是較舊的版本，仍需自行更新之。Python 每次推出新版本時都會添加一些功能，也會將某些過時的功能標示為不建議使用，因此，如果讀者所用的版本早於 Python 3.6，建議進行升級。

　　在 Python 網站上按下 "Download" 按鈕 (圖 1) 會依照你的系統下載最適合版本。

圖 1: Python.org 的下載頁面，
上面的下載按鈕會依照你的系統平台顯示建議下載的最新版本

　　如果要使用其他特定版本，請將網頁向下捲動到特定版本 (specific release) 清單 (圖 2)，然後按下與上圖按鈕中最新版本編號相同的連結。

Release version	Release date		Click for more
Python 3.10.1	Dec. 6, 2021	Download	Release Notes
Python 3.9.9	Nov. 15, 2021	Download	Release Notes
Python 3.9.8	Nov. 5, 2021	Download	Release Notes
Python 3.10.0	Oct. 4, 2021	Download	Release Notes
Python 3.7.12	Sept. 4, 2021	Download	Release Notes
Python 3.6.15	Sept. 4, 2021	Download	Release Notes
Python 3.9.7	Aug. 30, 2021	Download	Release Notes

圖 2: Python.org 下載網頁中的特定版本清單

按下特定版本的連結後，會進入如圖 3 的畫面。在此選擇不同系統或不同位元的可執行安裝程式 (excutable installer)，點一下連結即可下載。下載完成後執行安裝程式並依循畫面指示，以預設值完成完裝即可。

Files					
Version	Operating System	Description	MD5 Sum	File Size	GPG
Gzipped source tarball	Source release		729e36388ae9a832b01cf9138921b383	25007016	SIG
XZ compressed source tarball	Source release		3e7035d272680f80e3ce4e8eb492d580	18726176	SIG
macOS 64-bit universal2 installer	macOS	for macOS 10.9 and later (updated for macOS 12 Monterey)	8575cc983035ea2f0414e25ce0289ab8	39735213	SIG
Windows embeddable package (32-bit)	Windows		dc9d1abc644dd78f5e48edae38c7bc6b	7521592	SIG
Windows embeddable package (64-bit)	Windows		340408540eeff359d5eaf93139ab90fd	8474319	SIG
Windows help file	Windows		9d7b80c1c23cfb2cecd63ac4fac9766e	9559706	SIG
Windows installer (32-bit)	Windows		133aa48145032e341ad2a000cd3bff50	27194856	SIG
Windows installer (64-bit)	Windows	Recommended	c3917c08a7fe85db7203da6dcaa99a70	28315928	SIG

建議下載 64 位元版本

圖 3: Python.org 上的 Python 3.10.0 版本的下載清單

本書中的某些專案需要用到非標準的套件，這些套件都需另外個別安裝。安裝的工作並不難，不過若想節省功夫，可考慮直接安裝已預先加入上百種套件並可進行管理的 Python 整合開發套件。這些整合開發套件中的套件管理程式會自動下載各套件的最新版本，包括它們所有的相依套件。

Anaconda 是 Continuum Analytics 提供的 Python 整合開發套件，可由其官網 https://www.anaconda.com/ 下載。還有另一個 Enthought Canopy 開發套件，但只有 Basic (基本) 版是免費的，請參見其官網 https://www.enthought.com/product/canopy/。但不管是單獨安裝 Python 然後再手動安裝各種套作，或是使用整合開發套件一次性安裝好 Python 及其套件，在練習本書中的專案時都不會遇到任何問題。

執行 Python

安裝完成後，Python 應該會出現在系統的應用程式清單中。執行時應會開啟如圖 4 背景中的文字模式 shell 視窗，這個互動式的環境很適合於執行和測試簡短的程式片段。但要撰寫較大的程式，則應使用如圖 4 所示的文字編輯器，以方便將程式存檔。

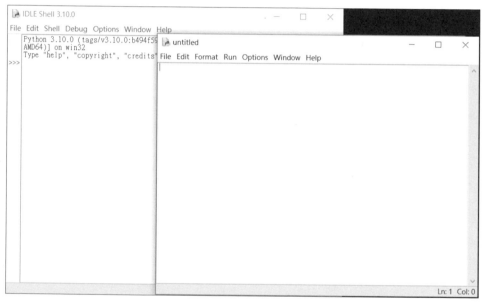

圖 4: 原生 Python Shell 視窗 (背景) 和文字編輯器 (前景)

要在 IDLE 編輯窗中建立新檔案，請執行『File/New File』命令；要開啟最近編輯的檔案則執行『File/Open or File/Recent Files』命令；執行『Run/Run Module』或按 F5 鍵即可執行編輯中的程式。

請注意，如果選擇使用 Anaconda 之類的套件管理器或 PyCharm 之類的 IDE，則畫面會和圖 4 有所不同。若想跟小編一樣採用 Jupyter 來執行本書的範例，可以參考本書附贈的 Bonus『安裝並使用 Jupyter Notebook 編輯器』。

另一個在 Windows 系統中執行 Python 程式的方式，是在 PowerShell 或命令提示字元視窗中輸入程式名稱。不過你可能必須先用 cd 指令將工作目錄切換到程式所在的路徑，如下圖所示。

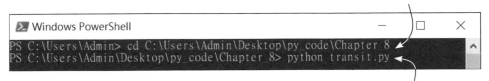

先切換到要執行的檔案位置

在 python 後加上 .py 檔名執行 Python 程式

圖 5: 在 Windows PowerShell 中更改工作目錄並執行 Python 程式

更詳細的操作說明請參見 https://pythonbasics.org/execute-python-scripts/。

使用虛擬環境

最後說明一下如何將本書各章所要使用的相關函式庫等，安裝到各別獨立的**虛擬環境 (virtual environment)** 中。在 Python 中，虛擬環境是指一個獨立的資料夾，其中包括完整的 Python 安裝和其它必要的套件。虛擬環境對於安裝多個 Python 版本的情況非常實用，因為某些套件可能只適用於某特定 Python 版本，而與其他版本不相容；另一種情形則是需要使用某套件的不同版本。將這些安裝用虛擬環境的方式分隔開來，可以防止相容性問題。

本書中的專案原則上不需要使用虛擬環境，而且如果依書中的指示進行，套件安裝完成後應能用於整本書。但如果需要將本書中用到的套件與現有的環境隔開，可考慮為本書的每一章安裝不同的虛擬環境 (詳細說明請參閱 https://docs.python.org/3.10/library/venv.html#module-venv 和 https://docs.python.org/3/tutorial/venv.html)。

▌前進吧！

本書中的許多專案採用的是已有數百年歷史的統計和科學概念，只不過這些技術在當時無法以人工加以利用。但是隨著個人電腦在 1975 年問世至今，我們可用的記憶體空間、處理能力和共享資訊的能力都有了指數級的成長。

對現代人類 20 萬年的歷史中，只有生活在過去 45 年中的我們才有幸使用這種神奇的裝置，並實現在過去遙不可及的夢想。套句莎士比亞《亨利五世》中的一句話 "We few, we happy few" (我們這群人，是少之又少的幸運之人)。

讓我們充分利用這可貴的機會。在接下來的內容中，讀者將輕鬆完成那些令過去的天才感到沮喪的任務。並認識到最代科技一些驚人成就的一角，讀者甚至能開始探索前人未至的新天地。

01

用貝氏定理搜救船難生還者

大約在西元 1740 年左右，一位英國長老會傳道士托馬斯‧貝葉斯 (Thomas Bayes) 決定以數學方式證明上帝的存在。他的解決方案（編註：現稱為**貝氏定理**）將成為有史以來最成功的統計理論之一。不過在電腦發明之前，他的成就幾乎為世人所遺忘，因為此理論使用到的公式極其繁瑣，以手動進行計算非常不切實際。直到現代電腦發明後，才使貝氏定理的潛能全部釋放。拜現在處理器的高效能所賜，它已成為資料科學和機器學習領域中相當重要的一部分。

　　貝氏定理提供了一種數學上的方法，每當有新的資料出現，可以把新的資料做為新的條件代入貝氏定理，並重新進行估算，所以此理論可以運用在許多地方，從破解密碼到預測總統大選，乃至於證明高膽固醇會導致心臟病等等。光是細數貝氏定理的應用，就可以輕鬆塞滿一整章的篇幅。不過畢竟人命關天，我們還是聚焦在如何應用貝氏定理來幫助海上遇難的水手。

　　在本章中，我們要建立一個模擬海巡隊搜救行動的遊戲。使用者將使用貝氏定理幫他們做決策，以便能儘快找到落水的漁夫。在此過程中，將會用到時下流行的電腦視覺和資料科學工具，包括 OpenCV 和 NumPy。

1.1 認識貝氏定理

1.1.1 貝氏定理介紹

貝氏定理可幫助我們在有新證據的情況下，決定某事件為真的機率。如法國數學家拉普拉斯 (Laplace) 所說，已知某事件是由某原因所導致的機率，與該原因發生時，導致該事件的機率成正比。所以貝氏定理的公式可寫成如下：

$$P\left(A/B\right) = \frac{P\left(B/A\right)\ P\left(A\right)}{P\left(B\right)}$$

其中 P(A) 是 A 事件發生的機率 (舊資料；假設)，P(B) 是 B 事件發生的機率 (新資料；新條件)。P (A/B) 表示已知 B 發生時，A 發生的機率。P(B/A) 表示已知 A 發生時，B 發生的機率。舉例來說，假設有某項癌症檢測非百分之百準確，有時會出現偽陽性，也就是實際上沒得癌症卻被檢測出有癌症。用貝氏定理表達檢測陽性，而實際也得到癌症的機率，公式可寫成：

$$\frac{\text{檢測陽性者}}{\text{得到癌症的機率}} = \frac{\text{癌症患者}}{\text{被檢測出陽性的機率}} \times \frac{\overset{\text{P(A)}}{\text{得到癌症的機率}}}{\underset{\text{P(B)}}{\text{檢測出陽性的機率}}}$$

P(A/B)　　　　　P(B/A)

P(A)：得到癌症的機率，P(B)：檢測出陽性的機率，P(B/A)：癌症患者被檢測出陽性的機率，這些初始的機率值來自於醫學的研究調查，例如：檢測醫院中已罹癌的病患，在 1000 位癌症病患中，可能有 800 位呈現陽性反應，可得到 P(B/A)；而政府機關每年會公布國內人口癌症發生率，每 10 萬人中 500 人罹癌，即可得到 P(A)；編註：而只要有癌症檢驗人數和得到陽性結果的研究資料，也可以得到 P(B)。從公式中還可推斷，如果罹患癌症的整體機率 P(A) 較低，而檢測出陽性的可能性 P(B) 相對較高，那麼表示檢測陽性但實際上是癌症的可能性 P(A/B) 就會下降。

另外貝氏定理也能用於研究調查的過程中，當我們做調查記錄時有些數據有失誤 (舊資料)，會蒐集更多新資料 (新條件) 來提升資料正確率，這過程也可使用貝氏定理修正錯誤，更新資料的正確率。

接著我們要了解公式中各項的機率的正式名稱，請參見圖 1-1。

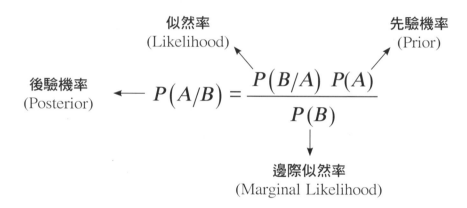

圖 1-1: 貝氏定理公式中各項的名稱

- **先驗機率 (Prior)**，或稱為**事前機率**，即為 P(A)，A 事件發生的機率，這個機率可能是用實際觀測所得到資料所計算出，也有可能是用過往的經驗做出主觀的假設機率。對應範例：一般人得到癌症的機率。

- **邊際似然率 (Marginal Likelihood)**，即為 P(B)，B 事件發生的機率，或新資料 (新條件) 本身的機率，對應範例：一般大眾做檢測出現陽性的機率。

- **似然率 (Likelihood)**，即為 P(B/A)，在發生 A 事件的條件下，發生 B 事件的機率。在舊資料存在的條件下，新資料所得到的機率，對應範例：癌症患者檢驗出陽性的機率。

- **後驗機率 (Posterior)**，即為 P(A/B)，在發生 B 事件的條件下，發生 A 事件的機率。在加入新資料 (新條件成立)，先驗機率更新後的新機率，對應範例：一般大眾檢驗為陽性時，實際得到癌症的機率。

1.1.2 貝氏定理的生活例子

假設有位女士現在要在家中找她的眼鏡。她記得最近一次戴眼鏡時，是在書房中，所以她就去書房找了。她雖然沒有找到，但她在書房看到一個茶杯，因此她想起來在看書時，曾經去廚房倒茶。這時她有兩個選擇：在書房更仔細地找，或是改到廚房去找。她決定改到廚房，其實她不自覺地用貝氏定理做了決定。

首先，她一開始會去書房找，是因為她記得最後一次戴眼鏡是在書房，因此覺得在那邊找到的機率較高。這個找到眼鏡的初始機率就是事前機率 P(A)。經過粗略的搜索後，她根據兩項新的資訊更改了決定：她沒有馬上找到眼鏡，而且還看到了茶杯。這就是一次的**貝氏更新 (Bayesian update)**，也就是在得到新資訊 P(B) 的情況下，重新計算了事前機率得到後驗機率 P(A/B)。

假若這位女士要用貝氏定理來決定如何進行搜尋，她必須先指定眼鏡在書房或廚房的似然率 P(B/A)，以及她在這兩個房間進行搜尋的效率。接下來，她就不再是靠直覺來做決定了，而是在搜索失敗時，持續以數學為基礎更新她的決定。

圖 1-2 就是這位女士在找眼鏡時所指定的各項機率值。

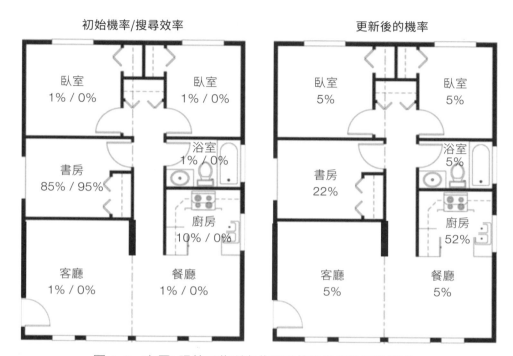

圖 1-2: (左圖) 眼鏡可能所在位置和搜尋效率的初始機率；
(右圖) 更新後的眼鏡位置機率值

　　左邊的圖是一開始的情況，右邊則是使用貝氏定理更新過後的情況。一開始，先假設在書房中找到眼鏡的機率是 85%，在廚房找到的機率是 10%。由於使用貝氏定理計算時，若機率為 0 則無法進行更新，所以其它房間都設為 1% (再說，這位女士說不定真的把眼鏡忘在其它房間了)。

　　左圖中斜線後面的數字是搜尋效率 (search effectiveness probability, SEP)，也就是在該區域進行搜尋的有效程度，我們可以理解為已經搜索了多少區域面積。由於一開始，這位女士只打算搜尋書房，所以其它房間的搜尋效率的值都是 0。在做貝氏更新後 (因為在書房發現茶杯)，她根據初步搜尋的結果重新計算出如右圖所示的機率值。現在，廚房是最有可能出現的地方，但是其他房間的機率也會增加。

當我們在原本以為的地方找不到東西時，一般的直覺就是會想這樣東西很可能是在別的地方 (機率提高)。貝氏定理也會將此點列入計算，因此眼鏡在其他房間的機率也會提高，不過這必須在一開始知道女士有去過其他房間，若沒去過，眼鏡在其它房間的機率永遠會是 0。

在給定搜尋效率的情況下，用來計算在某房間找到眼鏡的公式如下：

$$P\left(G/E\right) = \frac{P\left(E/G\right)P\left(G\right)}{P\left(E\right)} = \frac{P\left(E/G\right)P_{\mathrm{prior}}\left(G\right)}{\Sigma\, P\left(E/G'\right)P_{\mathrm{prior}}\left(G'\right)}$$

其中 G 是眼鏡在某房間的機率，E 則是搜尋效率，P_{prior} 是事前機率，或先驗機率，邊際似然率為 $P(E)$，可替換成 $\Sigma P(E/G') \times P_{\mathrm{prior}}(G')$（編註：見下方小編補充）。

所以我們只要將書房和其他房間找到眼鏡的機率，和未搜尋區域的比例 (1－搜尋效率值) 代入此公式中，即可算出新的『眼鏡在書房的機率』：

$$\frac{0.85\times(1\text{-}0.95)}{0.85\times(1\text{-}0.95)+0.1\times(1\text{-}0)+0.01\times(1\text{-}0)+0.01\times(1\text{-}0)+0.01\times(1\text{-}0)+0.01\times(1\text{-}0)+0.01\times(1\text{-}0)}$$

$$= \frac{0.0425}{0.1925} = 0.2207792208 \approx 0.22$$

小編補充：貝氏更新的推論過程

此處原作者用搜尋效率來解說，乍看不是很容易對應到貝氏定理的公式，因此小編換個說法。

一開始範例中的女士，自認眼鏡有 85% 的可能性放在書房，這時候完全還沒開始尋找。等到在書房東翻西找過後還是沒找到眼鏡，這位女士是否還是有相同把握眼鏡是忘在書房呢？多數人此時應該會有所動搖了吧！但到底可能性降了多少 (或者不降反升)，這就是我們要用貝氏定理推斷的結果。

→ 接下頁

我們重新描述 85% 所代表的意義，這是整間屋子、包括書房都還沒開始找之前，也就是搜尋效率為 0% 所判定在書房找到眼鏡的機率。當搜尋書房 95% 的面積後還是沒找到，這時候我們要重新思考，在剩下僅 5% 面積還沒尋找的情況下，眼鏡在書房被找到的機率為何？

你可能會單純認為應該就是 85%×5% 吧！但是別忘了，原先的 85% 是跟其他房間比較後的結果，其他房間加起來有 15% 的可能性，因此我們應該要考慮的是整間屋子的搜尋狀況。以前兩頁出現的貝氏定理來看，此處 P(A) 就是原先在書房找到眼鏡的機率 85%，而 P(B/A) 指的是假設眼鏡就是在書房，會出現在某一個角落的機率，因為我們已經搜尋過 95% 的面積都沒找到，因此這個數字就是剩餘的 (1-95%)，然而分母的 P(B)，指的是整間屋子還沒搜尋過的區域，這個數字我們並不知道。

因此這裡我們將原先的邊際似然率，拆解成聯合機率的總和，相關的公式推導此處沒法詳細說明，只要大概知道整個屋子的搜尋效率可以拆解或轉化成每個房間搜尋效率和找到眼鏡的聯合機率即可。

接著我們改以廚房為例，依據貝氏定理的公式，再次示範如何更新找到眼鏡的機率：

$$\frac{0.1 \times (1\text{-}0)}{0.85 \times (1\text{-}0.95) + 0.1 \times (1\text{-}0) + 0.01 \times (1\text{-}0) + 0.01 \times (1\text{-}0) + 0.01 \times (1\text{-}0) + 0.01 \times (1\text{-}0) + 0.01 \times (1\text{-}0)}$$

$$= \frac{0.1}{0.1925} = 0.51948051948 \approx 0.52$$

算出來的機率可以跟圖 1-2 左圖的數字做對照，更新後廚房的機率大於書房，因此改搜索廚房是合理的選擇。若讀者對於貝氏定理有興趣，可以參考旗標即將出版的《**白話貝氏統計**》一書。

由上面的式子不難發現，貝氏定理的數學計算雖然簡單，但要是用手算的話，很快就會變得很繁瑣。不過對活在電腦發達世代的我們，只要把這些頭痛的工作交給 Python 處理就可以了！

1.2 專案：搜救任務

在這個專案中，我們要撰寫一個 Python 程式，使用貝氏定理搜救迷失在蟒蛇角 (Cape Python) 海域的漁夫。海巡隊搜救任務的總指揮已經詢問過漁夫的妻子，並定位出 6 小時前漁夫的最後位置。已知漁夫用無線電通知海巡隊，他決定棄船，但不知道他是在救生艇上或隻身漂浮在海上。雖然該水域的水溫算溫暖，但是如果浸在水中超過 12 個小時仍是有失溫的風險。如果他有穿救生衣，運氣好可以撐 3 天。

蟒蛇角附近的海流有點複雜 (如圖 1-3)，目前吹的是西南風。能見度還好，但是波浪有些起伏，所以不容易看到人的頭部。

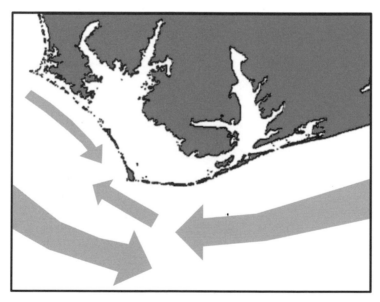

圖 1-3: 蟒蛇角附近的海流

在現實生活中，你的下一步是將目前得到的資訊輸入到海巡隊的搜索和救援最佳化計劃系統 (SAROPS, Search and Rescue Optimal Planning System)。這個軟體會考量風浪、海流、人是在水中或船上等各項因素，然後它會畫出矩形的搜尋區域，並算出在每個區域找到人的初始機率，還會畫出較有效率的飛行路線。

專案目標

在本專案中，我們假設 SAROPS 已經給定 3 個搜尋區域。而我們要做的就是在可同時搜尋 2 個區域的情況下撰寫程式，利用貝氏定理來決定要先搜尋哪 2 個區域。專案會以一個搜救遊戲來進行設計。

程式邏輯說明

搜救漁夫其實和先前找眼鏡的例子很像，首先要有漁夫所在位置的初始機率，之後則依搜尋的結果來更新此機率值。如果對某區域進行了有效的搜尋，但什麼都沒找到，則在另一個區域找到人的機率就提高了。

但就和現實中的情況一樣，有時難免會發生下列 2 種情況：雖然找的很仔細，但就是沒發現確實在該區域的漁夫；或是根本就沒用心找，白白浪費寶貴的時間。用搜尋效率 (SEP) 來看，第 1 種情況是你的 SEP 大約為 0.85，但要找的人剛好落在那另外百分之 15 的地方。在第 2 個狀況中，SEP 則是 0.2，換句話說有百分之 80 的地方都沒有被搜尋。

這時候你面對的兩難是：是否該相信自己的直覺而完全不理會貝氏定理？你是否相信貝氏定理是最好的答案，所以堅持貝氏定理的純粹、冷漠的邏輯？還是即使對貝氏定理有所懷疑，也還是依循其計算結果採取行動，從而保護海巡隊的聲譽？

接下來就會使用程式來解決這個問題，在解題的過程中會先製作一張地圖，地圖上會顯示已知漁夫的最後位置，以及找到他時，他的所在位置。因此我們將用 OpenCV 函式庫來建立程式介面，用來顯示影像並加上自訂的圖案和文字。

1.2.1 安裝 Python 函式庫

OpenCV 介紹

OpenCV 是目前使用最廣的**電腦視覺 (computer vision)** 函式庫，電腦視覺是深度學習中的一個領域，它讓電腦可以像人一樣看、辨識和處理影像。OpenCV 原本是 Intel 在 1999 年時開始的研究計畫，目前則是由非營利的 OpenCV 基金會負責維護並免費提供給大家使用。

OpenCV 是用 C++ 寫的，不過可支援 Python 和 Java 等其它程式語言撰寫的程式，雖然 OpenCV 主要是針對即時 (real-time) 的電腦視覺應用而開發的，不過它也包含一些影像處理功能，像是影像切割、影像融合、影像平滑等。在本書編寫時 (2021 年 11 月)，最新的版本是 OpenCV 4.5。

OpenCV 會用到 NumPy (Numerical Python) 和 SciPy 這兩個套件來執行數值和矩陣運算。在 OpenCV 中，是以 3 維的 NumPy 陣列來處理影像 (如圖 1-4)，以便能與其它的 Python 函式庫一起使用。

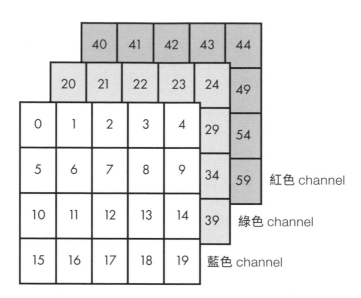

圖 1-4: 可以把一張影像解析成 3 個顏色 (BGR 三原色) channel 的彩色影像陣列

OpenCV 以列 (row)、行 (column)、channel 編號儲存影像的屬性。以圖 1-4 的影像為例，就是『形狀』(shape) 為 (4, 5, 3) 的 tuple。疊在一起的 3 個元素，例如左上角 0-20-40 或右下角 19-39-59 就代表影像中的同一個像素。其中每一個值就是該像素某個顏色 channel 的強度值。

安裝方式介紹

安裝的方式有很多，以下摘要說明幾種。第一種方法就跟一般安裝軟體一樣，直接下載可執行的安裝程式，執行後就會自動進行安裝程序。你可以自行到 Scipy、NumPy、matplotlib 等 Python 函式庫的官方網站，個別下載檔案進行安裝。

如果以後還打算做資料分析或是用資料繪製圖表等，可直接下載、安裝像 Anaconda 或 Enthought Canopy 之類的 Python 環境，這些環境都已包含各種資料科學所需的函式庫如 NumPy、SciPy 等等,省下自行一個個安裝的工夫(編註:本書作者未示範此方法的安裝步驟,若需要詳細的操作指引,可參考本書的 Bonus 下載檔案)。

第二種方法是使用套件管理程式 **pip (Preferred Installer Program)**,此程式的文件說明可參考官網 https://docs.python.org/zh-tw/3/installing/。在 Windows 和 macOS 作業系統中,Python 已內建 pip,但 Linux 使用者可能需自行另外安裝 pip。安裝或升級 pip 的步驟,可參見 https://pip.pypa.io/en/stable/installing/,或是上網搜尋在特定作業系統中的作法。以下會示範如何使用 pip 安裝相關套件。

用 pip 安裝 NumPy 及其它函式庫

接著要示範安裝必要的 NumPy 和 matplotlib 等 Python 函式庫,在本書後面各章也會用到它們。此處是依循 https://scipy.org/install.html 中描述的步驟用 pip 安裝函式庫。其中 matplotlib 會需要數個相依套件,所以必須一起安裝它們。Windows 的使用者,可在 Python 的安裝資料夾上 (如:C:\Program Files\Python37),按 ⌈Shift⌋ 鍵並按下滑鼠右鈕,執行**在這裡開啟 PowerShell 視窗**,然後執行如下命令即可:

```
$ python -m pip install --user numpy scipy matplotlib ipython jupyter 接下行
pandas sympy nose
```

要檢查是否已安裝完成,可開啟 Python 的 shell 並執行如下指令:

```
>>> import numpy
```

只要沒有出現錯誤訊息,即可接著安裝 OpenCV。

安裝 OpenCV

在 https://pypi.org/project/opencv-python/ 可查看安裝 OpenCV 的完整說明。要在作業系統中 (包括 Windows，macOS，和幾乎所有的 GNU/Linux 發行版) 安裝 OpenCV，可在 PowerShell 或終端機視窗中輸入如下命令：

```
pip install opencv-contrib-python
```

或

```
python -m pip install opencv-contrib-python
```

若電腦有安裝多個 Python 版本 (例如 3.8 和 3.10)，必須在安裝時指定要使用的版本。

```
py -3.10 -m pip install --user opencv-contrib-python
```

若你使用的是 Anaconda 環境，可執行：

```
conda install opencv
```

要檢查是否安裝成功，可在 shell 中執行如下指令：

```
>>> import cv2
```
↳ cv2 為 OpenCV 函式庫的名稱

只要沒有出現錯誤訊息，就表示已安裝成功。若有錯誤訊息，請參考 https://pypi.org/project/opencv-python/ 中所列的解決方案。

1.3 使用程式實作貝氏定理

本節我們要撰寫模擬在 3 個區域進行搜救的程式 bayes.py。程式會顯示地圖、輸出包含搜尋選項的清單、將等待救援的漁夫指定在一個隨機的位置、並在搜尋成功時顯示他的位置，或是在失敗時為每個區域用貝氏定理更新找到的機率。

本書所附檔案有提供地圖影像檔，你可以在本章資料夾找到 cape_python.png，請先確定將此地圖檔案放在和程式同一個資料夾下，使程式可以讀取。

1.3.1 匯入模組

程式 1-1 是 bayes.py 的開頭部份，包括匯入需要的模組以及定義常數。稍後實作程式內容時，會再逐一解說所用到的模組。

▶ 程式 1-1：bayes.py 第 1 段，匯入程式 bayes.py 所需的模組以及定義常數

```
import sys
import random
import itertools          匯入模組
import numpy as np
import cv2 as cv

MAP_FILE = 'cape_python.png'   ◀── 圖片指定給常數

SA1_CORNERS = (130, 265, 180, 315)
SA2_CORNERS = (80, 255, 130, 305)    (左上-X，左上-Y，右下-X，右下-Y)
SA3_CORNERS = (105, 205, 155, 255)
```

在匯入模組時，慣用的順序是先匯入 Python 標準函式庫，接著匯入第三方模組，最後匯入使用者自訂的模組。上面 sys 模組包含與作業系統相關的命令，例如 exit()；random 模組則是用來產生虛擬亂數；itertools 模組用於處理迴圈；最後匯入的 numpy 和 cv2 分別是 NumPy 和 OpenCV。你也可以使用 as 為它們指定短名稱 np 和 cv，這樣在後面輸入程式碼時可以少打幾個字。

接著是指定一些必要的常數。根據 PEP8 Python 風格指南 (https://www.python.org/dev/peps/pep-0008/)，常數名稱應全部大寫。雖然這樣做不會真的讓常數值不能更改，但至少可警告其他開發人員不要更改這些常數的值。

虛構的蟒蛇角地圖的檔案名稱為 cape_python.png (如圖 1-5)，我們將此檔名指定給常數 MAP_FILE。

圖 1-5: 灰階的蟒蛇角地圖 (cape_python.png)

　　我們要用 OpenCV 在地圖上畫出矩形的搜尋區域，在 OpenCV 中是用矩形的左上和右下兩個頂點座標來定義出矩形，其值則存於 tuple 變數中，存放的順序是左上角 x，左上角 y，右下角 x，和右下角 y。程式中用 SA (search area) 當成搜尋區域的變數名稱字首。

1.3.2 (Search 類別) 定義 __init__() 方法

　　類別 (class) 是物件導向程式設計 (object-oriented programming，簡稱 OOP) 中的資料型態，它對大型且複雜的程式相當有用，因為它能讓程式較容易維護和重複使用，可避免程式碼重複。OOP 主要是使用稱為**物件 (object)** 的資料結構，它包含了資料 (屬性) 和方法 (method)，以及其間的互動邏輯。

　　類別就像是物件的藍圖，可重複使用以建立多個物件。例如在開發一個海戰遊戲時，就可建立一個戰艦的類別，每艘戰艦都可繼承一些共通的特性，像是排水量、巡航速度、載油量、損壞程度、裝載的武器等等，但你也可設定每個戰艦物件都有些個別的特性，像是每艘都有自己的名稱。一旦物件建立後，它們各自的特性就會隨遊戲進行而有不同變化，像是耗油量、損壞的程度、用掉的彈藥多寡等等。

　　在 bayes.py 中，我們要用類別為藍本，來建立一個允許在 3 個區域進行搜救的物件，你可以把這個物件想成是一個搜救任務。程式 1-2 定義的 Search 類別的內容，就像是搜救任務應該要獲悉的基本資訊 (屬性) 和策略 (方法)。

▶ 程式 1-2: bayes.py 第 2 段，定義 Search 類別和 __init__() 方法

```
class Search():
    """貝氏搜尋與具有 3 個搜尋區域的救援遊戲"""
    def __init__(self, name):
        self.name = name
        self.img = cv.imread(MAP_FILE, cv.IMREAD_COLOR)  ◀──讀取灰階圖片
        if self.img is None:    ◀── 若沒讀到檔案，要打斷程式並通知
            print('Could not load map file {}'.format(MAP_FILE),
                  file=sys.stderr)                                      ❶
            sys.exit(1)
        self.area_actual = 0        ◀── 記錄搜尋區域的編號
                                                                         ❷
        self.sailor_actual = [0, 0] ◀── 記錄搜尋區域內的區域座標
        self.sa1 = self.img[SA1_CORNERS[1] : SA1_CORNERS[3],
                            SA1_CORNERS[0] : SA1_CORNERS[2]]
        self.sa2 = self.img[SA2_CORNERS[1] : SA2_CORNERS[3],
                            SA2_CORNERS[0] : SA2_CORNERS[2]]             ❸
        self.sa3 = self.img[SA3_CORNERS[1] : SA3_CORNERS[3],
                            SA3_CORNERS[0] : SA3_CORNERS[2]]
        self.p1 = 0.2
        self.p2 = 0.5    預設每個區域找到漁夫的機率值
        self.p3 = 0.3

        self.sep1 = 0
        self.sep2 = 0    預設搜索效率
        self.sep3 = 0
```

　　程式首先定義了一個名為 Search 的類別，根據 PEP8，類別名稱的第一個字母應該使用大寫。

　　接著，程式定義了一個方法用來為新建立的物件設定屬性 (attribute) 的初始值，在 OOP 中，**屬性**指的是與物件關聯的變數值，例如若有個『人』物件，則其屬性之一可能是體重或眼睛的顏色。**方法 (method)** 是指要怎麼跟物件互動的具體做法，在宣告或執行時都要先指定跟哪個物件互動，也就是告知具體要參照 (reference) 的物件為何。

　　__init__() 方法是個特殊的函式，當物件被建立時，Python 就會自動執行這個方法，所以我們通常會在 __init__() 方法內給定屬性和其初

始值，避免每次使用內建的其他方法都要重新建立屬性。在程式 1-2 的 __init__() 方法使用了 self 和自訂物件名稱作為引數，你可能會好奇此 self 引數的作用，其實 self 就是此類別未來建立的物件，本專案會在之後的程式 1-8 建立物件，即 Search('Cape_python')，因為在定義類別時還不知道物件的確切名稱，所以會用 self 代指它。

　　將所有初始的屬性值列在 __init__() 方法中是好的作法，這樣使用者就能一目瞭然物件中所有的重要屬性，提高程式的可讀性。在程式 1-2 中列出的 self 屬性，包括像是 self.name、self.img、…等（編註：『.』符號可以用來呼叫下一層級的東西，包括像類別.方法、方法.屬性、類別.方法.屬性）。

　　指定給 self 的屬性 (self.屬性)，使用上跟變數的用法差不多，只是在 OOP 中，這些屬性會封裝在類別的保護傘下，不能被類別以外的程式存取（編註：若想更了解 Python 物件導向的細節，可以參考旗標出版的《**Python 技術者們－練功！老手帶路教你精通正宗 Python 程式**》一書）。

　　程式接著用 OpenCV 的 imread() 方法將 MAP_FILE 變數指定給 self.img 屬性。雖然 MAP_FILE 是灰階影像，但在此利用了 imread() 方法裡的第二個參數 flag，並設定為 cv.IMREAD_COLOR，將影像轉成彩色模式，同時也設定了稍後會用到的色彩 channel (BGR)。

 編註：為何這裡使用的是 BGR 而不是常聽到的 RGB？關於這點後面的內容會解釋。

　　若影像檔不存在 (或是打錯檔名)，程式會出錯無法執行，OpenCV 會拋出一般人看不懂的錯誤訊息 ('NoneType object is not subscriptable')，這樣使用者不會知道是檔名錯了，因此我們要事先察覺（編註：術語是 catch 攔截）這個狀況，然後用白話文顯示這個錯誤，再中斷程式執行。

如果影像檔名錯誤的話，self.img 沒法取得檔案內容，這時其值為 None，因此我們可以用判斷式檢查 self.img 是否為 None，若傳回是 True 代表檔案不存在，就印出明確的訊息提示使用者找不到檔案，再使用 sys 模組的 exit(1) 使程式中斷。這裡傳入的引數 1，會在程式執行後傳回 1 的錯誤碼，習慣上是讓系統知道是有錯誤狀況而中斷（編註：若是正常中斷，習慣上會給 0）。顯示訊息時設定的 file=stderr 會讓錯誤訊息在 Python 直譯器視窗中以紅色顯示，但在其它視窗如 PowerShell 則無效果 ❶。

接著建立 2 個屬性用來表示找到漁夫時的所在位置，1 個是用來記錄搜尋區域的編號，另一個則是 (x, y) 座標 ❷。此處指定的值只是預留位置，稍後才會定義用來隨機指定其值的方法 (method)。請注意，為了要能在稍後改變其值，所以使用 list 來儲存座標。

地圖影像是以 NumPy 的**陣列 (array)** 型別載入，陣列儲存固定數量且相同型別的物件，它讓我們能利用電腦定址的邏輯，進行快速的數值操作。NumPy 之所以如此強大的原因之一即為**向量化 (vectorization)**，也就是以更有效率的陣列操作，取代一般常見以迴圈處理陣列的方式，基本上，NumPy 可以對整個陣列做運算，而非個別的元素運算。而且 NumPy 內部會呼叫效率較佳，速度較快的 C 和 Fortran 函式，而非使用標準的 Python 技術。

所以我們可以由影像陣列建立搜尋區域的子陣列 ❸，在其中用區域座標進行處理，請注意此處是利用索引完成的，我們先提供左上角 y 到右下角 y 的值，然後是左上角 x 到右下角 x，這種表示法是我們要適應的 NumPy 特徵之一，因為多數人都習慣直角座標系中 x 在前、y 在後的寫法。

我們每次同時搜索二個區域，並事先為每個區域設定找到漁夫的機率值 ❹，然後持續進行搜索，在真實的情境中，這些值會直接由 SAROPS

系統提供。p1 代表搜尋區域 1，p2 則是搜尋區域 2，依此類推，最後完成 SEP 的計算。

1.3.3 (Search 類別) 繪製地圖

在 Search 類別中，要建立一個方法能用 OpenCV 顯示地圖，包含搜尋區域、比例尺，以及目前已知的漁夫最後位置 (如圖 1-6)，其中會有 3 個搜尋區域。

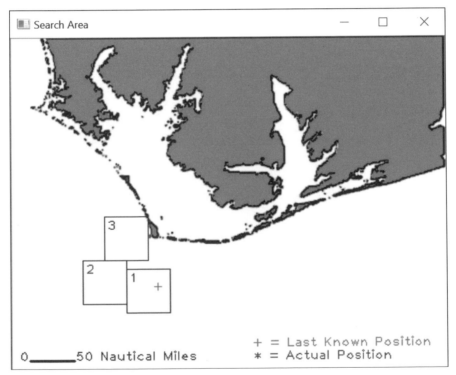

圖 1-6: bayes.py 的初始畫面

程式 1-3 就是這個顯示地圖的 draw_map() 方法 (method) 的內容。

▶ 程式 1-3：bayes.py 第 3 段，定義顯示地圖的 draw_map() 方法

```python
def draw_map(self, last_known):
    """顯示底層的地圖，以及比例尺、目前已知的最後 xy 位置、搜尋區域"""
    cv.line(self.img, (20, 370), (70, 370), (0, 0, 0), 2)        ← 畫出比例尺線條

    cv.putText(self.img, '0', (8, 370),
               cv.FONT_HERSHEY_PLAIN, 1, (0, 0, 0))              ⎫
    cv.putText(self.img, '50 Nautical Miles', (71, 370),         ⎬ 標示比例尺
               cv.FONT_HERSHEY_PLAIN, 1, (0, 0, 0))              ⎭ 文字註記
    cv.rectangle(self.img,
                 (SA1_CORNERS[0], SA1_CORNERS[1]),               ⎫ 畫出搜尋區域 1
                 (SA1_CORNERS[2], SA1_CORNERS[3]), (0, 0, 0), 1) ⎭
    cv.putText(self.img, '1',        ← 標示搜尋區域 1             ⎫  ❶
               (SA1_CORNERS[0] + 3, SA1_CORNERS[1] + 15),        ⎬
               cv.FONT_HERSHEY_PLAIN, 1, 0)                      ⎭

                                                    畫出搜尋區域 2
    cv.rectangle(self.img, (SA2_CORNERS[0], SA2_CORNERS[1]),     ←
                 (SA2_CORNERS[2], SA2_CORNERS[3]), (0, 0, 0), 1)
    cv.putText(self.img, '2',        ← 標示搜尋區域 2
               (SA2_CORNERS[0] + 3, SA2_CORNERS[1] + 15),
               cv.FONT_HERSHEY_PLAIN, 1, 0)          畫出搜尋區域 3
    cv.rectangle(self.img, (SA3_CORNERS[0], SA3_CORNERS[1]),     ←
                 (SA3_CORNERS[2], SA3_CORNERS[3]), (0, 0, 0), 1)
    cv.putText(self.img, '3',        ← 標示搜尋區域 3
               (SA3_CORNERS[0] + 3, SA3_CORNERS[1] + 15),
               cv.FONT_HERSHEY_PLAIN, 1, 0)

                                             標示漁夫最後已知
    cv.putText(self.img, '+', (last_known),  ← 位置的符號        ⎫
               cv.FONT_HERSHEY_PLAIN, 1, (0, 0, 255))           ⎬
    cv.putText(self.img, '+ = Last Known Position', (274, 355), ←⎪
               cv.FONT_HERSHEY_PLAIN, 1, (0, 0, 255))    標示最後已知 ⎬ ❷
    cv.putText(self.img, '* = Actual Position', (275, 370),  位置的說明⎪
               cv.FONT_HERSHEY_PLAIN, 1, (255, 0, 0))  ←        ⎭
                                            標示確實位置的說明

    cv.imshow('Search Area', self.img)       ← 顯示視窗          ⎫
    cv.moveWindow('Search Area', 750, 10)    ← 調整視窗出現位置   ⎬ ❸
    cv.waitKey(5000)                         ← 視窗停滯 5 秒      ⎪
    cv.destroyAllWindows()                   ← 關掉地圖顯示頁     ⎭
```

首先，定義 draw_map() 方法的參數為 self 及 last_known (已知的漁夫最後位置座標)，接著用 OpenCV 的 line() 方法畫出代表比例尺的線條，傳遞的參數依序是地圖影像、線條左右兩端的 (x, y) 座標、代表黑色的 (0, 0, 0) tuple，以及線條的寬度 (粗細)。

然後用 putText() 方法為比例尺加上文字註記，所用的參數為地圖影像、要加上的文字、文字左上角位置的座標、字型名稱、字型尺寸和顏色 tuple。

編註：tuple 中文常翻成元組，為 Python 資料儲存容器，有不可修改性，本書會使用英文稱之。

接著畫出代表搜尋區域 1 的矩形 ❶，同樣的，第 1 個參數是地圖影像，然後是矩形 2 個頂點座標、顏色 tuple 和線寬。接著仍是用 putText() 將搜尋區域的編號放在左上角。然後用同樣的方式標示出搜尋區域 2 和 3。

再用 putText() 使用 + 符號標示出漁夫已知的最後位置 ❷。請注意，由於 OpenCV 使用的是藍綠紅 (BGR) 顏色格式，而非更常見的紅綠藍 (RGB) 格式，所以用來表示紅色的 tuple 是 (0, 0, 255) 而非 (255, 0, 0)。

接著繼續加上漁夫的最後已知位置 (last known position) 和確實位置 (actual position) 的代表符號說明文字，確實位置會在玩家找到漁夫時用藍色標示出來。在最後就是用 OpenCV 的 imshow() 方法將地圖顯示出來 ❸，參數是視窗的標題文字和影像物件。

為避免地圖和直譯器視窗互相干擾，我們用 moveWindow() 方法強制將地圖顯示在螢幕右上角，參數是視窗名稱 'Search Area' 和螢幕右上角座標 (依螢幕解析度的不同，你可能需要調整此處所用的座標值)。

waitKey() 方法會讓程式暫停指定的毫秒數 (此處使用 5000，即為 5 秒)，讓 OpenCV 有時間畫完影像並顯現（編註：waitKey() 其實真正的目的是等待使用者按下按鍵，因此在 5 秒時間內，如果有按任何鍵，就會接續執行下一行並關閉視窗），最後 1 行的 destroyAllWindows() 方法會關掉顯示視窗，接著選單才會顯示。

1.3.4 (Search 類別) 選擇漁夫確實位置

程式 1-4 定義了一個用來決定漁夫確實位置的方法，為了方便起見，其作法是先在搜索區域的子陣列中決定座標，然後再決定是在哪個搜尋區域，最後再將區域座標轉換為相對於整個地圖的全域座標。這是因為 3 個搜尋區域的大小和形狀都相同，所以可用相同的區域座標（編註：相同的函式）來處理。

▶ 程式 1-4：bayes.py 第 4 段，定義會隨機設定漁夫最後位置的方法

```
def sailor_final_location(self, num_search_areas):
    """傳回失蹤漁夫的確實 x, y 位置"""
    # 在任何搜索區域的子陣列隨機設定尋找水手的座標
    self.sailor_actual[0] = np.random.choice(self.sa1.shape[1], 1)
    self.sailor_actual[1] = np.random.choice(self.sa1.shape[0], 1)

    area = int(random.triangular(1, num_search_areas + 1))   ❶ ← 使用三角分佈法

    if area == 1:
        x = self.sailor_actual[0] + SA1_CORNERS[0]   ⎫ 將搜索區域的區
        y = self.sailor_actual[1] + SA1_CORNERS[1]   ⎬ 域座標轉為地圖
        self.area_actual = 1      ❷ 存取漁夫的座標   ⎭ 的全域座標
```

→ 接下頁

```
    elif area == 2:
        x = self.sailor_actual[0] + SA2_CORNERS[0]
        y = self.sailor_actual[1] + SA2_CORNERS[1]
        self.area_actual = 2

    elif area == 3:
        x = self.sailor_actual[0] + SA3_CORNERS[0]
        y = self.sailor_actual[1] + SA3_CORNERS[1]
        self.area_actual = 3
    return x, y
```

　　sailor_final_location() 方法的 2 個參數是 self 和所使用的搜尋區域
數量。隨機選定座標使用的是 NumPy 的 random.choice() 方法,由搜尋
區域 1 中隨機選出 x 和 y 座標,由於先前是從影像陣列中複製出 3 個同
樣大小的 NumPy 陣列表示搜尋區域,所以選出的座標可套用至任一個搜
尋區域。你可用 shape() 方法取得搜尋區域陣列的 shape,如下所示:

```
>>> print(np.shape(self.SA1))
(50, 50, 3)
```

　　NumPy 陣列的 shape 屬性就是由各維度的元素數量所組成的
tuple。附帶再提醒一下,OpenCV 中 tuple 內元素的順序是列 (row)、
行 (column)、顏色 channel。

　　每個搜尋區域的大小都是由 50×50 像素組成的三維陣列,所以區
域座標 x 和 y 的範圍就是 0 到 49 (編註:Python 從 0 開始)。呼叫
random.choice() 時參數中設定 [0] 表示要從列 (row) 選取,設定 [1] 表
示使用行 (column),而後一個參數 1 表示選取其中 1 個元素。

random.choice() 產生 0 到 49 的座標值範圍。接著要先選取區域 ❶，此處是用在程式開頭即匯入的 random 模組，根據 SAROPS 提供的資訊，漁夫最有可能是在區域 2，其次是在區域 3。程式中我們用亂數來給定目標機率，不過若隨意指定多半會不符合上述 SAROPS 的資訊，因此我們使用**三角分佈** (**triangular distribution**) 來選擇漁夫所在的區域 (機率分佈呈現三角形，越接近分佈的中間值機率最大，最兩端則為 0)。引數是亂數範圍的最小與最大值。此方法還有第 3 個選用參數可設定產生亂數的機率偏向哪一端，未指定則使用中位數，表示兩邊的機率是對稱的（編註：此處 random 的結果是在 1~4 之間挑一個浮點數，其中位數 2.5 附近的數字被挑中的機率最高，並在最後取整數）。如此一來會讓區域 2 有較高的機率，剛好符合 SAROPS 的結果。此處的程式使用區域變數 area 而非使用 self.area 屬性，因為這項資料不需被其它方法使用。

要想在地圖上標出漁夫的位置，必須將剛才取得的搜尋區域內的『區域』座標轉換成整個地圖的『全域』座標，接著將此座標存於 self.area_actual 屬性 ❷ 以備之後的程式使用，最後傳回 (x, y) 座標值。

在現實中，漁夫可能隨海流移動，隨著搜尋的進行，他漂到區域 3 的可能性也隨之提高。但在本範例中選擇讓漁夫在定點不動，以便儘可能更清楚地說明貝氏定理的運作，因此我們實際上在做的，比較像是在尋找沉在海底的沉船。

1.3.5 (Search 類別) 計算搜尋效率 和進行搜尋

在現實中，氣候和機械問題都可能導致搜尋效率變差。因此，每次搜索的策略就是先建立搜索區域內所有可能位置的清單，然後對清單內容進行洗牌（編註：也就是隨機排序），再根據 SEP 搜尋效率值對其進行採樣。由於 SEP 不會是 1.0（編註：程式已設定在 0.2~0.9 之間），因此，如果僅從清單的開頭或結尾進行取樣 (不洗牌)，則將永遠無法造訪『位在兩端』的座標。

程式 1-5 仍是位於 Search 類別之內，在此定義了一個方法為指定搜尋區域隨機取得其搜尋效率，另一個方法則是進行搜索確認。

▶ 程式 1-5: bayes.py 第 5 段，定義隨機設定搜尋效率和進行搜尋的方法

```python
    def calc_search_effectiveness(self):
        """設定各搜尋區域的搜尋效率"""
        self.sep1 = random.uniform(0.2, 0.9)
        self.sep2 = random.uniform(0.2, 0.9)
        self.sep3 = random.uniform(0.2, 0.9)

    def conduct_search(self, area_num, area_array, effectiveness_prob):
        """傳回搜尋結果及已搜尋的座標"""
                                              ❶ 定義搜尋的方法

        local_y_range = range(area_array.shape[0])   ◀── 取得列的範圍
        local_x_range = range(area_array.shape[1])   ◀── 取得行的範圍
        coords = list(itertools.product(local_x_range, local_y_range))

                                    ❷ 建立搜索區域中所有座標的 list

        random.shuffle(coords)   ◀── 打亂座標 list 內容順序
        coords = coords[:int((len(coords) * effectiveness_prob))]

                               依照搜尋效率的百分比來取切片
```

→ 接下頁

```
    loc_actual = (self.sailor_actual[0], self.sailor_actual[1])
                                              ❸ 儲存漁夫實際位置
    if area_num == self.area_actual and loc_actual in coords:
                                              檢查玩家是否找到漁夫
        return 'Found in Area {}.'.format(area_num), coords
    else:
        return 'Not Found', coords
```

　　先說明設定搜尋效率的方法，其唯一的參數是 self。對搜尋效率屬性 sep1~3，分別設為 0.2 到 0.9 之間的值，表示每次至少能搜尋某區域內的百分之 20，但不可能搜尋超過百分之 90 (茫茫大海，搜尋很難做到滴水不漏)。

　　此處 3 個區域的搜尋效率是分開設定的 (sep1~3)，有些讀者可能會認為各區域的搜尋效率並非毫無相關，例如若海面上有大霧的話，可能同時影響 3 個區域，使整體的搜尋效率下降。另一方面，可能有部份的直升機配備了紅外線成像設備，使它們的搜尋表現較佳。無論如何，我們在此讓各搜尋效率互不相關，可進行更動態的模擬。

　　下一個是定義進行搜尋的方法 ❶，必要參數為 self 物件、區域編號 (由玩家選定)、所選區域的子陣列，以及前面隨機產生的搜尋效率值。

　　我們先建立給定搜索區域內所有座標的列表。接著由陣列形狀的 tuple 中取得索引 0 (也就是列) 的範圍，並指定給變數 local_y_range。依同樣方式取得行的範圍指定給 local_x_range。

　　接著用 itertools 模組來建立搜索區域中所有座標的 list ❷，這個 Python 標準函式庫中的模組提供了高效率的迭代器 (iterator) 功能，程式中使用的 product() 函式會傳回給容器中所有元素的交叉組合，在本例中，就是搜尋區域內所有 x 和 y 座標的組合，你可在 shell 中輸入如下程式，由執行結果可以看到，coords 中包含了所有 x_range 元素與 y_range 元素配對的結果：

```
>>> import itertools
>>> x_range = [1, 2, 3]
>>> y_range = [4, 5, 6]
>>> coords = list(itertools.product(x_range, y_range))
>>> coords
[(1, 4), (1, 5), (1, 6), (2, 4), (2, 5), (2, 6), (3, 4), (3, 5), (3, 6)]
```

　　接著將座標 list 的內容重新洗牌，這樣一來就不致於每次進行搜救時都是在找同樣的座標位置。下一行的程式是依據給定的搜尋效率百分比，取 list 切片內容。例如若搜尋效率只有 0.3，表示只有不到三分之一的座標位置會留在 list 之中. 所以用此 list 的內容比對漁夫實際位置時，就等於另外三分之二的區域都不會被搜尋。

　　我們使用 loc_actual 來儲存漁夫實際位置 ❸，然後用條件式檢查這次搜救是否有找到他。若玩家選擇了正確的搜索區域，並且經過洗牌和切片出來的座標 list 中剛好有包含漁夫的 (x, y) 位置，則返回訊息字串和座標位置表示已找到。否則傳回沒有找到的訊息以及所搜尋的座標清單。

1.3.6 (Search 類別) 應用貝氏定理

　　程式 1-6 前半仍是在 Search 類別中，此處定義了一個 revise_target_probs() 方法，它會用貝氏定理更新目標機率，也就是各區域找到漁夫的機率。

▶ 程式 1-6: bayes.py 第 6 段，定義應用貝氏定理的方法

```
    def revise_target_probs(self):
        """依搜尋效率更新目標機率"""
        denom = self.p1 * (1 - self.sep1) + self.p2 * (1 - self.sep2) \
        + self.p3 * (1 - self.sep3)
        self.p1 = self.p1 * (1 - self.sep1) / denom
        self.p2 = self.p2 * (1 - self.sep2) / denom
        self.p3 = self.p3 * (1 - self.sep3) / denom
```

revise_target_probs() 方法只有一個參數 self。

在方法內將貝氏定理的公式分成 2 段來計算，首先是計算分母的部份，此處要將前一次搜尋區域找到漁夫的機率，和搜尋效率 (1−SEP) 相乘後，再與其他兩個區域算出來的值相加 (參見第 1-7 頁的計算過程)。

算出分母後，再用它來計算新的目標機率。此函式最後不會傳回任何值，只會更新物件本身的屬性。

1.3.7 (draw_menu 函式) 顯示選單

程式 1-7 在 Search 類別之外，定義了負責顯示選單的 draw_menu() 函式，供玩家操作。

▶ 程式 1-7: bayes.py 第 7 段，在 Python 的 shell 中畫出選單

```python
def draw_menu(search_num):
    """輸出選擇搜尋區域的選單"""
    print('\nSearch {}'.format(search_num))
    print(
        """
        Choose next areas to search:
        0 - Quit
        1 - Search Area 1 twice
        2 - Search Area 2 twice
        3 - Search Area 3 twice
        4 - Search Areas 1 & 2
        5 - Search Areas 1 & 3
        6 - Search Areas 2 & 3
        7 - Start Over
        """
        )
```

draw_menu() 函式唯一的參數是已經進行過的搜救任務次數。雖然我們也可將此函式定義在類別內，但因為此函式沒有用到 self，所以不必放在類別中。

程式會先顯示這是第幾次進行搜救，接著用 print() 函式和 3 個引號 (""") 的長字串來顯示選單，在此我們提供可將 2 組搜尋小隊放在同一區域或分別搜尋不同區域的選項。

 編註：雖然我們要在有限黃金救援時間 (次數) 內找到待救援的人，但在程式中僅記錄執行搜救行動的次數，並未真的限制玩家可進行的搜救次數。

1.3.8 定義 main() 函式

完成 Search 類別的內容後，我們就可在主程式中讓它運作起來了！程式 1-8 就是定義執行整個程式的 main() 函式的部份程式碼。

▶ 程式 1-8: bayes.py 第 8 段，main() 函式的部份程式碼

```
def main():
    app = Search('Cape_Python')  ◀── 建立物件
    app.draw_map(last_known=(160, 290))  ◀── 顯示地圖
    sailor_x, sailor_y = app.sailor_final_location(num_search_areas=3)
                                                        取得水手實際位置
    print("-" * 65)  ◀── 印出分界線
    print("\nInitial Target (P) Probabilities:")
    print("P1 = {:.3f}, P2 = {:.3f}, P3 = {:.3f}"
        .format(app.p1, app.p2, app.p3))     印出初始機率
    search_num = 1  ◀── 設定搜索次數
```

首先用 Search 類別建立一個名為 app 的遊戲物件，並設定其名稱為 Cape_Python。接著呼叫顯示地圖的方法，呼叫時也將已知最後位置的 (x, y) 座標值傳遞過去。此處特別用具名的引數 last_known=(160, 290)，讓程式較易閱讀。

接著以搜尋區域的數量為參數，呼叫取得實際位置的方法並儲存起來，然後輸出初始的機率值 (事前機率；先驗機率)，最後建立名為 search_num 的變數並將其值設為 1。我們會用此變數來記錄已進行幾次搜尋。

1.3.9 (main() 函式) 檢查玩家輸入的選項

程式 1-9 是在 main() 負責執行遊戲的 while 迴圈。在迴圈中，玩家要輸入遊戲選單列出的選項，其中包括對同一區域搜尋 2 次，或是將人力分散到 2 個區域，或是要重新開始或結束搜索。只要沒有找到，使用者就可一直找下去，沒有搜尋次數限制。

▶ 程式 1-9: bayes.py 第 9 段，使用迴圈檢查選項並進行遊戲

```
while True:
    app.calc_search_effectiveness()
    draw_menu(search_num)
    choice = input("Choice: ")    ◀── 輸入搜索選項
    if choice == "0":
        sys.exit()
    elif choice == "1":
        results_1, coords_1 = app.conduct_search(1, app.sa1, app.sep1)
        results_2, coords_2 = app.conduct_search(1, app.sa1, app.sep1)

                                    ❶ 在同區域，產生 2 組搜尋結果和座標
```

→ 接下頁

```
        app.sep1 = (len(set(coords_1 + coords_2))) / (len(app.sa1)**2)
        app.sep2 = 0
        app.sep3 = 0
```

❷ 更新搜索效率

```
    elif choice == "2":
        results_1, coords_1 = app.conduct_search(2, app.sa2, app.sep2)
        results_2, coords_2 = app.conduct_search(2, app.sa2, app.sep2)
        app.sep1 = 0
        app.sep2 = (len(set(coords_1 + coords_2))) / (len(app.sa2)**2)
        app.sep3 = 0

    elif choice == "3":
        results_1, coords_1 = app.conduct_search(3, app.sa3, app.sep3)
        results_2, coords_2 = app.conduct_search(3, app.sa3, app.sep3)
        app.sep1 = 0
        app.sep2 = 0
        app.sep3 = (len(set(coords_1 + coords_2))) / (len(app.sa3)**2)

    elif choice == "4":
        results_1, coords_1 = app.conduct_search(1, app.sa1, app.sep1)
        results_2, coords_2 = app.conduct_search(2, app.sa2, app.sep2)
        app.sep3 = 0
```

❸ 在不同區域，各自產生搜尋結果和座標

```
    elif choice == "5":
        results_1, coords_1 = app.conduct_search(1, app.sa1, app.sep1)
        results_2, coords_2 = app.conduct_search(3, app.sa3, app.sep3)
        app.sep2 = 0

    elif choice == "6":
        results_1, coords_1 = app.conduct_search(2, app.sa2, app.sep2)
        results_2, coords_2 = app.conduct_search(3, app.sa3, app.sep3)
        app.sep1 = 0

    elif choice == "7":          ◀──  ❹ 開始新一輪搜索
        main()

    else:
        print("\nSorry，but that isn't a valid choice.", file=sys.stderr)
        continue
```

這段程式一開始就是 while 迴圈，它會一直執行直到使用者選擇退出為止。接著就用 "物件.方法()" 的語法呼叫計算搜尋效率的函式名稱。然後用搜尋次數為參數呼叫顯示遊戲選單的函式。最後用 input() 函式請使用者輸入選項，完成搜索的準備階段。

使用者的輸入會用一連串的條件式來處理，若選擇 0 就用程式一開始匯入的 sys 模組的功能退出搜索。

若選的是 1、2 或 3，表示要讓 2 支搜救小隊都搜尋該數字所代表的搜尋區域。為此我們必須呼叫 conduct_search() 兩次以產生 2 組搜尋結果和座標 ❶。比較麻煩的是整體的 SEP，畢竟每個搜尋都應有自己的 SEP 值。在此使用的作法是將所得到的 2 組座標 list 合併在一起，並移除重複的項目 ❷，然後用其長度除以搜尋區域的總座標數，另 2 個沒有選到的區域都不會被搜尋，所以其 SEP 都設為 0。

相同的邏輯也套用在選項 2 和 3 的程式區塊。在此使用 elif 敘述，因為每一輪迴圈都只會執行單一個選項。這樣會比使用多個 if 更有效率，因為只要遇到其條件為真的 elif 敘述，其後的都會被跳過。

當玩家選擇 4、5 或 6 時，表示他們要讓搜救小隊分開搜尋 2 個不同的區域，這時候我們就不需重新計算 SEP 了 ❸。

若使用者選擇再搜索一次，則直接呼叫 main() 函式 ❹，讓搜索重新開始，同時清除地圖上的內容。

若玩家輸入無效的選項 (例如輸入 "Bob")，則顯示提示訊息並重新請使用者再做選擇。

1.3.10 完成並呼叫 main() 函式

　　程式 1-10 仍是在 while 迴圈中，在此我們要完成 main() 函式的內容並呼叫它來執行程式。

▶ 程式 1-10: bayes.py 第 10 段，完成並呼叫 main() 函式

```
        app.revise_target_probs()    ←── 用貝氏定理更新目標機率

        print("\nSearch {} Results 1 = {}"
                .format(search_num, results_1), file=sys.stderr)
        print("Search {} Results 2 = {}\n"
                .format(search_num, results_2), file=sys.stderr)
        print("Search {} Effectiveness (E):".format(search_num))
        print("E1 = {:.3f}, E2 = {:.3f}, E3 = {:.3f}"
                .format(app.sep1, app.sep2, app.sep3))

        if results_1 == 'Not Found' and results_2 == 'Not Found':
            print("\nNew Target Probabilities (P) for Search {}:"
                    .format(search_num + 1))
            print("P1 = {:.3f}, P2 = {:.3f}, P3 = {:.3f}"
                    .format(app.p1, app.p2, app.p3))
                                            ❶ 告知未找到水手
        else:
            cv.circle(app.img, (sailor_x, sailor_y), 3, (255, 0, 0), -1)
                                            顯示水手座標


        cv.imshow('Search Area', app.img)    ←── 顯示視窗
        cv.waitKey(5000)    ←── 視窗停滯 5 秒        ❷ 呈現地圖
        cv.destroyAllWindows()    ←── 關掉地圖顯示頁
        main()    ←── 重新呼叫整個程式
        search_num += 1    ←── 記錄搜索次數

if __name__ == '__main__':
    main()
```

若執行程式時，cv.circle(app.img, (sailor_x, sailor_y), 3, (255, 0, 0), -1)

這行出現 "TypeError: only integer scalar arrays can be converted to a scalar index" 錯誤，

可將引數中的座標值改成 (sailor_x[0]，sailor_y[0]) 或 (sailor_x.item(0)，sailor_y.item(0))。

此處先呼叫 revise_target_probs() 方法，透過貝氏定理利用搜索結果重新計算漁夫在每個搜索區域中的機率。接著顯示搜尋結果和搜尋效率。

如果搜尋行動的結果是沒有找到，則顯示更新的目標機率，讓玩家可據以決定下次的行動 ❶。若有找到，就在地圖上顯示漁夫的位置。先呼叫 OpenCV 畫圓圈的方法，傳遞的參數依序是地圖影像、漁夫的位置座標 (x, y)、圓圈半徑 (以畫素 pixel 為單位)、顏色、寬度 -1，負的寬度值表示要用指定的顏色填滿圓圈。

main() 函式的最後就是顯示地圖，使用與程式 1-3 中類似的方法 ❷，接著呼叫 waitKey() 方法並以 5000 為參數，讓程式有 5 秒的時間顯示漁夫實際位置，用 destroyAllWindows() 關掉地圖視窗後，再呼叫 main() 重啟程式。在迴圈結束前，將搜索次數加 1，我們將此動作放在最後，才不會讓無效的選項也被當作 1 次搜尋。

回到全域空間，我們可讓程式以模組的方式被匯入，或以獨立的程式來執行。內建變數 __name__ 是用來判斷程式是否為獨立運作的或是被匯入另一個程式。如果直接執行此程式，__name__ 的值會是 __

main__，則 if 敘述的條件式結果為真，所以會呼叫 main()。若程式是被匯入的，則 main() 函式就不會自動執行，而會等待外部程式呼叫它才執行。

1.3.11 試玩遊戲

要玩遊戲，可在編輯器中按 ［F5］ 鍵或執行『Run/Run Module』命令。圖 1-7 和圖 1-8 的遊戲畫面是第 1 次搜尋就找到的情況。

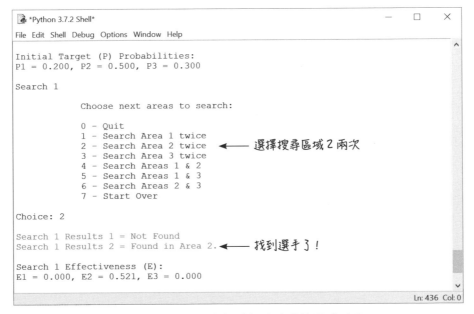

圖 1-7: 在 Python 直譯式視窗中的搜尋成功畫面

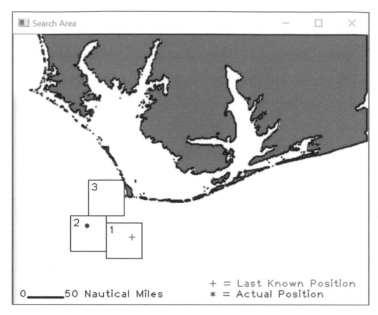

圖 1-8: 搜尋成功時地圖上顯示的內容

　　圖中的例子是玩家選擇將 2 個搜救小隊都配置在區域 2 進行搜尋，其初始的機率為 50%，其中第 1 隊的搜尋沒有找到，但第 2 隊則成功找到漁夫。由畫面可看到，搜尋效率只比百分之 50 多出一點點，這表示我們執行一次搜尋 (兩個小隊算一次) 就找到的機率大約只有四分之一 (0.5 × 0.521 = 0.260)，也就是說，即使做出明智的選擇，仍是要靠一些運氣才能成功找到！

　　在玩遊戲時，請嘗試讓自己沉浸在情境中。你的決定攸關一條生命，而且沒有什麼時間猶豫。如果漁夫在水中載浮載沉，你只有 3 次機會 (雖然程式沒有強制限制)，所以請謹慎的做出最好的決定。

　　根據遊戲一開始時的目標機率，漁夫最有可能在區域 2 中，然後是區域 3。所以選擇對區域 2 進行兩次搜索 (選項 2) 或者同時搜尋區域 2 和 3 (選項 6) 都是不錯的選擇。然後你要注意程式輸出的搜索效率，如果某區域的搜索效率很高，表示該區域應該已被搜尋得很仔細了，這時你可考慮轉戰其它區域。

以下的輸出就是我們可能面臨的最糟狀況之一：

```
Search 2 Results 1 = Not Found
Search 2 Results 2 = Not Found

Search 2 Effectiveness (E):
E1 = 0.000, E2 = 0.234, E3 = 0.610

New Target Probabilities (P) for Search 3:
P1 = 0.382, P2 = 0.395, P3 = 0.223
```

已經搜索 2 次之後，僅剩一次搜索機會，但各區域的目標機率又如此接近，以至於對該如何選擇下一步幾乎沒有幫助。在這種情況下，最好選擇同時搜索兩個不同區域 (即選項 4、5 或 6)，並期待會得到最好的結果。

你也可試著這樣玩：一開始的時候先只搜尋初始機率最高的區域 2，然後再遵循貝氏定理的結果，對當前機率最高的區域進行搜尋，如果仍沒找到，下一次則同時搜尋機率最高和次高的區域。下一盤遊戲則一開始先搜尋區域 3，再下一盤則先搜尋區域 1。之後可試著只依自己的直覺做選擇，看看結果如何。如果可搜尋的區域數量愈多，可搜尋的時間更長 (次數更多)，單憑人的直覺會完全無法應付。

1.4　本章總結與延伸練習

在本章中，我們學到了貝氏定理這個簡單且已被廣泛應用的統計定理，並且編寫了一個搜尋海面上待救漁夫的程式，並透過貝氏定理利用搜索效率來更新找到漁夫的機率。

在程式中也使用了 NumPy 和 OpenCV 函式庫，在往後的章節還會用到它們。另外，我們也應用了 Python 標準函式庫中實用的 itertools、sys 和 random 模組。

▌挑戰題：更聰明的搜尋方式

範例程式 bayes.py 在每次搜尋時，會將搜尋區域中的座標放在 list 中，再將其內容打亂供後續處理。因此下一次搜尋時，很可能會重複搜尋某些已搜尋過的座標。雖然這在現實中不見得是件壞事，因為漁夫隨時可能會漂到先前搜尋過的地點，但整體而言，如果可以儘可能搜尋愈多地點愈好。

請重新修改程式，讓它會記錄各區域中已搜尋過的座標，並在後續的搜尋中排除這些座標（編註：直到玩家找到漁夫或選擇選項 7 重新啟動，再次呼叫 main() 為止）。接著試玩這 2 個不同版本，看看上述的修改對遊戲是否有什麼影響。

▌挑戰題：用蒙地卡羅法 (MCS) 找出最佳策略

蒙地卡羅法 (Monte Carlo simulation, MCS) 是以重複隨機樣本的方式，來預測在指定條件下的結果。請改寫 bayes.py 讓它會自動選取選單中的選項，以及記錄遊戲結果，以找出最有效的遊戲策略為何。例如讓程式自動根據最高的目標機率選擇選項 1、2 或 3，然後記下是在第幾次找到漁夫。重複此過程 1 萬次，然後記下平均花幾次才找到。接著讓程式改選 4、5 或 6 (選機率較高的 2 個區域)，進行相同步驟然後比較最後的平均值。根據你的發現，是搜尋同一個區域 2 次，還是分開搜尋 2 個區域比較好呢？

▌挑戰題：計算偵測機率

在現實的搜救任務中，你可能會在搜尋之前自行估計預期的 (expected) 搜尋效率值。這個預期機率 (或計劃機率) 通常是依據天氣預報而來，例如某個區域會有大霧，但另 2 個區域則不受影響。

將目標機率乘上預期的 SEP 就是所謂的偵測機率 (probability of detection, PoD)，也就是在所有已知錯誤和雜訊的情況下，可偵測到物體的機率。

請改寫 bayes.py 程式，加入會以亂數的方式替各區域產生計畫 SEP，並與各區域的目標機率 (可表示為 self.p1，self.p2，或 self.p3) 相乘取得 PoD 值。例如，如果區域 3 的貝氏目標機率為 0.90，但計劃的 SEP 僅為 0.1，則偵測機率為 0.09。

讓程式以如下方式顯示上述的目標機率、計劃 SEP 和 PoD 值，以供玩家做為決策的參考。

```
Actual Search 1 Effectiveness (E):
E1 = 0.190，E2 = 0.000，E3 = 0.000

New Planned Search Effectiveness and Target Probabilities (P) for Search
2:
E1 = 0.509，E2 = 0.826，E3 = 0.686
P1 = 0.168，P2 = 0.520，P3 = 0.312

Search 2 Choose next areas to search:

    0 - Quit

    1 - Search Area 1 twice
    Probability of detection: 0.164

  2 - Search Area 2 twice
    Probability of detection: 0.674
```

→ 接下頁

```
3 - Search Area 3 twice
   Probability of detection: 0.382

4 - Search Areas 1 & 2
   Probability of detection: 0.515

5 - Search Areas 1 & 3
   Probability of detection: 0.3

6 - Search Areas 2 & 3
   Probability of detection: 0.643

7 - Start Over
Choice:
```

若玩家選擇對同一區搜尋 2 次,可用如下算式算出 PoD:

$$1 - (1 - PoD)^2$$

否則只要加總 PoD 值即可。

在計算某區域的實際 SEP 時,通常會考慮前一天的天氣預報,決定一個整體的 SEP 值,因此請在程式中稍稍限制讓 SEP 落在預期值附近。將程式 1-5 中的 random.uniform() 改成使用其它的分佈分法,例如三角分佈,使亂數值的分佈會很接近預期的 SEP 值。有關所有的分佈類型,可參考官方文件 https://docs.python.org/3/library/random.html#real-valued-distributions。至於未搜索區域的實際 SEP 則始終為零。

根據你的觀察,限制預期的 SEP 值後對遊戲有什麼影響?遊戲變得比較簡單還是比較難?是否會比較難查覺到有在利用貝氏定理?如果你在指揮一項實際的搜救任務,對於一個有高目標機率,但因為海象不佳導致預期 SEP 值較低的區域,你會採取什麼行動?是進行搜尋、停止搜尋、或轉戰目標機率低但天氣狀況較佳的區域?

02

用 NLP 技術找出小說
作者本尊

你是否懷疑過莎士比亞的劇本真的都是他寫的？到底是約翰‧藍儂還是保羅‧麥卡尼寫了『In My Life』的歌詞？《杜鵑的呼喚》(A Cuckoo's Calling) 作者羅勃‧蓋布瑞斯 (Robert Galbraith)，真的是《哈利波特》暢銷作家 J. K. 羅琳的筆名嗎？透過文體學可以找到這些問題的答案！

編註：上面舉的例子都是外國文學，這裡舉一個比較有感覺的例子，清朝著名章回小說《紅樓夢》總是有人在爭吵哪些章節是曹雪芹所寫，哪些是後來高鶚 or 無名氏所補上，學會本章的技巧，你也可以嘗試看看能否幫這個吵了二百多年的爭論畫下句點。

文體學 (Stylometry) 是藉由文字探勘對文學風格進行量化的研究（編註：文字探勘 (text mining) 為各種文本分析方式的總稱，本章所使用的自然語言處理 (NLP) 技術也包含其中）。它判別的依據在於每個人的寫作都具有獨特、一致且可識別的風格。例如所用的詞彙、標點符號、句子和詞彙的平均長度等等。

文體學曾被用來推翻謀殺案定罪，甚至在 1996 年用於找到大學炸彈客 (Unabomber)。其他用途包括偵測文章抄襲或是用於判定像社交媒體貼文後隱藏的情感。文體學甚至可以用來檢測是否有憂鬱症和自殺傾向的跡象。

2.1 自然語言處理 NLP

自然語言處理 (natural language processing, NLP) 這門科學的目的就是，將人類語言各種微妙差異或模糊不清的涵義，轉換成精確、結構化、電腦可以處理的形式 (也就是向量)。NLP 的應用包括機器翻譯、垃圾郵件檢測、理解搜索引擎問題以及在手機上預測使用者要輸入的文字等等。

本章則會利用 NLP 進行文體分析，嘗試找出小說作者。以下為 NLP 進行文體分析時最常使用的特徵和其特徵所代表的功能：

(1) 詞彙長度：文字中所使用的詞彙長度頻率分佈 (編註：詞彙在句子中出現的次數與位置)。

(2) 停用詞 (Stop Word)：使用的停用詞 (簡短的、無實際含意的功能詞，例如 the、but 和 if) 的頻率分佈。

(3) 詞性：各詞彙基於其句子結構 (例如名詞、代名詞、動詞、副詞、形容詞等) 進行分類後的頻率分佈。

(4) 最常用的詞彙：文本中最常用的詞彙比較。

(5) 雅卡爾指數 (Jaccard similarity)：用於衡量樣本集的相似度和多樣性的統計資料。

一般小說作者都會有截然不同的寫作風格，那麼這 5 項測試應該就足以區分其差異。在 2.4 節說明程式時，會再對這些項目做進一步的說明。

2.2 安裝自然語言處理工具與函式庫

要執行文體學分析，需用到自然語言處理工具包 NLTK (Natural Language Toolkit)，這是一套在 Python 領域中受到歡迎的人類語言資料處理工具與函式庫。它是免費的，而且有 Windows、macOS 和 Linux 版本。NLTK 於 2001 年開始發展，是賓夕法尼亞大學計算機語言學課程的一部分，在數十位貢獻者的幫助下，NLTK 還在不斷發展。

 更多有關 NLTK 的資訊，請參見官方網站 http://www.nltk.org/。

安裝 NLTK

要在 Windows 上安裝 NLTK，請打開 PowerShell，然後如下使用 pip 進行安裝。

```
python -m pip install nltk
```

 在 http://www.nltk.org/install.html 可找到 NLTK 的安裝說明。

如果電腦有安裝多個 Python 版本，則需依如下方式指定要安裝在哪一個版本。例如要安裝在 Python 3.10：

```
py -3.10 -m pip install nltk
```

要檢查安裝是否成功，請打開 Python 互動 shell 並輸入以下內容：

```
>>> import nltk
```

　　只要沒有出現任何錯誤訊息，就表示已安裝成功。否則請參考
https://www.nltk.org/install.html 網頁中的安裝說明。

NLTK 下載工具

　　NLTK 包含許多 NLP 必備工具，使用前必須先用 NLTK 下載工具
來下載，請如下在 Python shell 中啟動它：

```
>>> import nltk
>>> nltk.download()
```

編註：若 nltk.download() 跑出錯誤訊息

```
[nltk_data] Error loading punkt: <urlopen error [Errno 111]
[nltk_data]     Connection refused>

False
```

請參考 https://www.nltk.org/data.html。

下載斷詞模型

　　要進行文體分析前，我們要將文本 (或語料庫) 分解為詞彙（或稱為
token (標記)）（編註：此動作稱為斷詞）。本書會透過 NLTK 先把文本
分解為斷句，接著還需要用到 Punkt 斷詞模型 (Tokenizer Model)，把斷
句分解為斷詞。因此請參考以下說明下載斷詞模型。

執行 NLTK 下載工具後會出現如圖 2-1 的 NLTK Downloader 視窗：按視窗上半的 **Models** 或 **All Packages** 標籤，然後選取清單中的『punkt』項目，接著依你所使用的平台在視窗底部的 **Download Directory** 設好路徑（編註：根據 https://www.nltk.org/data.html，在 Windows 請設為 C:\nltk_data，Mac 為 /usr/local/share/nltk_data，UNIX 則為 /usr/share/nltk_data），最後按 **Download** 鈕就會開始下載。

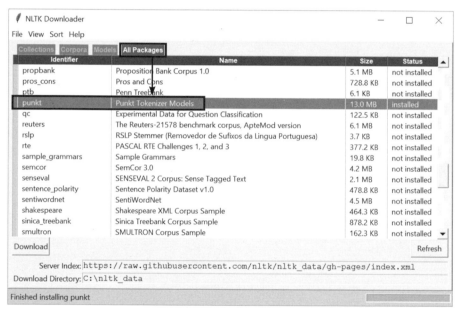

圖 2-1: 下載 Punkt 斷詞模型

或者你可用如下的方式直接在 shell 下載 Punkt 斷詞模型：

```
>>> import nltk
>>> nltk.download('punkt')
```

下載停用詞語料庫

　　另外我們也需用到停用詞語料庫，它也可用類似的方式下載。在 NLTK Downloader 視窗中選取 **Corpora** 標籤，然後選擇下載 Stopwords Corpus 項目，如圖 2-2 所示：

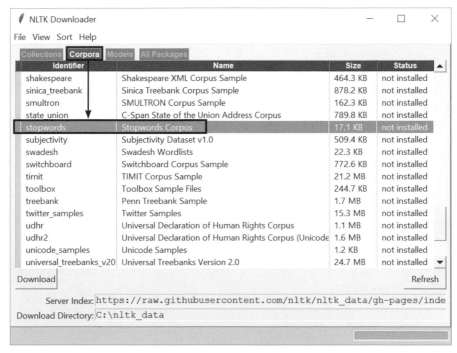

圖 2-2: 選擇下載 Stopwords Corpus 的畫面

　　若想在 shell 中安裝，可用如下命令：

```
>>> import nltk
>>> nltk.download('stopwords')
```

下載分析詞性套件

我們還要再下載一個用來分析動詞、名詞等詞性的套件，請在 NLTK Downloader 視窗中選取 **All Packages** 標籤，然後選擇下載『Averaged Perceptron Tagger』項目，或是在 shell 執行如下命令：

```
>>> import nltk
>>> nltk.download('averaged_perceptron_tagger')
```

在 NLTK 完成下載後，請關閉 NLTK Downloader 視窗，然後在 shell 中執行下列命令，看安裝是否成功：

```
>>> from nltk import punkt
>>> from nltk.corpus import stopwords
```

只要沒有出現錯誤訊息，就表示模型和所需的套件都已安裝成功。

另外我們也需用到 matplotlib 來畫出圖表，如果你還沒安裝，請參考第 1-13 頁中的說明。

2.3 專案：獵犬、戰爭和失落的世界—作者是誰？

亞瑟・柯南・道爾爵士 (Sir Arthur Conan Doyle, 1859－1930) 最知名的著作，就是犯罪文學福爾摩斯故事系列。而 H. G. 威爾斯 (H. G. Wells, 1866－1946) 則以數本開創性的科幻小說而聞名，像是《世界大戰》、《時光機器》、《隱形人》和《攔截人魔島》(又譯為《莫羅博士島》)。

編註：為方便與程式內容對照，以下文字都用英文 Doyle 和 Wells 來表示 2 位作者。

在 1912 年時，Strand 雜誌開始連載科幻故事失落的世界 (The Lost World)，這是個關於動物學教授 George Edward Challenger 在亞馬遜流域探險，並遭遇活生生的恐龍乃其它生物的故事。

要捕獲和分析每個作者的風格，需要一個具有代表性的**語料庫 (corpus)** 或文本資料。對於 Doyle，我們就用 1902 年出版的著名的福爾摩斯小說《巴斯克維爾獵犬》(The Hound of the Baskervilles)。對於 Wells，則使用 1898 年出版的《世界大戰》(The War of the Worlds)。這兩本小說的字數皆超過五萬字，足以進行合理的統計採樣。然後將兩位作者的作品與《失落的世界》進行比較，以匹配程度確定寫作風格。

編註：語料庫 (corpus) 是一種已經分析好語法的資料庫，語料庫若含有 'novel' 這個單詞，它可能包含一些其他資訊，像 'novel' 是名詞，它有5個字母所組成，它通常跟在哪個字後面，用在什麼地方，出現頻率。在專案裡我們對未分析文字檔也稱為語料庫，是因為分析文字檔的過程就是在建立語料庫，但一般學術界定義語料庫須分析完成才算數。

▌專案目標

在此專案中，假設你並不知道《失落的世界》這本書是誰寫的，而我們的任務就是要解開誰是作者的謎團。在此之前，專家們已將可能的作者範圍縮小至只有 Doyle 和 Wells 兩位。因為《失落的世界》是科幻小說，而這是 Wells 擅長的領域，所以他佔了一些優勢。而故事中殘酷的穴居人也讓人聯想到 1895 年創作的《時光機器》中的莫羅克人 (morlock)。另一方面，Doyle 則是以偵探小說和歷史小說而聞名。作者到底是誰呢？讓我們用文體學中的 NLP 技術來判斷。

▌範例檔案說明

本書所使用的三本小說檔案：巴斯克維爾獵犬 (hound.txt)、世界大戰 (war.txt)，及失落的世界 (lost.txt)。這些小說的檔案都來自於 Project Gutenberg (http://www.gutenberg.org/)，這是一個公用領域文學作品網站，所以你可直接使用這些檔案，其書本中的目錄、章名、版權資訊等額外內容都已預先移除了。

我們要撰寫的 stylometry.py 程式會先載入上述的小說文字檔，然後分割成詞彙 (斷詞)，再進行 2.1 節所列的 5 項文體分析。程式會將分析結果以圖形和文字訊息表示，以幫助我們判斷誰寫了《失落的世界》。

請將程式檔和所用到的文字檔放在同一個資料夾。

2.3.1 匯入模組以及 main() 函式內容

程式 2-1 的內容主要是匯入 NLTK 和 matplotlib、建立常數、定義 main() 函式。在 main() 中呼叫的函式會在後面陸續說明。

▶ 程式 2-1: stylometry.py 第 1 段，匯入模組以及進行斷詞與文體分析

```
import nltk
from nltk.corpus import stopwords        匯入模組
import matplotlib.pyplot as plt
LINES = ['-', ':', '--']    ◀── 設定圖表中的線條樣式
def main():
                                              載入小說內容
    strings_by_author = dict()  ❶ 初始化 Python 字典
    strings_by_author['doyle'] = text_to_string('hound.txt')
    strings_by_author['wells'] = text_to_string('war.txt')
    strings_by_author['unknown'] = text_to_string('lost.txt')
```
→ 接下頁

```
print(strings_by_author['doyle'][:300])◄── 檢查文章內容是否已正常載入

words_by_author = make_word_dict(strings_by_author)  ❷ 進行斷詞
len_shortest_corpus = find_shortest_corpus(words_by_author)◄
                                                    找出小說的最短長度

word_length_test(words_by_author, len_shortest_corpus)◄── 計算詞彙長度
stopwords_test(words_by_author, len_shortest_corpus)◄── 比較停用詞
parts_of_speech_test(words_by_author, len_shortest_corpus)◄── 比較詞性
vocab_test(words_by_author)◄── 比較作者使用的詞彙
jaccard_test(words_by_author, len_shortest_corpus)◄── 計算雅卡爾指數
```

程式一開始先匯入 NLTK 和 Stopwords Corpus，然後是 matplotlib。

編註：若使用 Jupyter 執行環境，是否需要彈出視窗呈現 matplotlib 繪圖結果，可以使用以下兩個程式指令進行控制。

```
%matplotlib    # 打開新視窗
%maplotlib inline   # 回到原本執行頁面呈現結果
```

matplotlib 預設在繪圖時會使用彩色，但我們仍想讓線條樣式有點變化，不受顏色影響也可判讀，方便本書黑白印刷呈現！因此我們建立一個變數 LINES，用來存放之後要在圖表上呈現的線條樣式 (使用不同的符號繪製)，這邊名稱全部使用大寫表示要將它當成常數來用。

接著定義 main() 函式的內容，其中所呼叫的函式和變數名稱為了讓程式更好閱讀，所以從命名方式我們大概都能看出這段程式在做什麼事。以下我們會同步說明自訂函式的內容，這樣你會更清楚程式運作的細節。

2.3.2 (text_to_string 函式) 載入小說內容

第一步要建立一個空的 Python 字典結構用以存放各作者的小說內容❶。接著我們以作者的名字為鍵，使用 text_to_string() 函式將小說內容以字串的形式存入字典。程式 2-2 是自訂函式 text_to_string() 的內容，用來將文字檔內容轉成字串。

▶ 程式 2-2: stylometry.py 第 2 段，定義 text_to_string()

```
def text_to_string(filename):
    """讀取文字檔並以字串形式傳回"""
    with open(filename, encoding='utf-8') as infile:
        return infile.read()
```

我們將要轉換的文字檔傳入函式中，然後用內建的 read() 函式讀取整個檔案內容並以字串形式傳回，以方便之後進行各種操作。開啟檔案時使用 with 關鍵字，可確保在任何情況下，檔案都會自動關閉。關閉檔案是必要的收尾工作，它可避免檔案描述符 (一種索引值) 被耗盡、檔案被鎖定而無法再次存取、檔案損毀或資料遺失 (寫入檔案時) 之類的異常狀況。

要注意的是，由於小說文字檔中有一些特殊符號，Python 3 會顯示編碼上有問題而引發例外，因此我們在 open() 函式中，指定 encoding='utf-8'，採用相容性較高的 UTF-8 編碼格式，減少出錯的可能性。有關 UTF-8 的進一步資訊，可參見 https://docs.python.org/3/howto/unicode.html。

編註：原作者 Github 上的範例未指定使用 UTF-8 編碼，中文版範例已經補上。

採用 UTF-8 編碼仍出錯？

　　文字檔中可能仍會有 UTF-8 無法處理的字元，如果出現 UnicodeDecodeError 錯誤，可如下加上 errors 引數：

```
with open(filename, encoding='utf-8', errors='ignore') as infile:
```

　　本專案所使用的文字檔已經過多次測試，文字內容不會有太大的問題，偶有錯誤都是小問題，可以放心略過無妨。

　　依序將 3 個小說文字檔當參數傳入 text_to_string() 函式，然後以作者姓名當作鍵存入 strings_by_author 字典中，其中《失落的世界》的文字檔會以 'unknown' 為鍵。

　　之後只要以作者為鍵，就可以取得對應的小說內容，例如用 Doyle 為鍵，存取的字串就是巴斯克維爾獵犬的小說內容：

```
{'Doyle': 'Mr. Sherlock Holmes, who was usually very late in the mornings
--（略）--'}
```

　　建好字典後，我們讓程式印出 'Doyle' 這個鍵所對應的字串前 300 個字元，以檢查文章內容是否已正常載入，輸出的內容如下：

```
Mr. Sherlock Holmes, who was usually very late in the mornings, save upon
those not infrequent occasions when he was up all night, was seated at
the breakfast table. I stood upon the hearth-rug and picked up the stick
which our visitor had left behind him the night before. It was a fine,
thick piec
```

2.3.3 (make_word_dict 函式) 進行斷詞

　　載入各小說後，下一步就是將字串內容分解成詞彙 (斷詞)，可是目前 Python 只能區分字母、數字、標點符號等單一字元，它並不認得詞彙，因此我們要呼叫 make_word_dict() 函式來完成這項工作，其引數為 strings_by_author 字典，斷詞之後會傳回另一個字典，我們將之存成 words_by_author，其中作者為鍵，而值則是將原來的字串分解成詞彙重組而成的 list (串列) ❷。例如以下的鍵 Doyle 和其 list 型別的值 (list 內容顯示有縮減)：

```
{'doyle': ['sherlock', 'holmes', 'who', 'was', 'usually', 'very',
'late', 'in', 'the', 'mornings', --（略）--}
```

　　程式 2-3 的函式會建立 token 字典，鍵為作者名稱，值為其小說經斷詞分解成詞彙後的 list。

▶ 程式 2-3：stylometry.py 第 3 段，定義 make_word_dict() 函式

```
def make_word_dict(strings_by_author):  ❶ 把字串分解成詞彙
    """傳回將作品斷詞後的字典"""
    words_by_author = dict()  ◀—— 建立空字典
    for author in strings_by_author:
        tokens = nltk.word_tokenize(strings_by_author[author])  ◀—— 斷詞
        words_by_author[author] = ([token.lower() for token in tokens
                                    if token.isalpha()])
    return words_by_author
                                    ❷ 判斷是否為字母並轉小寫
```

　　定義 make_word_dict() 函式，它會將字典中的作品字串分解成詞彙，並用字典格式傳回 ❶。一開始先建立名為 words_by_author 的空字典，然後用迴圈依序處理字典 strings_by_author 中所有的作者鍵，用其

鍵對應其值，將值放入 NLTK 的 word_tokenize() 方法處理，處理完成傳回一組 list 名為 tokens，之後我們會對應它原來作者鍵將值傳入空字典中。tokens 是語料庫經過斷詞後的內容，通常是詞彙 (包含複合字)、片語或短句等。

以下的程式片段就是將字串轉成一組 tokens (詞彙和標點符號) 的情形：

```
>>> import nltk
>>> str1 = 'The rain in Spain falls mainly on the plain.'
>>> tokens = nltk.word_tokenize(str1)
>>> print(type(tokens))
<class 'list'>
>>> tokens
['The', 'rain', 'in', 'Spain', 'falls', 'mainly', 'on', 'the', 'plain',
'.']
```

雖然這和 Python 內建的 split() 函式效果相似，但從語言學的觀點，split() 無法做到斷詞的效果 (像下面的例子中，句尾的句號未被分解出來)。

```
>>> my_tokens = str1.split()
>>> my_tokens
['The', 'rain', 'in', 'Spain', 'falls', 'mainly', 'on', 'the', 'plain.']
```

取得 tokens 後，我們用串列生成式 (list comprehension) 將它們存於另一個字典 (words_by_author) 中 ❷。串列生成式是在 Python 中執行迴圈的簡寫語法，這個程式片段要用方括號 [ ] 括起來，表示其為 list 內容，我們用 isalpha() 判斷 tokens 內個別詞彙 token 是否全為字母，若傳回 True 就將其內容轉成小寫；若是標點符號或含連字號 (-) 的字串則不會處理。最後傳回 words_by_author 字典。

2.3.4 (find_shortrst_corpus 函式) 找出 小說的最短長度

文體分析會計算詞彙在語料庫中出現的次數 (也就是 **頻率 (frequency)**),通常語料庫中的字數必須相同,才能合理的進行比較。一般來說有以下幾種可行的作法:

1. 將文章切塊,例如每 5000 字一組,然後對字數相同的部份進行分析比較。

2. 將文章依詞彙出現的頻率進行正規化 (normalize)。

3. 將所有小說截斷成一樣長度。

 編註:具體來說,此處正規化的動作是將詞彙出現次數除以文章總字數,這樣文章字數不同,也可以比較詞彙出現的頻繁程度。

在此我們採用最後一種方法,程式 2-4 定義了 find_shortest_corpus() 函式,可以從已經斷詞過的 words_by_author 字典中找出最短的語料庫,並傳回其長度 (len_shortest_corpus)。

▶ 程式 2-4: stylometry.py 第 4 段,定義 find_shortest_corpus() 函式

```
def find_shortest_corpus(words_by_author):
    """傳回最短語料庫的長度"""
    word_count = []          ← 建立一個 list
    for author in words_by_author:
        word_count.append(len(words_by_author[author]))   ← 取得各個小說
        print('\nNumber of words for {} = {}\n'.              的長度
            format(author, len(words_by_author[author])))
```

→ 接下頁

```
len_shortest_corpus = min(word_count)  ← 取長度最小值
print('length shortest corpus = {}\n'.format(len_shortest_corpus))
return len_shortest_corpus
```

　　首先將傳入的字典當作引數，並建立一個 list 用以存放字數。接著在迴圈中，以作者為鍵一一取出字典中每個小說的內容，迴圈內會先取得小說的長度 (字數)，並附加到 word_count，另外也會在螢幕輸出作者名稱及作品斷詞後的長度。

　　迴圈結束後，用內建的 min() 函式取長度最小值，並指派給變數 len_shortest_corpus，同時傳回該變數值。表 2-1 所示就是每個小說斷詞後的字數：

表 2-1: 每個小說的長度 (字數)

語料庫	長度
巴斯克維爾獵犬 (Doyle)	58,387
世界大戰 (Wells)	59,469
失落的世界 (Unknown)	74,961

　　此處最短的語料庫也有近 60,000 字，已可提供足夠的資料，後續文體分析我們會直接使用 len_shortest_corpus 變數，將各語料庫都截斷至一樣長度。當然我們這樣做是假設後面被裁掉的部份，與前面的內容並沒有**顯著的差異**（編註：假設整部小說都是同一位作者寫的，而且前後風格是一致的）。

到此我們已經將 3 部小說做好斷詞，並找出最短的小說字數，main() 函式的最後 5 行就要進行 2.1 節所列的文體分析，我們會各自呼叫不同的函式，並將斷詞後的字典和最短字數當作參數，下一節就要說明各函式處理的細節。

2.4 使用 NLP 進行文體分析

前面我們已經做好文體分析前的準備工作，這一節要說明 main() 函式中最後 5 行所引用的函式內容，也就是我們在 2.1 節所提到 5 項基本的文體分析手法。

▋ (1) 計算詞彙長度

作家風格差異中的一項就是他們的用字，福克納 (Faulkner) 觀察到海明威 (Hemingway) 寫作時都使用簡單的詞彙，但福克納使用 "10-dollar word"，也就是長且不常用的字。作者的風格表現在所用的詞彙長度以及詞彙量，關於後者將在本章稍後介紹。

程式 2-5 定義了一個比較語料庫中所用詞彙長度的函式，並畫出頻率分佈。也就是各種長度的詞彙出現的數量對照圖。例如某位作者可能用了 4000 個長度為 6 個字母的詞彙，而另一位作者可能用了 5500 個。頻率分佈圖可讓我們比較不同詞彙長度的使用情況，而不是只有平均長度。

程式 2-5 中的函式會將詞彙 list 裁成與最短語料庫 (len_shortest_corpus) 相同的長度，讓比較的結果不致於因為小說長度不同而出現誤差（編註：後續其他文體分析函式也多半會裁成相同長度）。

▶ 程式 2-5: stylometry.py 第 5 段，定義 word_length_test() 函式

```
def word_length_test(words_by_author, len_shortest_corpus):
    # %matplotlib  ◀── 程式若在 Anaconda 環境執行請取消註解
    """畫出各作者使用的詞彙長度圖，所有作品都截斷成與最短語料庫相同長度"""
    by_author_length_freq_dist = dict()  ◀── 建立空字典
    plt.figure(1)  ◀── 設定圖表編號
    plt.ion()  ◀── 開啟互動繪圖模式
```

→ 接下頁

```
for i, author in enumerate(words_by_author):  ❶ 處理每位作者的內容
```
將每個詞彙的字母長度存入 list 中　　　　　　　用串列生成式取出作品中每個詞彙
```
    word_lengths = [len(word) for word in words_by_author[author]
                    [:len_shortest_corpus]]  ←── 只取到最短語料庫
                                                  長度的字數
```
計算詞彙字母長度頻率
```
    by_author_length_freq_dist[author] = nltk.FreqDist(word_lengths)
    by_author_length_freq_dist[author].plot(15, linestyle=LINES[i],
                                             label=author,
❷ 繪製圖表，三部作品會用不同的線條樣式          title='Word Length')
```
```
plt.legend()  ←── 繪製圖例
# plt.show()  ←── 要在程式編輯時看到圖案，可取消註解
```

　　所有文體分析函式都會用到 tokens (詞彙和標點符號) 字典；且大部份都會使用最短語料庫的長度參數，以確保樣本數一致（編註：樣本數一致才有辦法進行比較）。

　　函式先建立一個空的字典，以便用來存放各作者所用各長度詞彙的頻率，接著就開始進行繪圖。因為之後還要畫別的圖，所以先建立第 1 個物件並將之命名為 '1'，然後呼叫 plt.ion() 開啟互動繪圖模式。

　　接著以迴圈處理 words_by_author 字典中每位作者的內容 ❶，我們用 enumerate() 函式為每位作者產生一個數字編號，稍後會用此編號來決定繪圖時的線條樣式。處理每個作者的語料庫時，用串列生成式從截斷的詞彙 list 中，取得每個字的長度，再將每個詞彙長度 (數字) 存成另一個 list。

　　接著就要計算各詞彙的頻率，並存到一開始建立的字典，此處使用的 nltk.FreqDist() 會用傳入的詞彙長度 list，建立一個 FreqDist 物件。

FreqDist 物件有提供 plot() 方法可直接繪圖，不需透過 plt 參考 pyplot 物件 ❷，它會從頻率最高的項目開始繪圖。在引數列中指的 15 是指詞彙長度，也就是說只畫出長度 1 到 15 的分佈，用迴圈變數 i 從 LINES list 中取得用來畫圖的符號，最後再指定圖的標籤和標題。之後呼叫 plt.legend() 繪製圖例時就會使用此處指定的標籤。

　　我們還能在 nltk.FreqDist() 加上 cumulative 參數來指定圖表的繪製方式，若設定 cumulative=True，畫出的會是如圖 2-3 左圖的累積分佈 (cumulative distribution)，若未指定則使用預設的 cumulative=False，此時畫出的頻率由高至低，各種字母長度的次數以折線圖呈現，如圖 2-3 右圖所示，本專案中我們就採用預設的設定。

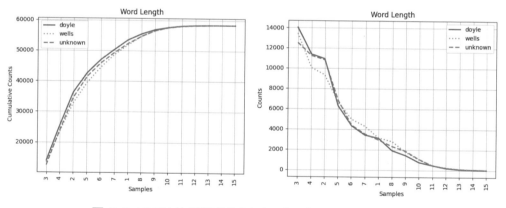

圖 2-3: NLTK 的累積分佈圖 (左) 和預設的分佈折線圖 (右)。

　　程式最後呼叫 plt.show() 將圖形畫出，不過在此先將之標示為註解，如果你想立即看到圖形，可將之取消註解。

如果你在 Windows PowerShell 下執行程式，圖形可能會在畫好時立即關閉，此時可加上 block 參數：plt.show(block=True)，如此會使程式暫停，必須等使用者將圖形關閉後，程式才會繼續執行。

　　僅根據圖 2-3 中的詞彙長度分佈圖，看起來 Doyle 的風格與 Unknown 作者的風格比較接近，儘管在某些地方，Wells 也差不多或更加接近。讓我們繼續進行其它測試，以確認此發現是否確實。

▌(2) 比較停用詞 (Stop Word)

　　停用詞指的是一些較不重要但常用的字詞，像是 the、by 和 but 等，這些詞在線上搜尋會被過濾掉，因為它們不能提供與上下文相關的資訊，並且停用詞曾被認為對識別作者身份沒有什麼幫助。

　　但這些常用且不經意就會使用的停用詞，可能是作者風格最顯著的表徵。而且，由於要比較的文本通常屬於不同主題，這些與內容無關但大家都會用到的停用詞就變得很重要。

小編補充：查看停用詞

　　可以輸入以下的程式來查看英文中所有的停用詞：

```
import nltk
from nltk.corpus import stopwords
print(stopwords.words('english'))
```

　　程式 2-6 定義了一個函式來比較 3 本小說中的停用詞。

▶ 程式 2-6：stylometry.py 第 6 段，定義 stopwords_test() 函式

```
def stopwords_test(words_by_author, len_shortest_corpus):
    """畫出每位作者使用停用詞的頻率，所有作品都截斷成與最短語料庫的相同長度"""
    stopwords_by_author_freq_dist = dict()  ◀── 建立空字典
    plt.figure(2)  ◀── 設定圖表編號
```

→ 接下頁

```
stop_words = set(stopwords.words('english'))    ❶ 轉成 set 型別，篩選出
                                                    不重複的停用詞，方
                                                    便後續統計頻率

#print('Number of stopwords = {}\n'.format(len(stop_words)))
#print('Stopwords = {}\n'.format(stop_words))

                                                 同樣用串列生成式取出作
                                              ❷ 品中的詞彙，但只會將符
                                                 合的停用詞存入 list
for i, author in enumerate(words_by_author):
    stopwords_by_author = [word for word in words_by_author[author]
                           [:len_shortest_corpus]
                           if word in stop_words]
    stopwords_by_author_freq_dist[author] = nltk.FreqDist(
        stopwords_by_author) ◀── 計算停用詞頻率

                                                         繪製圖表
    stopwords_by_author_freq_dist[author].plot(50, label=author, ◀
                                               linestyle=LINES[i],
                                               title=
                                               '50 Most Common Stopwords')
plt.legend()  ◀── 繪製圖例
# plt.show()  ◀── 要在程式編輯時看到圖案，可取消註解
```

　　函式的引數同樣為傳入的字典以及最短語料庫長度。接著建立一個空
的字典，用以存放各作者所用的停用詞分佈資料。為了不讓圖形跟其他函
式圖形疊在一起，所以要建立另一個名為 '2' 的圖形物件。

　　接著建立一個局部變數 stop_words，並將其值設為 NLTK 的英語停
用詞語料庫，在此使用 Python 集合 (set) 資料型別 ❶，因為用它進行搜
尋會比 list 快，這樣搜尋語料庫也會比較快。接下來 2 行被標示為註解
的程式，會輸出停用詞的數量 (179 個) 以及所有的停用詞。

　　接著以迴圈處理傳入的 words_by_author 字典，此處用串列生成式
取得每位作者語料庫中的停用詞 ❷，做為新字典 stopwords_by_author
中的值，下一行程式就將此字典傳遞給 NLTK 的 FreqDist() 方法，並將
其輸出存於 stopwords_by_author_freq_dist 字典，它包含了用來畫出每
位作者使用停用詞的分佈資料。

接下來的畫圖程式和前面程式 2-5 中的類似，不過此處將樣本數設為 50，並設定了不同的標題，也就是說這次會畫出使用率排名前 50 的停用詞 (圖 2-4)。

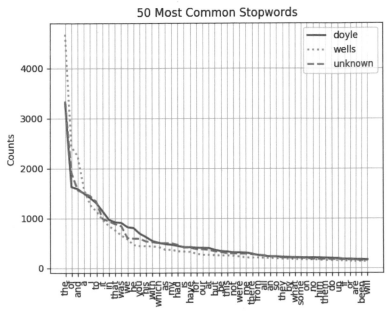

圖 2-4: 各作者最常用的 50 個停用詞的出現頻率

由圖可看出 Doyle 和 Unknown 作者使用停用詞的行為較相似，到目前為止，兩項分析都傾向 Doyle 最有可能就是未知的作者，但我們還是繼續進一步的分析。

▌(3) 比較詞性

接著要比較 3 本小說中各詞性 (parts of speech) 的使用情形，NLTK 使用稱為 PerceptronTagger 的詞性 (part of speech, POS) 標記器 (tagger) 來辨識英語中的詞性。PerceptronTagger 可以處理斷詞後的詞彙序列，並賦與每個字一個 POS 標籤 (參見表 2-2)。

表 2-2: 詞性標籤

詞性 (Part of Speech)	標籤	詞性 (Part of Speech)	標籤
對等連接詞	CC	所有格代名詞	PRP$
基數	CD	副詞	RB
限定詞	DT	副詞，比較級	RBR
存在句中的 there	EX	副詞，最高級	RBS
外來語	FW	介副詞 (Particle)	RP
介係詞或從屬連接詞	IN	符號	SYM
形容詞	JJ	To	TO
形容詞，比較級	JJR	感嘆詞	UH
形容詞，最高級	JJS	動詞，基本形	VB
項目符號	LS	動詞，過去式	VBD
情態動詞	MD	動詞，動名詞或現在分詞	VBG
名詞，單數或不可數	NN	動詞，過去分詞	VBN
名詞，複數	NNS	動詞，非第三人稱單數現在式	VBP
名詞，代名詞，單數	NNP	動詞，第三人稱單數現在式	VBZ
名詞，代名詞，複數	NNPS	Wh-限定詞，which	WDT
前置限定詞	PDT	Wh-代名詞，who，what	WP
所有格字尾	POS	所有格 wh-代名詞，whose	WP$
人稱代名詞	PRP	Wh-副詞，where，when	WRB

PerceptronTagger 已使用 Penn Treebank 或 Brown Corpus 等大型資料庫訓練過，所以處理結果雖然還不算完美但準確度已經足夠。網路上也有其他非英語的訓練資料和標記器。在此不需太過糾結於各詞性及其標籤，和前面的分析一樣，我們只需比較圖形中折線的近似程度即可。

程式 2-7 定義了一個會畫出各小說的 POS 分佈折線圖的函式：

▶ 程式 2-7: stylometry.py 第 7 段，定義 parts_of_speech_test() 函式

```
def parts_of_speech_test(words_by_author, len_shortest_corpus):
    """畫出作者使用名詞、動詞、副詞等不同詞性的圖形"""
    by_author_pos_freq_dist = dict()    ◀— 建立空字典
    plt.figure(3)    ◀— 設定圖表編號
                                                        → 接下頁
```

```
for i, author in enumerate(words_by_author):
    # pos_tag 傳回的是 (詞彙, 詞性) 的 tuple，我們只要詞性，所以指定為 pos[1]
    pos_by_author = [pos[1] for pos in nltk.pos_tag(
        words_by_author[author][:len_shortest_corpus])]  ❶ 取得詞性 list
    by_author_pos_freq_dist[author] = nltk.FreqDist(pos_by_author)
    ❷ 計算詞性頻率
    by_author_pos_freq_dist[author].plot(35, label=author,
                                         linestyle=LINES[i],
                                         title='Part of Speech')
繪製圖表
    plt.legend()    ◀── 繪製圖例
    plt.show()      ◀── 顯示全部圖形
```

還是老樣子，函式引數為 words_by_author 字典以及最短語料庫長度 (len_shortest_corpus)。接著建立用來存放各作者 POS 頻率分佈資料的字典，以及建立第 3 張圖形物件。

接著以迴圈處理 words_by_author 字典 ❶，以串列生成式語法用 NLTK pos_tag() 方法建立名為 pos_by_author 的 list。這個 list 裡已把作者語料庫中的每個詞彙取代成對應的 POS 標籤，其結果如下所示：

```
['NN', 'NNS', 'WP', 'VBD', 'RB', 'RB', 'RB', 'IN', 'DT', 'NNS',
--（略）--]
```

編註：NTLK 的 pos_tag 函式會傳回一個 list，其中每個元素都會標記成 (詞彙, 詞性) 這樣的 tuple 形式，如：[('And', 'CC'), ('now', 'RB'), ('for', 'IN'), ('something', 'NN'), ('completely', 'RB'), ('different', 'JJ')]，我們只需要詞性，因此程式用串列生成式取得 tuple 後，會再用 pos[1] 指定索引取出詞性。

接著建立 POS 頻率分佈 list ❷，並畫出圖形，這次要畫出排名前 35 個樣本。其實總共也只有 36 個 POS 標籤，而且其中有些幾乎不會出現在小說中，像是詞性標記為 LS 的項目符號 (list item marker)。

這是我們要畫的最後一個折線圖,所以呼叫 plt.show() 將全部圖形顯示出來。就像在第 2-20 頁提到的,若是在 Windows PowerShell 中執行此程式,可用 plt.show(block=True) 防止圖案自動關閉。

前兩張圖加上這次所畫的 (圖 2-5),大約要 10 秒才會被畫出。

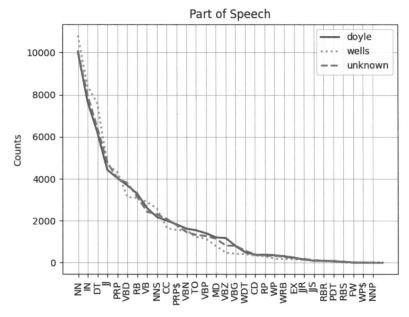

圖 2-5: 各作者最常用的 35 個詞性的分佈圖

這次的結果仍是 Doyle 的折線比 Wells 的折線更接近未知作者的折線。表示 Doyle 是 unknown 語料庫的作者。

▌(4) 比較作者常用的詞彙

要比較三個語料庫中的詞彙,我們使用**卡方隨機變量 (chi-squared random variable, X2)** (也稱為**檢定統計量 test statistic**) 來量測未知作者語料庫中使用的常用詞彙量與已知作者語料庫之間的『距離』。

詞彙量越接近，就表示它們比較相似。它的公式如下：

$$X^2 = \sum_{i=1}^{n} \frac{(O_i - E_i)^2}{E_i}$$

其中 O 是觀察到的詞彙量，E 是預期的詞彙量，假設所比較的語料庫都屬於同一作者，語料庫合併前後的常用字應該都會很接近。

例如若 Doyle 是未知作品的作者，則兩部小說會有相同或相似的常用字使用比例。檢定統計量就是透過量測同一詞彙使用頻率的差異，以量化的方式來比較兩本小說的相似度。只要卡方檢定統計量的值愈低，就表示兩者愈相似。

 編註：提醒一下，這裡的意思並不是直接將 Doyle 小說的常用字使用次數跟 unknown 小說使用的次數做比較，而是先將兩者合併 (就是將統計量打散的概念)，再按字數比例依照卡方檢定的公式來統計每個詞彙使用的次數差距。

程式 2-8 定義了一個函式來比較各語料庫的用字

▶ 程式 2-8: stylometry.py 第 8 段，定義 vocab_test() 函式

```
def vocab_test(words_by_author):
    """用卡方統計來比較作者的詞彙量"""
    chisquared_by_author = dict()    ◀── 建立空字典
    for author in words_by_author:
        if author != 'unknown':    ❶ 排除unknown 語料庫
            combined_corpus = (words_by_author[author] +
                              words_by_author['unknown'])    ◀── 合併語料庫
            author_proportion = (len(words_by_author[author])/
                                len(combined_corpus))◀
```
計算當前作者所佔
的字數比例   → 接下頁

```
                                                            取得頻率分佈
        combined_freq_dist = nltk.FreqDist(combined_corpus)◄
        most_common_words = list(combined_freq_dist.most_
            common(1000)) ◄──── 取得常用詞彙
        chisquared = 0  ◄──── 初始化卡方變數
        for word, combined_count in most_common_words: ❷
            observed_count_author = words_by_author[author].
                count(word)
            expected_count_author = combined_count * author_proportion
                                                按原始字數比例，算出每個 ↗
                                                詞彙預期的使用次數
            chisquared += ((observed_count_author -
                            expected_count_author)**2 /
                            expected_count_author) ◄──── 計算卡方分數
            chisquared_by_author[author] = chisquared ❸傳入卡方分數得分
        print('Chi-squared for {} = {:.1f}'.
            format(author, chisquared))
    most_likely_author = min(chisquared_by_author,        找到卡方得分
                        key=chisquared_by_author.get)◄── 最低的作者
    print('Most-likely author by vocabulary is {}\n'.
        format(most_likely_author))
```

vocab_test () 函式也要傳入 words_by_author 字典作為參數，但不需要最短語料庫的長度 (len_shortest_corpus)。但它也仍像前面的函式一樣，先創建一個新字典來保存每個作者的卡方值，然後迴圈走訪 words_by_author 字典內容。

為計算卡方值，要將每個作者的語料庫與 unknown 語料庫合併。為避免 unknown 語料庫與自己合併，因此用條件式來排除 ❶。在每一輪迴圈中，會將作者的語料庫與 unknown 的語料庫合併，然後用作者語料庫的長度除以合併後語料庫的長度即可取得當前作者的原始字數比例。然後呼叫 nltk.FreqDist() 取得合併語料庫的頻率分佈。

接著呼叫 most_common(1000)，從合併語料庫的頻率分佈中取得前 1000 個最常用的詞彙和使用次數。雖然沒有硬性規定在文體分析中應該比較多少詞彙，但對文學作品一般建議使用 100 到 1000 個詞彙量。因為此處要處理的算是中長篇的作品，因此選擇較大的值。

most_common() 方法會傳回由 tuple 組成的 list，每個 tuple 都包含詞彙及其出現次數。

```
[('the', 7778), ('of', 4112), ('and', 3713), ('i', 3203), ('a', 3195),
--（略）--]
```

接著將卡方變數值初始化為 0；然後用巢狀迴圈 for 來處理 most_common_words list ❷。由 word 字典取得觀察到的使用次數，對於 Doyle 而言，就是《巴斯克維爾獵犬》(The Hound of the Baskervilles) 語料庫中前 1000 個常用詞彙各自的使用次數。接著要算預期的計數值，也就是假設他同時寫了《巴斯克維爾獵犬》和 unknown 的語料庫，每個詞彙應該會使用的次數，計算方式就是合併語料庫中的計數值再乘上先前計算的作者原始字數比例。然後將上面得到的值代入卡方公式，並將計算結果存到用以記錄每位作者卡方得分的字典中 ❸，最後顯示每位作者的分數。

要找到卡方得分最低的作者，可呼叫內建的 min() 函式，並以字典和鍵為參數，後者是用 get() 方法取得的，如此就會得到對應到最小值的鍵。這點非常重要，若省略了最後一個引數，則 min() 是依鍵的字母順序傳回最小值，而非依卡方分數傳回最小值！以下程式片段示範這兩者的差異：

```
>>> print(mydict)
{'doyle': 100, 'wells': 5}
>>> minimum = min(mydict)
>>> print(minimum)
'doyle'  ◄───── 預設傳回作者名 (鍵) 最前面的
>>> minimum = min(mydict, key=mydict.get)
>>> print(minimum)
'wells'
```

　　一般會以為 min() 函式會傳回最小的數值，但由上例可發現，它預設是依鍵來判斷。

　　最後就輸出根據卡方分數所得的最有可能作者。

```
Chi-squared for doyle = 4744.4
Chi-squared for wells = 6856.3
Most-likely author by vocabulary is doyle
```

　　所以又多了一個測試判定作者是 Doyle 了！

▌(5) 計算使用詞彙的雅卡爾指數 (Jaccard similarity)

　　要判定語料庫所使用的詞彙集合之間的相似度，需使用雅卡爾指數，又稱為交集-聯集比 (intersection over union)，也就是將兩集合交集區域的面積除以聯集區域的面積 (圖 2-6)。

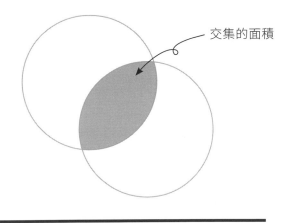

交集的面積

聯集的面積

圖 2-6: 交集-聯集比 (intersection over union)
是將交集區域的面積除以聯集區域的面積

　　由兩個文本使用詞彙所構成的集合之間的重疊 (交集) 越多，它們由同一作者撰寫的可能性就越大。程式 2-9 定義用來比較集合相似性的函式。

▶ 程式 2-9: stylometry.py 第 9 段，定義 jaccard_test() 函式

```
def jaccard_test(words_by_author, len_shortest_corpus):
    """計算已知作者語料庫對 unknown 語料庫的雅卡爾指數"""
    jaccard_by_author = dict()  ← 建立空字典
```
→ 接下頁

```
                                                    unknown 語料庫轉成集合
    unique_words_unknown = set(words_by_author['unknown']
                            [:len_shortest_corpus])
    authors = (author for author in words_by_author
            if author !='unknown')  ❶ 取得 unknown 以外的作者名字
    for author in authors:
        unique_words_author = set(words_by_author[author]
                            [:len_shortest_corpus])  unknown 以外的
        shared_words = unique_words_author.intersection(  語料庫轉成集合
            unique_words_unknown)  ← 找到共同的詞彙 (交集)

        jaccard_sim = (float(len(shared_words)))/  ❷ 計算雅卡爾指數
                    (len(unique_words_author) +
                    len(unique_words_unknown) -
                    len(shared_words)))  ← 聯集是將兩個集合相加
                                            再減去重複的交集部分

        jaccard_by_author[author] = jaccard_sim
        print('Jaccard Similarity for {} = {}'.format(author,
                                        jaccard_sim))
    most_likely_author = max(jaccard_by_author,
                        key=jaccard_by_author.get)  ❸ 找到雅卡爾指數
                                                      最大的作者
    print('Most-likely author by similarity is {}'.
            format(most_likely_author))

if __name__ == '__main__':
    main()
```

　　和前面的測試相同，jaccard_test() 函式的引數為 words_by_author
字典，以及最短語料庫的長度 (len_shortest_corpus)。同樣的，我們需要
建立一個字典存放各作者的雅卡爾指數。

以雅卡爾指數做比較時，集合中的詞彙必須是唯一的，所以我們要將語料庫轉成 set 型別以去除重複的項目。首先，我們用 unknown 語料庫建立集合。接著用迴圈處理兩位作者的語料庫，將之轉成集合並與 unknown 集合相比較。請記得在將語料庫轉成 set 型別前，將它們截斷成與最短語料庫 (len_shortest_corpus) 相同的長度。

在進入迴圈前，使用**產生器表達式 (generator expression)** 從 words_by_author 字典取得 unknown 以外的作者名字 ❶，再把它放入 authors 中。

使用 for 迴圈取出每一位已知作者，找出每位作者對應的詞彙字集，如同你對 unknown 所做的。接著用內建的 intersection() 函式找出已知作者字集與 unknown 字集中共同的詞彙，也就是兩者的交集，有了這項資訊，就可以計算雅卡爾指數 ❷。

將結果存於 jaccard_by_author 並輸出到直譯器視窗，然後找出哪位作者的雅卡爾指數最大 ❸ 並輸出。

```
Jaccard Similarity for doyle = 0.34847801578354004
Jaccard Similarity for wells = 0.30786921307869214
Most-likely author by similarity is doyle
```

我們的分析判斷作者應該是 Doyle。

最後完成 stylometry.py 裡的所有程式碼，可以使用外部呼叫或以獨立方式執行。

產生器表達式 (generator expression)

　　產生器表達式是個特別的函式，它會傳回一個物件，物件內可以讓我們單一數值一次迭代完成。其用法看起來有點像串列生成式，但它是用括弧而非方括號。而且它不會建立可能會耗用不少記憶體空間的 list，它是只在需用到時，當下提供單一元素。產生器表達式在有大量且只要使用一次的數值集合時非常有用，在此示範其用法。

　　將產生器表達式指定給變數時，得到的是稱為 generator 的迭代物件，它與 list 的差異可參考下面的例子：

```
>>> mylist = [i for i in range(4)]
>>> mylist
[0, 1, 2, 3]
>>> mygen = (i for i in range(4))
>>> mygen
<generator object <genexpr> at 0x000002717F547390>
```

　　上面的產生器表達式等同於下列的 generator 函式：

```
def generator(my_range):
    for i in range(my_range):
        yield i
```

　　使用 return 時會結束函式，但使用 yield 只是讓函式暫停，並傳回一個值給呼叫者。稍後函式可從中斷處恢復執行。

　　當產生器表達式跑完最後 1 個值後，它就變成是『空的』，因此不能再次被呼叫。

2.5 本章總結與延伸練習

實際上失落的世界的作者就是 Doyle，所以程式的分析算是成功。如果還想做進一步探索，可試著再找 2 位作者的其它作品，並將其放入語料庫中，因兩位的作品長度更接近於《迷失的世界》，而不必在程式中截斷其內容。另外也可測試句子長度和標點符號使用習慣，或是其它更複雜的技術，例如神經網路和基因演算法等。

此外還可試著強化現有的 vocab_test() 和 jaccard_test() 函式，加上使用 stemming (找出詞彙的主結構) 和 lemmatization (找出字根) 技術，將詞彙簡化為字根形式，以進行更精確的比較。例如以現有的程式，talk、talking、talked 會被視為完全不同的字，雖然它們屬於相同的字根。

歸根結底，語體分析仍不能百分之百證實 Arthur Conan Doyle 撰寫了《失落的世界》，它只是根據分析結果提出他比 H. G. Wells 更可能是真的作者。具體地提出問題非常重要，因為我們無法評估所有可能的作者。因此，作者身份的歸屬，第一步仍要依賴傳統的偵探作業，設法先將候選人數限制在合理的範圍內。

▌練習專案：使用分佈圖尋找獵犬

NLTK 有個有趣的小功能：分佈圖 (dispersion plot)，它能以視覺化的方式表現出某個字在文章中的位置。更精確地說，它會繪製某個詞彙在語料庫所有詞彙中的位置。

圖 2-7 就是《巴斯克維爾獵犬》中各主要角色在書中出現位置的分佈圖。

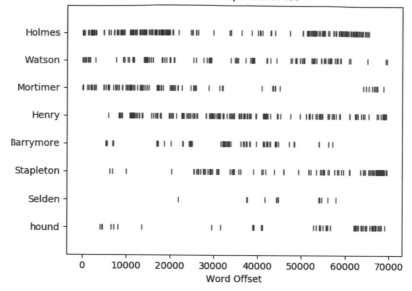

圖 2-7：《巴斯克維爾獵犬》中各主要角色在書中出現位置的分佈圖

　　如果你很熟悉這個故事，就會知道為什麼福爾摩斯 (Holmes) 在故事中段只零星地出現，而 Mortimer 呈雙峰分佈，以及故事結尾高度重疊的 Henry、Stapleton 和 hound（編註：這裡作者舉例有誤，小編已更正；另外 Mortimer 呈現雙峰分佈為作者自己的解讀，小編認為有些牽強，請讀者自行判斷）。

　　分佈圖也有些實際的用途，以筆者本身撰寫技術書籍的經驗為例，當專有名詞第一次出現時，就必須加以定義說明，雖然這看起來很簡單，但在編輯作業階段，書的內容可能會前後挪移，也就是說專有名詞第一次出現的位置可能變動了，這時候只要畫出所有專有名詞的分佈圖，就能很容易找到其出現的位置。

　　再舉個應用的例子，想像你是位與律師助理合作調查內線交易的資料科學家，要調查某位內線交易嫌疑人是否在交易前與特定的董事聯絡，可將其電子郵件組成一個字串，然後畫出分佈圖。只要有出現該董事的名字，就是找到證據了！

做為練習，請寫一個 Python 程式畫出與圖 2-7 相同的分佈圖。若在載入 hound.txt 語料庫時出現問題，請參見第 2-13 頁有關 UTF-8 編碼出錯。你可以在 practice_hound_dispersion.py 找到解答。

▌練習專案：標點符號熱力圖 (Heatmap)

熱力圖是用顏色表示資料值的一種圖表。熱力圖曾以視覺化的方式呈現知名作家使用標點符號的習慣 (https://www.fastcompany.com/3057101/the-surprising-punctuation-habits-of-famous-authors-visualized/)，也許這項技術也有助於找出《失落的世界》的作者。

請寫一個 Python 程式將本章 3 本小說以只取標點符號的方式進行斷詞 (tokenize)。接著將焦點放在分號，為每位作者繪製熱力圖，並將分號以藍色標示出來，其它標點則用黃色。圖 2-8 就是《世界大戰》和《巴斯克維爾獵犬》的分號使用熱力圖。

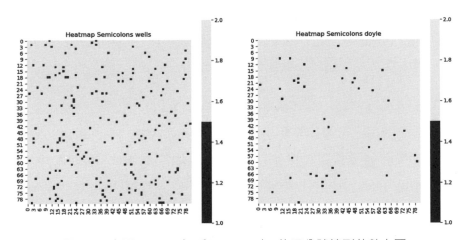

圖 2-8: 表現 Wells (左) 和 Doyle (右) 使用分號情形的熱力圖
（編註：可以看到 Wells 很常使用分號）

用這些熱力圖做比較，誰比較可能是《失落的世界》作者？

在本書下載範例可找到此練習專案的程式 practice_heatmap_semicolon.py。

挑戰題：使用頻率

前面提到過，在 NLP 中頻率指的是數量，但它也可用來表示單位時間內出現的次數，或是以小數或百分比來表示。

因此請試著定義一個新版的 nltk.FreqDist() 方法，它使用百分比而非數量，並用它來畫出在範例程式 stylometry.py 中所畫出的圖形。若需進一步的參考資訊，可參見 Clearly Erroneous 部落格 https://martinapugliese.github.io/tech/plotting-the-actual-frequencies-in-a-FreqDist-in-nltk/。

03

使用 NLP 技術做演說摘要和文字雲

『Water, water everywhere, but not a drop to drink. (水，到處都是水，卻無一滴能解渴。)』是古詩《古舟子詠》(Rime of the Ancient Mariner) 中相當著名的句子，這句話可用來描述當今數位資訊充斥的情況。根據國際數據資訊公司 (International Data Corporation) 的估計，至 2025 年時，人們**每年**產生的數位資料量將達到 175 兆 GB。而其中多達 95% 會是**非結構化**的，也就是這些資料未經過適當的整理並存到資料庫中。

為了使資訊更容易被發現和使用，我們必須擷取重要的內容並整理成易吸收的**摘要**，來減少資料量。由於資料量過於龐大，人工無法處理這樣的工作。所幸，NLP (自然語言處理) 技術讓電腦也能瞭解文字及其意涵，例如，NLP 應用程式可以匯總新聞提要、分析法律合約、研究專利、研究金融市場、獲取公司知識以及製作學習指南。

在本章中，我們要繼續用 Python 的自然語言處理工具包 (NLTK)，為有史以來最著名的演講之一，馬丁‧路德‧金 (Martin Luther King Jr) 的『我有一個夢 (I Have a Dream)』製作摘要。對相關技術有基本認識後，再換用另一個套件 gensim，為 William H. McRaven 海軍上將的『Make Your Bed』演講製作摘要。本章最後，則要用亞瑟‧柯南‧道爾爵士的小說《巴斯克維爾獵犬》中最常用的單字來建立**文字雲 (Word Cloud)** 這種有趣的視覺化摘要。

3.1 專案：I have a dream...
一個為演說製作摘要的夢！

在機器學習和資料探勘中，有兩種製作摘要方法：**萃取** (extraction) 和**抽象化** (abstraction)。

基於萃取的摘要方式是用多種加權函數，以計算句子的重要性並將其進行排名。使用較多次的字會有較高的加權值，因此包含這些字的句子也就是重要的。這就像用黃色螢光筆在書本上替關鍵字和句子畫重點，這樣的動作不會改動原本的文字。因此最後的結果可能是不連貫的，但這個方式很適合於抓出重要的字句。

抽象化則需要對文件內容有更深入的理解，可捕捉文意並加以改寫，包括建立全新的句子。因此它能產生比萃取更前後連貫且文法正確的結果，但也需要付出一定的代價。因為抽象化演算法需用到更先進且複雜的深度學習方法，以及複雜的語言模型。

▌專案目標

在此專案中，我們會使用 NLP 萃取技術對馬丁・路德・金恩 (Martin Luther King Jr) 於 1963 年 8 月 28 日在林肯紀念館發表的『我有一個夢 (I Have a Dream)』做出摘要。它和 1 世紀前林肯的蓋茲堡演說 (Gettysburg Address) 一樣，都是在最佳時機所做的最佳演說。而金恩博士反覆強調的演說技巧，也使其演說內容很適合用在根據文字出現頻率和重要性建立關聯性的萃取技術。

程式邏輯說明

要建立演說摘要，當然要先有一份數位化的演說內容，上一章的程式是預先從網路下載檔案到本地端後才由程式處理。但這次則要改用 **Web scraping (網路爬蟲)** 技術（編註：網路爬蟲指的是用程式下載和處理網頁內容），在程式中直接從網站中擷取演說並儲存下來。

待演說內容已載入成字串後，就可以使用 NLTK 拆解和計算單字。接著就能以單字為基礎，替所有句子計分，然後依分數排序，輸出排名在前的句子。要輸出多少句子，就依所需的摘要長度來決定。

本專案範例程式 dream_summary.py 會進行下列步驟：

1. 開啟含『我有一個夢 (I Have a Dream)』演說內容的網頁。

2. 將文字載入存於字串。

3. 進行斷詞 (tokenize) 將整串文字分解成單子和句子。

4. 移除不具意義的停用詞 (stopword)。

5. 計算剩餘字數。

6. 將字句依計數排序。

7. 顯示排名在前的句子。

3.1.1 安裝模組

程式 3-1 的內容是匯入模組,在匯入模組前,我們先下載免費的網路爬蟲模組 requests 和 Beautiful Soup (bs4),requests 將用於下載檔案和網頁,Beautiful Soup (bs4) 則是用來解析 HTML (Hypertext Markup Language) 格式的網頁內容。

你可在終端機視窗或 Windows PowerShell 用第 1 章介紹的 pip 來安裝這兩個模組 (請參見第 1-13 頁):

```
pip install requests
pip install beautifulsoup4
```

要檢查安裝是否成功,可在 shell 中如下匯入模組,只要沒有出現任何錯誤訊息,就表示已安裝成功。

```
>>> import requests
>>> import bs4
```

關於 requests 模組的介紹,請參見 https://pypi.org/project/requests/;Beautiful Soup 則參見 https://www.crummy.com/software/BeautifulSoup/。

若讀者先前跳過了第 2 章,尚未安裝 NLTK,可參考第 2-4 頁的安裝說明,此模組已經包含建立演說摘要的函式。

3.1.2 匯入模組

▶ 程式 3-1: dream_summary.py 第 1 段，匯入模組

```
from collections import Counter
import re
import requests
import bs4
import nltk
from nltk.corpus import stopwords
```
匯入模組

　　首先由 collections 模組中匯入 Counter 類別，以方便稍後用於記錄句子的得分。collections 模組是 Python 標準函式庫，它包含一些容器資料型別，我們使用的 Counter 算是 dictionary 的子類別，適用於計算在生命週期中雜湊值不會改變的物件 (hashable object)，其元素儲存方式如同字典的鍵，而其出現次數儲存方式如同字典的值。

　　接著匯入 re **常規表達式 (regular expression)** 模組，我們要用它來定義搜尋字句時的模式，用以移除演說中不重要的內容。

　　然後再匯入網路爬蟲模組 requests 與 bs4，和自然語言處理的模組 nltk，最後匯入的是停用詞 (stopwords，例如 if、and、but、for) 的清單內容，稍後在製作摘要前，會用它們來移除演說中的停用詞。

3.1.3 (main() 函式) 網路爬蟲

▶ 程式 3-2: dream_summary.py 第 2 段，main() 函式前段，包括爬取網頁以及將演說內容存於字串中。

```
def main():
    url = 'http://www.analytictech.com/mb021/mlk.htm'  ❶ 設定網址
    page = requests.get(url)     ← 取得伺服器回應
    page.raise_for_status()      ← 判斷是否正常回應
    soup = bs4.BeautifulSoup(page.text, 'html.parser')  ❷ 指定 html.parser
                                                           作為解析器
    p_elems = [element.text for element in soup.find_all('p')] ←
                                    找出段落標籤 <p> 之間的文字

    speech = ''.join(p_elems)    ← 將段落內容串在一起
```

定義主程式 main() 函式，並開始進行網路爬蟲。先設定要爬取的網頁之網址為字串 ❶，您可以從瀏覽器複製想爬取的網址到程式中。

requests 函式庫大幅簡化了在 Python 程式中進行 HTTP (HyperText Transfer Protocol) request 的動作，HTTP 是 World Wide Web 的通訊基礎。使用 requests.get() 方法從 url 取得伺服器回應 (Response 物件)，並存於 page 變數，其 text 屬性將網頁 (包含演說內容) 存為字串格式。

要檢查下載是否成功，可用 Response 物件的 raise_for_status() 方法。如果一切正常，不會有任何動作，否則將引發例外處理並停止程式執行。

到目前為止，程式取得的網頁資料為 HTML 格式，如下所示：

```
<!DOCTYPE HTML PUBLIC "-//IETF//DTD HTML//EN">
<html>

<head>
<meta http-equiv="Content-Type"
content="text/html; charset=iso-8859-1">
<meta name="GENERATOR" content="Microsoft FrontPage 4.0">
<title>Martin Luther King Jr.'s 1962 Speech</title>
</head>
--（略）--
<p>I am happy to join with you today in what will go down in
history as the greatest demonstration for freedom in the history
of our nation. </p>
--（略）--
```

如上所示，HTML 有很多像 <head> 和 <p> 等等的**標籤 (tag)**，瀏覽器會解讀標籤並依其意義顯示網頁。在起始標籤和結束標籤之間的文本稱為**元素 (elements)**。例如在起始標籤 <title> 和結束標籤 </title> 之間的 "Martin Luther King Jr.'s 1962 Speech" 就是 title 元素。而段落 (paragraph) 則是使用 <p> 和 </p> 標籤。

由於這些標籤不是原始文本的一部分，因此應在進行自然語言處理之前將其刪除。要刪除標籤，可呼叫 bs4.Beautifulsoup() 方法並傳入一個內含 HTML 的字串 ❷。請注意，此處特別指定了 html.parser 作為 Beautifulsoup 理解傳入字串為何者的解析器，若不加此參數，程式也可以執行，但在 shell 中將會出現一堆警告。

現在，soup 變數參考的是 BeautifulSoup 物件，所以呼叫它的 find_all() 方法即可找出 HTML 文件中的演說內容。在本例中，要找出段落標籤 <p> 之間的文字，可使用串列生成式和 find_all() 製作僅包含段落元素的 list。

最後用 join() 方法將 p_elems list 將演說內容串在一起存成字串來結束。此處用空白字元為串接用的字元。

此處你也可以選擇用 select() 方法完成所需的工作，例如程式中最後兩行可以寫成如下：

```
p_elems = [element.text for element in soup.select('p')]
speech = ''.join(p_elems)
```

其實 select() 方法比 find_all() 多了一些限制，但在本例中，兩者的結果並無不同。在這段程式中，select() 會找出 <p> 標籤，然後再將其傳回的結果串接成字串存於 speech 變數。

3.1.4 (main() 函式) 處理爬蟲內容，製作摘要

接下來，要修正錯字並刪除標點符號、特殊字元和空格。然後再呼叫 3 個自訂函式移除停用詞，計算單字出現頻率，以及以單字出現次數為句子打分數。最後依照分數進行排名，並在 shell 中顯示得分最高的句子。

程式 3-3 負責上述的工作，同時也結束 main() 的定義。

▶ 程式 3-3：dream_summary.py 第 3 段，main() 函式後半段，處理爬蟲內容並產生摘要

```
speech = speech.replace(')mowing', 'knowing')       ◀── 修正錯字
speech = re.sub('\s+', ' ', speech)                 ◀── 刪除多餘的空格
speech_edit = re.sub('[^a-zA-Z]', ' ', speech)      ◀── 移除非字母內容
speech_edit = re.sub('\s+', ' ', speech_edit)       ◀── 刪除多餘的空格

while True:
    max_words = input("Enter max words per sentence for summary: ")
    num_sents = input("Enter number of sentences for summary: ")
    if max_words.isdigit() and num_sents.isdigit():        ◀──
        break                        檢查輸入的是否為整數
    else:
        print("\nInput must be in whole numbers.\n")
```
❶

→ 接下頁

```
speech_edit_no_stop = remove_stop_words(speech_edit)   ← 移除停用詞
word_freq = get_word_freq(speech_edit_no_stop)   ← 計算單字出現頻率
sent_scores = score_sentences(speech, word_freq, max_words)

                                        為句子計分

counts = Counter(sent_scores)   ❷ 將句子排序
summary = counts.most_common(int(num_sents))   ← 輸出前 num_sents 項
print("\nSUMMARY:")                                      摘要 list
for i in summary:
    print(i[0])
```

原始文件中有個錯字，應該是 knowing 變成)mowing，因此程式先用 string.replace()方法修正此錯字。然後用常規表達式做進一步的整理工作，許多業餘程式設計人員都因為該模組不易理解的語法而不用它，但常規表達式是個功能強大且實用的工具，我們至少應了解基本的 regex 語法。

 編註：關於 regex 語法因本書篇幅有限，就不多作介紹與講解，想要了解此語法的規則，請參見 https://regexr.com/。

使用 re.sub() 函式刪除多餘的空格，該函式的功能是用指定的字元取代子字串。此處用簡寫 (shorthand) 的字元類別代碼 "\s+" 來表示一連串的空格，並將其替換為以 ' ' 表示的單個空格。最後一個引數則是要處理的演說字串。

接下來，利用 "[^a-zA-Z]" 找出所有非字母的內容並移除之。一開始的 ^ 符號表示要比對的是『非』括號內所表示的字元。因此，數字、標點符號等都會被替換為空格。

刪除標點符號等字元又會產生一些額外的空格，所以再次呼叫 re.sub() 方法來移除它們。

接下來，請使用者輸入要包括在摘要中的句子數和每個句子的字數上限。用 while 迴圈和 Python 內建的 isdigit() 函式檢查輸入的是否為整數 ❶。

 根據美國新聞協會 (American Press Institute) 的研究，句子長度少於 15 個字時，讀者的理解會比較好。同樣，《Oxford Guide to Plain English》也建議在整篇文章中，句子的平均長度應為 15 到 20 字。

接著呼叫 remove_stop_words() 函式繼續清理文字的工作。然後呼叫 get_word_freq() 計算剩餘單字的頻率，以及 score_sentences() 為句子評分。我們會在稍後詳細說明這 3 個函式的內容。

將句子排序用的是 collections 模組的 Counter() 方法 ❷，引數為 sent_scores。

要產生摘要，呼叫 Counter 物件的 most_common() 方法，並傳入使用者輸入值 num_sents，傳回由 tuple 組成的 list，tuple 個數由 num_sents 決定，在每個 tuple 中，句子存於索引 [0]，而其排名則存於索引 [1]，如下所示：

```
[('From every mountainside, let freedom ring.', 4.625), -- (略) --]
```

把 tuple 組成的 list 指定給 summary 變數，為提高可讀性，用 for 迴圈只輸出位在索引 [0] 的句子。

3.1.5 (remove_stop_words 函式) 移除停用詞

前一章提到過，停用詞 (stop word) 是像 if、but、for 和 so 之類短的功能性用字。由於它們不包含重要的內容資訊，所以不用它們計算句子排名。

程式 3-4 定義了一個用來移除演說中停用詞的 remove_stop_words() 函式。

▶ 程式 3-4：dream_summary.py 第 4 段，定義移除演說中停用詞的函式

```
def remove_stop_words(speech_edit):
    """移除停用詞並傳回結果字串"""
    stop_words = set(stopwords.words('english'))     ← 建立英語停用詞 set
    speech_edit_no_stop = ''                          ← 建立空字串
    for word in nltk.word_tokenize(speech_edit):      ← 斷詞
        if word.lower() not in stop_words:            ← 判斷是否不為停用詞
            speech_edit_no_stop += word + ' '         ← 附加非停用詞的單字
    return speech_edit_no_stop    ← 回傳排除停用詞的新字串
```

函式會接收已整理過的演說字串 speech_edit 為引數，然後由 NLTK 的 stopwords 模組建立英文停用詞的 set，因為使用 set 時進行搜索，會比搜索 list 時還快。

建立一個空字串，稍後用來存放編輯過、再去掉停用詞後的結果。目前 speech_edit 變數的內容是文章中所有單字組成的字串。

為了逐一處理每個單字，我們在迴圈呼叫 NLTK 的 word_tokenize() 進行斷詞，我們將單字轉成小寫並檢查它是否在 stop_words 集合中，只要不是停用詞，就將它附加到新字串中，同時加上一個空格。在函式最後就傳回此字串。

在程式中如何處理大小寫也很重要，我們會想在輸出的摘要中保有原本的大寫和小寫，但做 NLP 處理時則應全部用小寫以避免計算錯誤。由以下的例子，可以看出大小寫差異對計算字串字數的影響：

```
>>> import nltk
>>> s = 'one One one'
>>> fd = nltk.FreqDist(nltk.word_tokenize(s))
>>> fd
FreqDist({'one': 2, 'One': 1})
>>> fd_lower = nltk.FreqDist(nltk.word_tokenize(s.lower()))
>>> fd_lower
FreqDist({'one': 3})
```

如上所示，若不先做小寫轉換，one 和 One 會被視為不同。但我們只是單純計算單字出現次數，因此應該忽略大小寫而將之視為相同，否則會影響最後總計的結果。

3.1.6 (get_word_freq 函式) 計算單字出現頻率

我們要定義自訂函式 get_word_freq() 來計算演說中每個單字出現次數，它會傳回一個字典，其中單字為鍵，出現次數為值。此函式的定義在程式 3-5 中。

▶ 程式 3-5：dream_summary.py 第 5 段，定義計算單字出現頻率的函式

```
def get_word_freq(speech_edit_no_stop):
    """以字典形式傳回字串中單字出現的頻率"""
    word_freq = nltk.FreqDist(nltk.word_tokenize(
        speech_edit_no_stop.lower()))
    return word_freq
```

函式 get_word_freq() 的引數為無停用詞的演說內容字串。NLTK 的 FreqDist 物件用起來像是字典，我們以單字為鍵，出現次數為值，在此同樣將文字轉成小寫，並進行斷詞 (tokenize)，最後傳回 word_freq 字典。

3.1.7 (score-sentences 函式) 為句子計分

在程式 3-6 中定義了一個以單字出現次數為基準，為句子計分的函式，它會傳回以句子為鍵，分數為值的字典。

▶ 程式 3-6: dream_summary.py 第 6 段，定義以單字出現次數為基準，為句子計分的函式

```python
def score_sentences(speech, word_freq, max_words):
    """以字典形式傳回根據單字頻率算出的句子分數"""
    sent_scores = dict()                                ← 建立空字典
    sentences = nltk.sent_tokenize(speech)              ← 斷句
    for sent in sentences:        ❶ 處理各句子
        sent_scores[sent] = 0                           ← 初始化 sent_scores 字典
        words = nltk.word_tokenize(sent.lower())        ← 轉小寫並斷詞
        sent_word_count = len(words)                    ← 儲存句子長度
        if sent_word_count <= int(max_words):   ❷ 指定句子長度
            for word in words:
                if word in word_freq.keys():    ← 判斷詞彙是否存在
                                                   word_freq 字典中
                    sent_scores[sent] += word_freq[word]  ← 附加詞彙
                                                            出現頻率
            sent_scores[sent] = sent_scores[sent] / sent_word_count ↖
    return sent_scores    ← 回傳句子分數                        ❸ 正規化

if __name__ == '__main__':
    main()
```

先定義名為 score_sentences() 的函式，參數為演說字串、word_
freq 物件、使用者輸入的 max_words 變數。因為要在摘要中保有停用詞
和大寫，所以此處需使用原本的 speech 字串。

先建立用來存放句子分數的 sent_scores 字典，接著將演說內容斷
句。

然後用迴圈逐一處理各句子 ❶，首先初始化 sent_scores 字典，以
句子為鍵，一開始的值為 0。

為計算單字頻率，先將句子再斷詞為單字，此處也要將字元都轉成小
寫，以便與 word_freq 字典的內容相符。

在計分時，要避免讓較長的句子佔優勢，因為句子長、字數多，也就
更可能包含較多的重要字詞。為避免短的句子被排除於摘要之外，我們要
將分數做數值正規化，在此是將所得的分數除以句子的長度 (字元數)，
程式中用變數 sent_word_count 來儲存句子長度，句子的長度即為句子
被斷詞後詞彙的總數。

接著先用條件判斷式讓程式只處理不超過使用者指定長度的句子
❷，然後以迴圈處理句子中的單字，只要是出現在 word_freq 字典中的
單字，就將其出現次數加到 sent_scores 的值。

處理完句子中的每個單字後，將分數除以其長度 ❸，經過此正規化
處理後，就不會讓較長的句子佔優勢（編註：處理後的分數可反映出句子
中平均每個字的重要性）。在函式最後傳回 sent_scores 字典。

3.1.8 執行程式

我們先用單句最多 14 字，總共 15 句的摘要為條件來執行 dream_summary.py，會出現如下的執行結果，請注意，您看到的句子順序不一定會與書上的相同。

```
Enter max words per sentence for summary: 14
Enter number of sentences for summary: 15

SUMMARY:
From every mountainside, let freedom ring.
Let freedom ring from Lookout Mountain in Tennessee!
Let freedom ring from every hill and molehill in Mississippi.
Let freedom ring from the curvaceous slopes of California!
Let freedom ring from the snow capped Rockies of Colorado!
But one hundred years later the Negro is still not free.
From the mighty mountains of New York, let freedom ring.
From the prodigious hilltops of New Hampshire, let freedom ring.
And I say to you today my friends, let freedom ring.
I have a dream today.
It is a dream deeply rooted in the American dream.
Free at last!
Thank God almighty, we're free at last!"
We must not allow our creative protest to degenerate into physical
violence.
This is the faith that I go back to the mount with.
```

由結果來看，我們的程式順利地捕捉到演說內容的主題。

不過如果改變條件，像是限制句子長度為 10，則多數句子都會超出此限制，因為整篇演說中只有 7 個句子的字數小於或等於 10。 此時程式將無法產生符合需求的輸出，它預設會從演說開頭輸出每一句，直到句子數量達到指定的數量為止。

如果將句子長度設為 1,000，則會有如下的結果：

```
Enter max words per sentence for summary: 1000
Enter number of sentences for summary: 15

SUMMARY:
From every mountainside, let freedom ring.
Let freedom ring from Lookout Mountain in Tennessee!
Let freedom ring from every hill and molehill in Mississippi.
Let freedom ring from the curvaceous slopes of California!
Let freedom ring from the snow capped Rockies of Colorado!
But one hundred years later the Negro is still not free.
From the mighty mountains of New York, let freedom ring.
From the prodigious hilltops of New Hampshire, let freedom ring.
And I say to you today my friends, let freedom ring.
I have a dream today.
But not only there; let freedom ring from the Stone Mountain of Georgia!
It is a dream deeply rooted in the American dream.
With this faith we will be able to work together, pray together; to
struggle together, to go to jail together, to stand up for freedom
forever, knowing that we will be free one day.
Free at last!
One hundred years later the life of the Negro is still sadly crippled by
the manacles of segregation and the chains of discrimination.
```

　　儘管摘要中仍有幾個短句，不致於讓全篇都是較長的句子，但整體而言，比前一個執行結果缺少了一些詩意。因為前一次執行時使用的字數限制，讓長短句以比較協調的方式呈現出來。

3.2 專案：用 gensim 製作演說摘要

在《辛普森家族》贏得艾美獎 (Emmy) 的某一集中，主角荷馬 (Homer) 競選衛生委員使用的口號『難道沒有其他人來做嗎？』("Can't someone else do it?")。這也是許多 Python 應用程式面臨的情況：通常，我們需要的某項功能別人早就做過了！在此要舉的例子是 **gensim (generate similar)**，這是個以機器學習技術為基礎的自然語言處理開放函式庫。

它使用稱為 TextRank 的圖論 (graph-based) 演算法，此演算法則是受到 Larry Page 發明的 PageRank 的啟發，也就是用於 Google 搜尋引擎中對網頁進行排名的技術。在 PageRank 中，網頁的重要性是由指向它的超連結數量來決定，將這個概念用於文字處理時，則是測量每個句子與其它句子的相似度，與其它句子愈像的，代表重要性愈高。

▌專案目標

在這個專案中，我們要用 gensim 來總結海軍上將 William H. McRaven 在 2014 年德州大學奧斯汀分校的致詞 "Make Your Bed"。這段 20 分鐘鼓舞人心的演講在 YouTube 上已被瀏覽超過 1000 萬次，並衍生出一本書在 2017 年登上《紐約時報》暢銷書排行榜。請將新程式命名為 bed_summary.py，或者你可以下載範例程式。

編註：《鋼鐵意志：10 個讓你立刻行動的超精銳海豹部隊人生改造法則》是 William H. McRaven 上將由其演說衍生的著作中譯本，其演說錄影可到 YouTube 觀看。

3.2.1 安裝 gensim

　　gensim 模組提供了各主要作業系統的版本，但它需要用到 NumPy 和 SciPy，因此如果你還沒安裝它們，請回頭參考第 1-13 頁**用 pip 安裝 NumPy 及其它函式庫**小節的說明。

　　要安裝 gensim，請用 "pip install gensim"；若要安裝最新版本，請用 "pip install --upgrade gensim"；使用 Anaconda 環境者，請用 "conda install -c conda-forge gensim"。有關 gensim 進一步資訊，請參見 https://radimrehurek.com/gensim/。

小編補充：gensim 模組在執行時出錯

　　如果在執行本節的程式 bed_summary.py 時出現 No module named 'gensim.summarization' 的錯誤，這是因為 gensim 模組在其 4.0 以上的版本已經移除此功能，而作者實作時 4.0 版本尚未出現，所以會導致程式出錯，要避免此問題，請安裝 3.8.1 版本的 gensim 模組。安裝的命令如下：

```
pip install gensim==3.8.1
```

　　若仍然有錯誤，可能為版本相容問題，請將 Python 版本降為 3.8。

3.2.2 匯入模組，爬取網頁和準備演說字串

　　程式 3-7 大致重複了 dream_summary.py 的準備工作，詳細的程式說明請參見第 3-6 頁。

▶ 程式 3-7：bed_summary.py 第 1 段，匯入模組以及載入演說內容到字串中

```
import requests
import bs4
from nltk.tokenize import sent_tokenize
from gensim.summarization import summarize  ❶ 只匯入需要功能

url = 'https://jamesclear.com/great-speeches/\
make-your-bed-by-admiral-william-h-mcraven'  ❷ 設定網址
page = requests.get(url)  ←── 取得伺服器回應
page.raise_for_status()  ←── 判斷是否正常回應
soup = bs4.BeautifulSoup(page.text, 'html.parser')  ←── 指定 html.parser 作為解析器
p_elems = [element.text for element in soup.find_all('p')]  ←──
                              找出段落標籤 <p> 之間的文字

speech = ''.join(p_elems)  ←── 將段落內容串在一起
```

匯入模組

　　因為要讓 gensim 處理從網路下載的原始演說內容，所以在此不需匯入清理文字的相關模組。此外 gensim 模組也會在內部進行計數，所以在此也不需要 Counter，不過我們需要 gensim 的 summarize() 函式來做摘要 ❶。另一個與前一程式不同處，就是就是用不同網頁的 url 網址進行網路爬蟲 ❷。

3.2.3 製作演說摘要

　　在程式 3-8 中就是建立和輸出演說摘要的完整程式內容。

▶ 程式 3-8：bed_summary.py 第 2 段，執行 gensim、移除重複行、輸出演說

```
print("\nSummary of Make Your Bed speech:")  ←── 輸出摘要的標題
summary = summarize(speech, word_count=225)  ←── 建立 225 字的摘要
sentences = sent_tokenize(summary)  ←── 斷句
sents = set(sentences)  ←── 建立 set
print(' '.join(sents))  ←── 把斷句後的結果再接在一起印出來
```

　　一開始先輸出摘要的標題，接著呼叫 gensim 的 summarize() 函式為演說建立 225 字的摘要，若以每句平均 15 字計算，總共約為 15 句。除了用字數當引數，也可用引數 ratio 指定比例值，例如若用 ratio=0.01，表示產生長度為原文 1% 的摘要內容。

　　您也可將總結摘要與輸出的程式寫在一起：

```
print(summarize(speech, word_count=225))
```

　　然而 gensim 有個缺點，就是它產生的摘要中有時會有重複的句子，像是下面的例子：

```
Summary of Make Your Bed speech:
Basic SEAL training is six months of long torturous runs in the soft
sand, midnight swims in the cold water off San Diego, obstacle courses,
unending calisthenics, days without sleep and always being cold, wet and
miserable.
Basic SEAL training is six months of long torturous runs in the soft
sand, midnight swims in the cold water off San Diego, obstacle courses,
unending calisthenics, days without sleep and always being cold, wet and
miserable.
--（略）--
```

　　若要避免重複的內容，必須用 NLTK 的 sent_tokenize() 函式對摘要內容斷句，然後用這些句子建立 set，如此就會移除重複的句子，最後再將結果輸出。

　　由於 set 是無序的，所以如果重複執行程式，所輸出的句子順序可能不同：

```
Summary of Make Your Bed speech:
If you can't do the little things right, you will never do the big
things right.And, if by chance you have a miserable day, you will come
home to a bed that is made — that you made — and a made bed gives you
encouragement that tomorrow will be better.If you want to change the
world, start off by making your bed.During SEAL training the students
are broken down into boat crews. It's just the way life is sometimes.
If you want to change the world get over being a sugar cookie and keep
moving forward.Every day during training you were challenged with
multiple physical events — long runs, long swims, obstacle courses,
hours of calisthenics — something designed to test your mettle. Basic
SEAL training is six months of long torturous runs in the soft sand,
midnight swims in the cold water off San Diego, obstacle courses,
unending calisthenics, days without sleep and always being cold, wet and
miserable.
>>>
===================== 重新執行: bed_summary.py ==========================

Summary of Make Your Bed speech:
It's just the way life is sometimes.If you want to change the world
get over being a sugar cookie and keep moving forward.Every day during
training you were challenged with multiple physical events — long runs,
long swims, obstacle courses, hours of calisthenics — something designed
to test your mettle. If you can't do the little things right, you will
never do the big things right.And, if by chance you have a miserable day,
you will come home to a bed that is made — that you made — and a made
bed gives you encouragement that tomorrow will be better.If you want to
change the world, start off by making your bed.During SEAL training the
students are broken down into boat crews. Basic SEAL training is six
months of long torturous runs in the soft sand, midnight swims in the
cold water off San Diego, obstacle courses, unending calisthenics, days
without sleep and always being cold, wet and miserable.
```

　　如果有時間讀完原本演說的全文，您應該會覺得 gensim 產生的摘要並不差，雖然上面 2 個執行結果稍有不同，不過都有抓到重點，包括鋪床這件事。以這篇演說的篇幅而言，表現算是不錯。

接下來我們要換一種作法，試著用關鍵字和文字雲 (word cloud) 來製作文章摘要。

3.3 專案：用文字雲製作摘要

文字雲 (word cloud) 是用視覺化的方式呈現文字資料中關鍵字的**詮釋資料 (metadata)**，在網站上稱這種詮釋資料為**標籤 (tag)**。在文字雲中，可用不同的字型大小或顏色來表示標籤或字詞的重要性。

文字雲可突顯文件中的關鍵字。例如，若為每位美國總統的國情咨文演講建立文字雲，可以一眼看出當年美國所面臨的問題。例如在比爾·克林頓 (Bill Clinton) 任職的第一年，重點是和平時期的問題，像是醫療、工作和稅收 (見圖 3-1)。

圖 3-1: 1993 年比爾·克林頓國情咨文的文字雲

不到十年後，小布希 (George Walker Bush) 國情咨文的文字雲則顯示出當時的焦點是國家安全 (圖 3-2)。

圖 3-2: 2002 年小布希國情咨文的文字雲

文字雲的另一個用途是從客戶回應中抽取出關鍵字，如果像 poor、slow、expensive 之類的詞占主導地位，那表示公司有大問題了！作家們也可利用文字雲來比較書中不同章節，或是劇本不同幕的內容。若某位作家在動作場景和浪漫情節中使用的語言非常相似，那可得做一些調整了。而廣告文案撰稿人則可利用文字雲來檢查關鍵字密度，以進行搜索引擎優化 (SEO)。

產生文字雲的方法很多，例如使用 https://www.wordclouds.com/ 和 https://www.jasondavies.com/wordcloud/ 等免費網站。但若要完全自訂文字雲或是嵌入其它程式中的產生器，就要自己動手做。

而且我們不打算使用像圖 3-1 和圖 3-2 那種矩形，而是要將文字排列在福爾摩斯的頭像剪影中 (圖 3-3)，讓文字雲更有吸引目光的效果。

圖 3-3: 福爾摩斯的頭像剪影

專案目標

在此專案中，將使用 wordcloud 模組以福爾摩斯寫的《巴斯克維爾獵犬》為內容，來製作要放在學校劇團宣傳單中的文字雲。

使用檔案

要建立特殊形狀文字雲，需要一個影像檔和一個文字檔，圖 3-3 的影像來自 iStock by Getty Images (https://www.istockphoto.com/vector/detective-hat-gm698950970-129478957/)，解析度為 500×600。

在本書的下載檔中已包含一個類似且可免費使用的版本 (holmes.png)，您可在 Chapter_3 資料夾中找到文字檔 (hound.txt)、影像檔 (holmes.png)，和完整程式 (wc_hound.py)。

3.3.1 安裝 Word Cloud 和 PIL 模組

我們要使用 wordcloud 模組來產生文字雲，請用 pip 安裝此模組。

```
pip install wordcloud
```

Anaconda 的使用者可用如下命令安裝：

```
conda install -c conda-forge wordcloud
```

 編註：更多有關 wordcloud 的資訊可參見 https://amueller.github. io/word_cloud/。

我們也要用到 Python 影像函式庫 (Python Imaging Library, PIL) 來處理影像，同樣用 pip 進行安裝。

```
pip install pillow
```

使用 Anaconda 者，請使用以下命令安裝：

```
conda install -c anaconda pillow
```

 PIL 專案已於 2011 年停止，其後繼專案為 pillow，詳情請見 https:// pillow.readthedocs.io/en/stable/。

3.3.2 匯入模組、文字檔、影像檔及停用詞

在程式 3-9 中，首先匯入模組，載入文字檔和剪影影像檔，另外建立一組停用詞，它們不會顯示在文字雲中。

▶ 程式 3-9：wc_hound.py 第 1 段，匯入模組、載入文字檔、影像檔及停用詞

```
import numpy as np
from PIL import Image                              匯入模組
import matplotlib.pyplot as plt
from wordcloud import WordCloud, STOPWORDS

# 載入文字檔並存成字串
with open('hound.txt') as infile:                  ❶
    text = infile.read()

mask = np.array(Image.open('holmes.png'))   ◀── 將影像載入成 NumPy 陣列

stopwords = STOPWORDS   ◀── 取用停用詞
stopwords.update(['us', 'one', 'will', 'said', 'now', 'well', 'man', 'may',
                  'little', 'say', 'must', 'way', 'long', 'yet', 'mean',
                  'put', 'seem', 'asked', 'made', 'half', 'much',
                  'certainly', 'might', 'came'])  ❷ 加入要排除的單字到停用詞
```

程式先匯入必要的 NumPy 和 PIL，其中 PIL 用來載入影像，而 NumPy 則用來將影像轉成遮罩 (mask)。我們已在第 1 章用過 NumPy，如果你跳過了該章，請回頭參考第 1-13 頁。

編註：附帶說明，新的 pillow 模組仍使用 PIL 名稱，以提供回溯相容。

在此也要用到同樣是在第 1 章用過的 matplotlib 來顯示文字雲。wordcloud 模組有自己的停用詞 list，所以連同文字雲功能一起匯入 STOPWORDS 內容。

接著將小說內容載入到變數 text 中 ，第 2 章提到過，在某些系統載入檔案時可能會引發 UnicodeDecodeError：

```
UnicodeDecodeError: 'ascii' codec can't decode byte 0x93 in position
365: ordinal not in range(128)
```

此時可嘗試在 open() 函式呼叫中加入如下引數：

```
with open('hound.txt', encoding='utf-8', errors='ignore') as infile:
```

載入文字後，接著用 PIL 的 Image.open() 方法開啟影像並用 NumPy 將之轉成陣列。

編註：若您想使用其它影像，可更換此處指定的檔案名稱。

將由 wordcloud 匯入的 STOPWORDS 集合指定給 stopwords 變數。然後在其中加入一組要排除的單字 。這會排除像 'said' 和 'now' 這些會出現在文字雲但沒什麼實用意涵的字眼。這些字是經過多次測試才決定的，也就是先產生文字雲，然後移除看起來沒什麼貢獻的字，然後再重複相同的動作。您可將這些標示為註解再執行程式，看看它對執行結果的影響。

在更新像 STOPWORDS 這種由外部匯入的容器時，請先用該容器為引數呼叫 Python 內建的 type() 函式，查看它是什麼資料型別，以本例而言，print(type(STOPWORDS)) 會輸出 <class 'set'>。

3.3.3 產生文字雲

程式 3-10 片段負責產生文字雲並使用頭像當遮罩，也就是用來隱藏另一個影像的部份區域。而 wordcloud 所用的程序複雜到足以將所有的字放進遮罩中，而不會讓部份文字被裁切掉，此外還指定了一些參數來設定文字出現的方式。

▶ 程式 3-10: wc_hound.py 第 2 段，產生文字雲

```
wc = WordCloud(
    max_words=500,              ← 設定字數上限
    relative_scaling=0.5,       ← 設定不同重要性，文字呈現大小方式
    mask=mask,                  ← 指定遮罩
    background_color='white',   ← 設定背景顏色
    stopwords=stopwords,        ← 指定停用詞
    margin=2,                   ← 控制文字間距
    random_state=7,             ← 顯示文字排列方式
    contour_width=2,            ← 設定圖形外框寬度
    contour_color='brown', colormap='copper').generate(text)  ← 建立文字雲

colors = wc.to_array()          ← 將文字雲轉為 NumPy 陣列
```

一開始呼叫 WordCloud() 並用變數 wc 取得其傳回值。在此使用了一連串的參數，為方便閱讀，所以將它們分別寫在一行。

 完整的可用參數介紹，請參見 https://amueller.github.io/word_cloud/generated/wordcloud.WordCloud.html。

首先設定的是要顯示的字數上限，函式會依指定的數量，由文字檔中取出出現次數最多的單字。指定的字數愈多，可讓排列出的文字雲形狀愈符合遮罩的樣子，但指定的字數太大，也會使文字雲中出現太小而不易辨識的字，在此先用 500 試試看。

接著設定 relative_scaling 為 0.5，是指定不同重要性的文字，其字型大小的相對比例。若設為 0 表示是以單字的排名決定其字體大小；而設為 1 表示某單字出現頻率是另一單字的兩倍時，前者顯示大小約為後者的兩倍。一般而言設定 0 到 0.5 之間會在排名和出現頻率之間取得較佳的平衡。

接著指定遮罩並設定背景顏色為白色，若不指定則預設為黑色。接著指定先前所建立的 stopwords 停用詞集合。

margin 參數控制文字的間距，指定 0 會讓文字擠在一起，指定 2 則會有一點間隔。

要讓文字隨意出現在文字雲中，可用 random_state 指定使用亂數產生器的值，此處設定 7，老實說使用這個值沒什麼道理，只是筆者覺得它產生的文字排列效果比較吸引人。

指定 random_state 參數可讓程式執行的結果每次都相同 (假設其它參數也沒有更改)，也就是每次顯示的文字排列都相同，這個參數僅接受整數值。

接著設定圖形外框寬度 contour_width 為 2，任何大於 0 的值都會在遮罩外圍產生框線。由於我們使用的影像檔解析度不是很高，所以框線有點鋸齒狀 (見圖 3-4)。

接著用 contour_color 設定框線的顏色。最後再設定 colormap 為 copper 讓文字雲整體呈棕色系。在 matplotlib 中，colormap 是個顏色值對映到顏色的字典。此處用的 copper 的顏色範圍從淺膚色到黑色，到 https://matplotlib.org/stable/gallery/color/colormap_reference.html 可查看所有可使用的選項及其顏色範圍。若未指定，則使用預設的 viridis 色系。

最後用 '.' 語法呼叫 generate() 方法來建立文字雲，引數為 text 字串。最後一行程式建立 colors 變數，並用它取得呼叫 wc 物件的 to_array() 方法的傳回值，它會將文字雲影像轉為 NumPy 陣列，以便稍後用 matplotlib 操作。

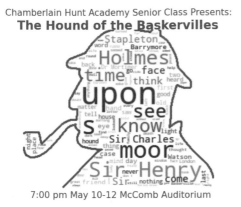

圖 3-4: 有框線 (左) 與無框線 (右) 的遮罩版文字雲範例

3.3.4 繪製文字雲

程式 3-11 的內容是替文字雲加上標題並用 matplotlib 顯示之，另外程式也將文字雲影像存成檔案。

▶ 程式 3-11: wc_hound.py 第 3 段，畫出和儲存文字雲

```
# %matplotlib     ◀── 程式若在 Anaconda 環境執行請取消註解
plt.figure()      ◀── 初始化 matplotlib 圖像
plt.title("Chamberlain Hunt Academy Senior Class Presents:\n",
          fontsize=15, color='brown')  ◀── 設置標題
plt.text(-10, 0, "The Hound of the Baskervilles",
          fontsize=20, fontweight='bold', color='brown')  ◀── 設置文字標籤
```

→ 接下頁

```
plt.suptitle("7:00 pm May 10-12 McComb Auditorium",
             x=0.52, y=0.095, fontsize=15, color='brown')← 設置超級標題
plt.imshow(colors, interpolation="bilinear") ← 顯示文字雲
plt.axis('off') ← 關閉軸線
plt.show() ← 顯示圖案
# plt.savefig('hound_wordcloud.png') ← 儲存圖檔
```

　　一開始先初始化一個 matplotlib 圖像，然後呼叫 title() 方法，並傳遞名稱 ("Chamberlain Hunt Academy Senior Class Presents: ")、字體大小和顏色。

小編補充：將程式標題、文字標籤、副標題改以中文呈現

　　我們以 Windows 系統作為示範。

```
plt.title("旗標科技學院將帶來：\n",
          fontsize=15, color='brown')
plt.text(-10, 0, "巴斯克維爾獵犬",
         fontsize=20, fontweight='bold', color='brown')
plt.suptitle("5月10日~12日 7:00 pm 華山藝文中心",
             x=0.52, y=0.095, fontsize=15, color='brown')
```

　　在 matplotlib 上預設字體為 sans-serif，這種字體無法解析中文，會出現亂碼，因此請在 plt.figure() 的下一行增加以下程式，更改字體。

```
plt.rcParams['font.sans-serif']=['Microsoft JhengHei']
```

　　此範例設置字體為微軟正黑體，不用另外下載就可以直接使用，像標楷體 (DFKai-SB)、細明體 (MingLiU) 也是，但想要設置其他中文字體會有一個前提條件。就是 matplotlib\mpl-data 路徑下 fonts.ttf 資料夾內需放置字體檔案，若沒有可至網路搜尋下載，但檔案格式要是 .ttf，且在 matplotlib\mpl-data 路徑下 matplotlibrc 純文字檔內把 #font-family: 和 #font-serif: 去掉註解，並把字體名稱加在後面後儲存關閉。

通常我們會想讓戲劇名稱比標題中其它文字的字體更大更粗。但在 matplotlib 中無法為單一字串指定不同字體,所以此處把劇名獨立出來,另外呼叫 text() 方法來設定。傳遞的參數包括 (x, y) 座標 (以圖案的軸為準)、文字字串、字型樣式等。您可反複測試不同的座標值,看哪一個設定的顯示效果最好。若選用 iStock 的福爾摩斯頭像,可能需將此處的 x 座標由 -10 改成其它值,以配合該非對稱的圖案。

最後再加上演出時間和地點,雖然仍可使用 text() 方法,不過我們換用 pyplot 的 suptitle() 方法,方法的名稱是超級標題 (super titles) 意思,參數包括要顯示的文字、(x, y) 座標和字型樣式。

要顯示文字雲,用先前建立的顏色陣列呼叫 imshow() (image show 的意思)。並指定使用 bilinear (雙線性) 顏色插補法。

接著關閉圖形的軸線,然後呼叫 show() 顯示圖案。若想存成圖檔,可將最後一行呼叫 savefig() 方法取消註解。matplotlib 會依照副檔名格式 (.png) 進行存檔。請注意,依程式的執行順序,要等到**關閉**顯示圖案的視窗後,才會執行儲存的動作。

3.3.5 微調文字雲

前面所列的程式,會輸出如圖 3-5 的文字雲,讀者執行程式時可能會看到不同的文字排列,因為產生文字雲的演算法會做隨機的安排。

Chamberlain Hunt Academy Senior Class Presents:
The Hound of the Baskervilles
Stapleton
Barrymore
Holmes
face
time
think
upon
see
s
know
Sir Charles
moor
Sir Henry
come
7:00 pm May 10-12 McComb Auditorium

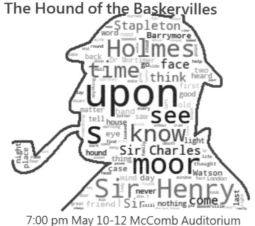

圖 3-5: wc_hound.py 產生的宣傳單內容

若想改變圖案大小，可在初始化時指定，例如：plt.figure (figsize=(50, 60))。

此外也有很多方法可改變圖案的效果，例如將 margin 參數設為 10，文字雲內容會比較疏鬆 (圖 3-6)。

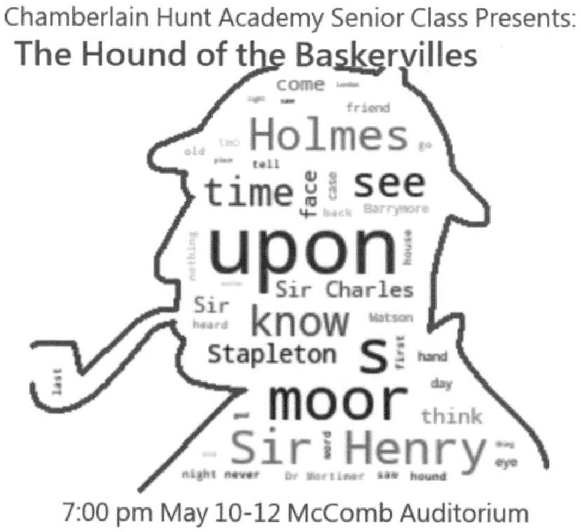
Chamberlain Hunt Academy Senior Class Presents:
The Hound of the Baskervilles
Holmes
time
see
upon
Sir Charles
know
Stapleton
s
moor
Sir Henry
7:00 pm May 10-12 McComb Auditorium

圖 3-6: 使用 margin=10 產生的文字雲

改變 random_state 參數，會讓文字有不同的排列 (圖 3-7)。

圖 3-7: 以 margin=10 和 random_state=6 產生的文字雲

另外調整 max_words 和 relative_scaling 參數，也會有不同的效果，要如何運用，就看你的需求以及想花多少時間來調整了！

3.4 本章總結與延伸練習

本章我們先用萃取式的摘要技術，替 "I Have a Dream" 演說建立了一份簡單的摘要。接著用現成的 gensim 模組，以較簡短的程式為 McRaven 的 "Make Your Bed" 演說製作摘要。最後是練習用 wordcloud 模組以文字製作有趣的設計。

▌挑戰題：文字遊戲

　　請試著摘要 Wikipedia 或 IMDb 網站上某電影的劇情，然後用 wordcloud 做成文字雲，讓朋友來猜猜是哪一部電影，圖 3-8 是兩個現成的例子。

圖 3-8: 於 2010 年上映的電影 How to Train Your Dragon (馴龍高手) 和 Prince of Persia (波斯王子) 的文字雲

　　或者使用其它標的，例如暢銷小說、Star Trek 影集、或歌詞等等 (參見圖 3-9)。

圖 3-9: 用 Donald Fagen 的 "I.G.Y." 歌詞做的文字雲

您也可以自由發想，像是用流行的桌遊的紙牌遊戲文字來製作文字雲，或者做成多選題。遊戲應該要能儲存答對的題數。

▌挑戰題：製作摘要的摘要

請利用 3.1 節的範例程式，改成對一些原本就是摘要的文章製作摘要，例如 Wikipedia 的內容，以下是對 gensim 的介紹做摘要，只要用 5 個句子，就能產生不錯的摘要。

```
Enter max words per sentence for summary: 30
Enter number of sentences for summary: 5

SUMMARY:
Gensim is implemented in Python and Cython.
Gensim is an open-source library for unsupervised topic modeling and
natural language processing, using modern statistical machine learning.
[12] Gensim is commercially supported by the company rare-technologies.
com, who also provide student mentorships and academic thesis projects
for Gensim via their Student Incubator programme.
The software has been covered in several new articles, podcasts and
interviews.
Gensim is designed to handle large text collections using data streaming
and incremental online algorithms, which differentiates it from most
other machine learning software packages that target only in-memory
processing.
```

接著再用 gensim 版的專案 (3.2 節)，對一些沒人會詳讀的服務合約建立摘要，例如微軟的服務合約 https://www.microsoft.com/en-us/servicesagreement/default.aspx。不過要想評估這份摘要做得好不好，可得真的去讀那份沒人想看的冗長合約了！

挑戰題：製作小說摘要

撰寫程式替《巴斯克維爾獵犬》各章建立摘要，每一章摘要不要太長，約 75 字。

爬取含章節標題的小說內容可用 url = 'https://www.gutenberg.org/files/2852/2852-h/2852-h.htm'。

在程式中要切割各章，可用如下程式：

```
chapter_elems = soup.select('div[class="chapter"]')
chapters = chapter_elems[2:]
```

爬取章節中各段落元素 (p_elems) 可使用與 dream_summary.py 中相同的方式。

以下就是為每章建立 75 字摘要的部份內容範本：

```
-- (略) --
Chapter 3:
"Besides, besides—" "Why do you hesitate?" "There is a realm in which
the most acute and most experienced of detectives is helpless." "You mean
that the thing is supernatural?" "I did not positively say so." "No,
but you evidently think it." "Since the tragedy, Mr. Holmes, there have
come to my ears several incidents which are hard to reconcile with the
settled order of Nature." "For example?" "I find that before the terrible
event occurred several people had seen a creature upon the moor which
corresponds with this Baskerville demon, and which could not possibly be
any animal known to science.

-- (略) --
```

→ 接下頁

Chapter 6: "Bear in mind, Sir Henry, one of the phrases in that queer old legend which Dr. Mortimer has read to us, and avoid the moor in those hours of darkness when the powers of evil are exalted." I looked back at the platform when we had left it far behind and saw the tall, austere figure of Holmes standing motionless and gazing after us.

Chapter 7: I feared that some disaster might occur, for I was very fond of the old man, and I knew that his heart was weak." "How did you know that?" "My friend Mortimer told me." "You think, then, that some dog pursued Sir Charles, and that he died of fright in consequence?" "Have you any better explanation?" "I have not come to any conclusion." "Has Mr. Sherlock Holmes?" The words took away my breath for an instant but a glance at the placid face and steadfast eyes of my companion showed that no surprise was intended.
--（略）--

Chapter 14: "What's the game now?" "A waiting game." "My word, it does not seem a very cheerful place," said the detective with a shiver, glancing round him at the gloomy slopes of the hill and at the huge lake of fog which lay over the Grimpen Mire.

Far away on the path we saw Sir Henry looking back, his face white in the moonlight, his hands raised in horror, glaring helplessly at the frightful thing which was hunting him down.
--（略）--

▌挑戰題：不只要看說什麼，還要看怎麼說！

我們先前寫的程式是以句子重要性來輸出摘要，因此演說或文章中的最後一句可能變成摘要中的第一句。雖然總結摘要的動作是找出重要的句子，但我們也可試著調整其顯示方式。

請寫一個摘要製作程式，在輸出重要的句子時，能依照句子原本在文章中的順序輸出。與 3.3 節專案的結果比較一下，看看新的摘要是否做得比較好？

MEMO

04

諜報戰—打造量子電腦
也無法破解的密碼本

《諜夢尋謎》(The Key to Rebecca) 是肯・弗雷特 (Ken Follett) 的暢銷小說之一，故事根據史實，其背景是二戰時的開羅，描述納綷間諜和追捕他們的英國情報人員之間的故事。書名指的是間諜使用的密碼系統，該系統使用了達芙妮・杜穆里埃 (Daphne du Maurier) 著名的哥德式小說《蝴蝶夢》(Rebecca) 作為加密用的密鑰。《蝴蝶夢》被認為是 20 世紀最偉大的小說之一，而德軍確實在戰爭期間有意將其用作密碼本。

 編註：The Key to Rebecca 的繁體中文譯本《諜夢尋謎》已絕版，可能比較不容易找到，若有興趣可試試閱讀簡體中文譯本《燃燒的密碼》。

Rebecca 密碼是**一次性密碼本 (One-time pad)** 的變形。一次性密碼本是一種堅不可摧的加密技術，它要求密鑰與所發送的訊息的大小相同。發送者和接收者均具有該密碼本 (或副本)，並且在使用一次後，將第一頁撕掉並丟棄。

一次性密碼本可提供絕對、完美的安全性─即使是量子電腦也無法破解！儘管如此，它也有一些實用上的缺點，使得它未被廣泛使用。像是要能將一次性密碼本安全地發送給通訊的雙方、密碼本要能安全地存放、加解密過程需要手動進行高難度的編、解碼。

在《諜夢尋謎》故事中，通訊雙方都必須瞭解加解密規則，且手上都有用來當密碼本的同版本小說，才能使用該加密法。在本章中，將把書中描述的方法轉換為更安全且更易於使用的數位版本。我們會用到 Python 標準函式庫、collections 模組和 random 模組中多項實用的功能，也會將學到更多關於 Unicode 的知識，Unicode 是一種編碼標準，用於確保字符 (例如字母和數字) 在所有平台、設備和應用程式上都能使用。

4.1 一次性密碼本

　　一次性密碼本基本上是一疊按順序排列的紙張，其上印刷有真正的隨機數，通常以 5 個數字為一組 (如圖 4-1)。為了便於隱藏，一次性密碼本都做得很小，甚至需要用高倍率放大鏡才能閱讀。儘管非常傳統，但一次性密碼本仍可產生世界上最安全的加密法，因為送出訊息的每個字母，都會使用不重複的密鑰加密 (也就是一次性密碼本上的數字)，因此像頻率分析之類的密碼分析技術都無法破解。

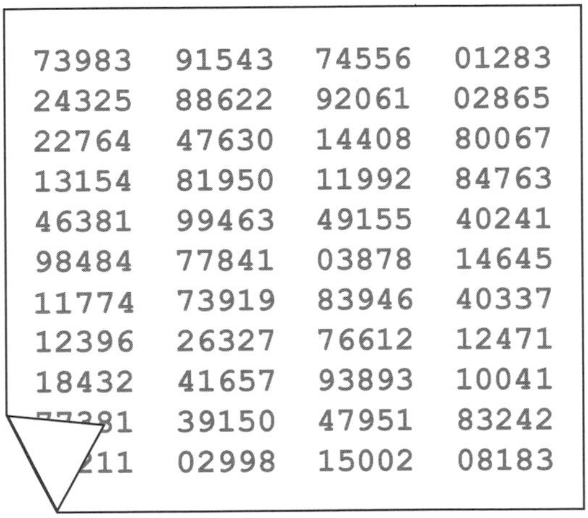

```
73983    91543    74556    01283
24325    88622    92061    02865
22764    47630    14408    80067
13154    81950    11992    84763
46381    99463    49155    40241
98484    77841    03878    14645
11774    73919    83946    40337
12396    26327    76612    12471
18432    41657    93893    10041
77381    39150    47951    83242
 211    02998    15002    08183
```

圖 4-1: 一次性密碼本

　　要使用圖 4-1 中的一次性密碼本進行加密，要先為每個字母指定一個兩位數字。例如 A 等於 01、B 等於 02，依此類推，如下表所示：

A	B	C	D	E	F	G	H	I	J	K	L	M	N	O	P	Q	R	S	T	U	V	W	X	Y	Z
01	02	03	04	05	06	07	08	09	10	11	12	13	14	15	16	17	18	19	20	21	22	23	24	25	26

接著將要加密的訊息文字都轉成數字：

H	E	R	E		K	I	T	T	Y		K	I	T	T	Y	原來的訊息
08	05	18	05		11	09	20	20	25		11	09	20	20	25	字母轉換成數字

接著從一次性密碼本左上角開始，由左至右依序將 2 位數當做密鑰指定給每個字母，並與原來的數字相加。在過程中只使用兩位數，所以若相加的和超過 100，就除以 100 取餘數 (例如 103 變成 03)。下表中灰色的格子就是取餘數所得的結果：

H	E	R	E		K	I	T	T	Y		K	I	T	T	Y	原來的訊息
08	05	18	05		11	09	20	20	25		11	09	20	20	25	字母轉換成數字
73	98	39	15		43	74	55	60	12		83	24	32	58	86	一次性密碼加密
81	03	57	20		54	83	75	80	37		94	33	52	78	11	密文

最後一列就是加密後的**密文 (ciphertext)**。請注意在明文中重複出現的 KITTY，在加密處理後，會變成不同的內容。

要將密文解密，接收端要用相同的一次性密碼本，這次是用密文中的數字減去密碼本中的數字，相減時若出現負數，則加上 100，最後再將數字轉換回字母，就是原本的文字了。

81	03	57	20		54	83	75	80	37		94	33	52	78	11	密文
73	98	39	15		43	74	55	60	12		83	24	32	58	86	一次性密碼解密
08	05	18	05		11	09	20	20	25		11	09	20	20	25	數字轉換成字母
H	E	R	E		K	I	T	T	Y		K	I	T	T	Y	解密的訊息

為確保不會重複使用加密用的密鑰，要加密的訊息中的字母數不能超過一次性密碼本上的密鑰數量 (編註：以圖 4-1 為例，共有 110 組密鑰)。這也會強迫通訊雙方使用較短的訊息，如此也讓加解密的過程比較容易，同時也讓破譯更加困難。此外還有一些注意事項：

- 數字都要用文字表示 (例如用 TWO 取代 2)。

- 在句子結尾用 X 代替句號 (例如 CALL AT NOONX)。

- 其它必要的標點符號也應用文字代替 (例如逗號要寫成 COMMA)。

- 在明文訊息最後面用 XX 表示訊息結尾。

4.2 Rebecca 原始加密器的運作

在小說《諜夢尋謎》中，納粹間諜使用的一次性密碼本是在葡萄牙買的相同版本的小說 Rebecca，兩本在間諜的手中，另外兩本則是放在北非隆美爾將軍的幕僚手中。加密過的訊息是透過預先定好的無線電頻率傳送，每天只在午夜發送訊息一次。

加密的方式是先取當天的日期，例如 1942 年 5 月 28 日，就將年份的末兩位加上日期數字 (42 + 28 = 70)，然後將小說的該頁數當成一次性密碼本。因為五月是第 5 個月，所以句子中的每隔 5 個字會被跳過。因為 Rebecca 加密法只是在 1942 年之間短暫地使用，所以不需顧慮因日期相同造成密鑰重複使用的情形 (不同月份間隔的字數也不同)。

間諜發出的第一道訊息是：HAVE ARRIVED. CHECKING IN. ACKNOWLEDGE. 從第 70 頁上面開始，他一直閱讀直到找到字母 H。這是第 10 個字，注意該頁每第 5 個字母都會被跳過。字母表中第 10 個字母是 J，因此在密文中就用 J 來表示 H。訊息中下一個字母 A，在 H 之後的第 3 個字母處被發現，因此使用字母表的第 3 個字母 C。依此類推，直到整個訊息都被加密。對於特殊字母像 X 或 Z，作者 Ken Follett 雖然有指出是用特殊的規則進行加密，但在故事中並未詳細說明其規則。

像這樣使用書本當密碼本又比一般的一次性密碼本多出一項優點，用 Follett 的話說：『一次性密碼本很明顯的，一看就知道是加解密要用的，但拿著一本書，看起來就不顯眼。』但使用書本也是有個缺點：加密和解密的過程很繁瑣，並且比較容易出錯。因此以下就來試試看能不能用 Python 來克服這個問題！

4.3 專案：Rebecca 的數位金鑰

本專案將實作 Rebecca 加密技術，數位化的版本能提供以下小說中的一次性密碼本所沒有的優點：

- 加解密的過程變快且不會有人為錯誤。

- 可傳送較長的訊息。

- 句號、逗號、甚至空白字元都可以直接加密。

- 較少用的字母例如 z，可由書中任何位置選取。

- 密碼本 (書) 可以隱藏在硬碟或雲端的眾多電子書之中。

上列最後一點相當重要，在小說中，英國情報人員在某個德軍前哨站發現一本 Rebecca 小說，經過一番簡單的推理，他發現這本書被當成一次性密碼本。但對我們的數位化版本，要找到密碼本就變得很困難，例如小說可以存在小小的 SD 卡中，就類似於現實中的一次性密碼本一樣，它們通常只有一張郵票的大小。

當然數位版也有個缺點，就是程式本身也是個可能被發現的物件，間諜可以把加解密的方法記在腦中，但數位化後這些就要存在程式之中了，這時可以替程式裝一下，讓它看起來不起眼，並要求使用者輸入一些關鍵資訊 (密碼書的名稱)，來將這種弱點最小化。

▌專案目標

將 Rebecca 加密器改為數位化的版本，我們要編寫一個 Python 程式使用一次性密碼本進行加解密。

▌程式邏輯說明

小說中描述的原始規則，在數位化版本並不適用，舉例來說，對電子書而言，頁碼沒有什麼意義，只要改變了螢幕大小、字型大小等等，書的頁數也會跟著變動。而且我們的程式可自由使用書中的任意位置，所以不需為 X、Z 等少用的字母準備特殊的規則，或是每隔多少字就要略過一個字母。

所以我們並非要完全複製小說中描述的方法，只需實作出與書中方法相似、但更好的加密法。

Python 中的可迭代 (iterable) 物件，像是 list (串列) 和 tuple (元組)，都是用數字索引來存取物件中的元素，所以只要將小說載入成 list，就能利用索引當成加密訊息中的密鑰 (key)，然後模擬在《諜夢尋謎》中的做法，根據一年中的日期來更改索引值。

很可惜，小說 Rebecca 尚無法免費下載，因此我們就改用第 2 章用過的《失落的世界》。這本小說中總共有 421,545 個字元，其中包括 51 種字元 (字母和標點符號等)，所以隨意選擇某個字元當作索引會發生重複的機率相當低。這也意味著進行加密時可將整本書當成一次性密碼本，而不必限縮在傳統一次性密碼本上的有限數字。

因為我們會重複使用該小說，所以要考慮包括不同訊息間 (message-to-message) 與同一訊息內 (in-message) 金鑰重複使用的問題。訊息愈長，密碼分析者可以研究的材料就愈多，破解就愈容易。並且，如果每次都使用相同的密鑰，則所有被攔截的訊息可被視為一整個大訊息。

對不同訊息間重複的問題，可以模仿間諜的作法，將索引依據當天是一年中的第幾天進行偏移，以閏年為例，範圍在 1 到 366 之間，例如 2月 1 日為 32（編註：1 月有 31 天再加上 2 月 1 日當天等於 32）。如此就會讓相同的字元使用不同的密鑰，讓這本書彷彿變成一張新的一次性密碼本，像這樣移動、重置所有索引，就相當在一次性密碼本上撕掉一頁，而換用一張新的密碼表，而且使用這個數位版，還不需費工夫去處理被撕掉的那一頁！

至於訊息內重複的問題，可在傳送訊息前先做檢查，雖然發生機率不高，但程式確實有可能在加密時因選到同一字元而使用同一索引兩次。重複索引基本上就是重複密鑰，這有助於密碼分析者破譯。所以若程式發現有重複索引，可重新進行加密。

此外我們仍要使用部份在《諜夢尋謎》的規則：

- 通訊雙方要使用相同版本的《失落的世界》。
- 通訊雙方要知道如何移動索引。
- 訊息內容應盡可能簡短。
- 數字要寫成英文。

▍範例檔案說明

範例程式檔 rebecca.py 會依使用者的輸入，對訊息進行加密或解密。你可選擇自行輸入程式或直接從網頁下載，密碼本 lost.txt 也存放在與程式相同的資料夾，為讓程式容易閱讀，會用 ciphertext、encrypt、message 等字眼當變數名稱。不過如果真的要製作間諜用的加密程式，應避免使用這類變數名稱，以避免發生資料外洩。

4.3.1 匯入模組以及 (main() 函式) 輸入文字和密碼本

程式 4-1 的內容是匯入模組和定義 main() 函式前半，其主要工作包括要求使用者輸入文字和密碼本。

main() 函式可依你的習慣放在程式開頭或結尾。從 Python 的角度來看，main() 函式實際的位置無關緊要，只要在最後我們有呼叫它就好。

▶ 程式 4-1: rebecca.py 第 1 段，匯入模組以及定義 main() 函式前半

```
import sys
import os                                            匯入模組
import random
from collections import defaultdict, Counter


def main():
    message = input("Enter plaintext or ciphertext: ")      輸入加密文字
                                                            或解密文字

    process = input("Enter 'encrypt' or 'decrypt': ")   輸入要加密或解密
    while process not in ('encrypt', 'decrypt'):        確認是否輸入加、解密
                                                        關鍵字
        process = input("Invalid process. Enter 'encrypt' or 'decrypt':
                        ")
    shift = int(input("Shift value (1-366) = "))       輸入偏移值(年度第幾天)
    while not 1 <= shift <= 366:    檢查是否誤輸入大於 366 天的數字
        shift = int(input("Invalid value. Enter digit from 1 to 366: "))
    infile = input("Enter filename with extension: ")  ❶ 輸入一次性密碼本
                                                          (小說檔案名稱)

    if not os.path.exists(infile):   檢查檔案是否存在
        print("File {} not found. Terminating."
              .format(infile), file=sys.stderr)
        sys.exit(1)   結束程式
    text = load_file(infile)   載入一次性密碼本內容(自訂函式)
    char_dict = make_dict(text, shift)   建立字元及已偏移索引的字典
                                         (自訂函式)
```

首先匯入 sys 和 os 這兩個模組，用來關閉程式執行和存取電腦檔案，接著是 random 模組，然後是 collections 模組的 defaultdict 和 Counter。

collections 模組屬於 Python 標準函式庫，它包含一些容器資料型態，使用 defaultdict 可以很方便地建立字典，例如若 defaultdict 遇到指定的鍵 (key) 不存在時，它會自行補上一個預設值，而不會引發程式錯誤。我們將用它來建立《失落的世界》中所有字元及其索引值的字典。

我們用的 Counter 算是 dict 字典型別的子類別，可以用來統計每個元素出現的次數，跟 dict 字典一樣，Counter 的鍵必須是唯一不可重複的，因此當作鍵的元素是不能改變的 (專有名詞稱為可雜湊 hashable)，像是 list、set 都不能當作元素來統計次數，只有像是 int、字串或 tuple 等不可變物件才行。而 Counter 中鍵對應的值就是其出現的次數。我們會用它來檢查加密過程中是否有使用重複的索引。

接著來看 main() 函式的內容，一開始先顯示訊息詢問使用者要加密或解密，為提升保密性，這些內容應該讓使用者手動輸入，接著詢問使用者是要做加密 (encryption) 或解密 (decryption)，再下一步則是詢問偏移值，也就是一年中的第幾天，範圍從 1 到 366。接著請使用者輸入《失落的世界》電子檔名稱 lost.txt 作為一次性密碼本，並指定給變數 infile ❶。

在繼續後續工作前，先用該變數呼叫 os 模組的 path.exists() 方法檢查檔案是否存在，若檔案不存在或是檔名路徑不正確，程式會輸出訊息，並用 file=sys.stderr 選項讓訊息在 Python 的 shell 顯示為紅色，再用 sys.exit(1) 結束程式，引數 1 表示程式是因為錯誤而終止執行，而非正常地結束。

呼叫在稍後定義的自訂函式，第 1 個為 load_file 函式，載入 lost.
txt 檔案內容並存於字串 text，其中會包含空白和標點等字元；第 2 個為
make_dict 函式，建立字元及其對應索引值的字典，其索引值已套用前面
輸入的偏移值，並使用 char_dict 接收函式的回傳值，之後我們稱 char_
dict 為字元字典。

4.3.2 (main() 函式) 呼叫加密和解密函式

程式 4-2 的內容是定義 main() 函式後半，其內容為呼叫加密或解密
的函式、檢查密鑰是否重複以及輸出密文或明文。

▶ 程式 4-2: rebecca.py 第 2 段，匯入模組以及定義 main() 函式後半

```
if process == 'encrypt':
    ciphertext = encrypt(message, char_dict)  ← 呼叫自訂的加密函式
    if check_for_fail(ciphertext):    ❷ 檢查是否有重複的密鑰 (自訂函式)
        print("\nProblem finding unique keys.", file=sys.stderr)
        print("Try again, change message, or change code book.\n",
              file=sys.stderr)
        sys.exit()
print("\nCharacter and number of occurrences in char_dict: \n")
print("{: >10}{: >10}{: >10}".format('Character', 'Unicode',
      'Count'))

                                      回傳所有字元字串   回傳字元
                                                      的Unicode
                                                      編碼
for key in sorted(char_dict.keys()):
    print('{:>10}{:>10}{:>10}'.format(repr(key)[1:-1],
                                      str(ord(key)),
                                      len(char_dict[key])))
                                      字元出現次數

print('\nNumber of distinct characters: {}'.format(len(char_dict)))
                                      印出不同字元總數
print("Total number of characters: {:,}\n".format(len(text)))
                                      印出總字元數
```
→ 接下頁

```
        print("encrypted ciphertext = \n {}\n".format(ciphertext)) ◄─┐
        print("decrypted plaintext = ")                              印出加密結果
        for i in ciphertext:                                                        ╲
            print(text[i - shift], end='', flush=True) ◄──── 印出解密結果          ❹

    elif process == 'decrypt':
        plaintext = decrypt(message, text, shift) ◄──── 呼叫自訂的解密函式
        print("\ndecrypted plaintext = \n {}".format(plaintext)) ◄─┐
                                                             印出解密結果
```

　　然後用條件判斷式來決定要進行加密或解密，如前所述，在此使用了 encrypt 和 decrypt 這些名詞以方便閱讀，但在真的間諜的世界中最好換用其它無害的字眼。若使用者選擇加密 (encrypt)，就用訊息和字元字典為引數呼叫加密函式，它會傳回加密後的密文，但我們仍要確認它是否能正常解密以及是否有用了重複的密鑰。為此要進行一連串檢查確認。

　　首先檢查是否有重複的密鑰 ❷，若函式傳回 True，就請使用者再試一次，看是要更改訊息，或是換一本書而不要再用《失落的世界》。對訊息中的每個字元，我們會隨機選取 char_dict 中的某個索引，雖然每個字都有上千百個索引可選擇，但難保不會選到已經使用過的。

　　除非要加密的訊息很長，而且還包含許多較不常用的字元，此時的解決方式是稍微調整一下訊息中的用字，或是另找一個篇幅比《失落的世界》大許多的書籍。

> Python 的 random 模組並無法產生『真正的』亂數，而是可預測的虛擬亂數 (pseudorandom)，任何使用虛擬亂數的加密法，都有可能被破解。若想提升產生亂數時的安全性，可改用 Python 的 os.urandom() 函式。

　　接著輸出字元字典的內容，讓我們看一下小說中各字元出現的次數 ❸，雖然失落的世界中算是包含眾多實用的字元，這樣的資訊仍有助於決定要放什麼樣的文字在訊息中：

```
Character and number of occurrences in char_dict:

Character    Unicode     Count
      \n          10      7865
                  32     72185
       !          33       282
       "          34      2205
       '          39       761
       (          40        62
       )          41        62
       ,          44      5158
       -          45      1409
       .          46      3910
       0          48         1
       1          49         7
       2          50         3
       3          51         2
       4          52         2
       5          53         2
       6          54         1
       7          55         4
       8          56         5
       9          57         2
       :          58        41
       ;          59       103
       ?          63       357
       a          97     26711
       b          98      4887
       c          99      8898
       d         100     14083
       e         101     41156
       f         102      7705
       g         103      6535
       h         104     20221
       i         105     21929
       j         106       431
       k         107      2480
       l         108     13718
       m         109      8438
       n         110     21737
       o         111     25050
```

→ 接下頁

```
        p            112        5827
        q            113         204
        r            114       19407
        s            115       19911
        t            116       28729
        u            117       10436
        v            118        3265
        w            119        8536
        x            120         573
        y            121        5951
        z            122         296
        {            123           1
        }            125           1

Number of distinct characters: 51
Total number of characters: 421,545
```

輸出這個格式化的表格內容時，用到了 Python 的 f-string 語法 (https://docs.python.org/3/library/string.html#formatspec)，在程式碼中所用的格式化字串中，括號內的數字表示欄寬 (要佔用多少字元)，而大於符號 (>) 則表示要向右對齊。

然後用迴圈走訪字元字典每個鍵，並以相同格式輸出其資訊。程式會輸出字元 (Character)、對應的 Unicode 編碼 (Unicode)、以及在小說中出現的次數 (Count)。

顯示字元時用的是內建函式 repr()，它會傳回一個能代表參數物件的可印出字串，也就是說會傳回有關參數物件的所有資訊，因此對除錯和開發過程相當有幫助。它也能用來輸出像換行字元 (\n) 和空白等特殊字元。用索引範圍 [1:-1] 可略去字串兩端的引號。

小編補充：repr() 和 str() 的差異

repr() 和 str() 都是輸入參數物件後，會輸出字串格式，但兩者間有一些差異，我們先來做一點測試：

```
>>> a = 'Hello\nWorld'
>>> a
'Hello\nWorld'
>>> str(a)
'Hello\nWorld'
>>> print(str(a))
Hello
World
>>> repr(a)
"'Hello\\nWorld'"
>>> print(repr(a))
'Hello\nWorld'
```

從測試中，我們能知道相對於 str()，repr() 輸出會呈現資料型態，像是會出現 ""、換行字元前面會多一個 \，這是因為 repr() 是為了方便解譯器閱讀，讓開發程式進行順利，而 str() 是為了使用者方便，所以著重易讀性。

內建函式 ord() 會傳回指定字元的 Unicode 編碼 (整數)，電腦只認識數字，我們用的字元、符號等在電腦中也都是以數字編碼來處理，而 Unicode 就是確保同一個字元在不同平台、不同裝置、不同應用程式、不同語言中，其編碼是一致的。顯示 Unicode 值，可讓使用者查看文字檔 (小說) 內容是否有問題，像是應該是同一個字母卻有多個不同的編碼數字 (用不同字元表示)。

第 3 欄就是該字元在小說中出現的次數。在表格末尾則輸出總共有幾種不同字元，以及字元總數。

在加密作業最後，則是輸出加密後的密文，以及解密後的文字做為檢查。解密的方式，是用迴圈走訪密文中的每個元素，以該元素減去於加密時加上的偏移值當索引，取得 text 中的字元 ❹。在輸出結果時，用 end=" (空白，" 為兩個 ') 取代原本的換行字元，讓輸出的字元不致於每個字單獨一行。

main() 函式的最後是條件式檢查是否 process=='decrypt'，若是要進行解密，就呼叫 decrypt() 函式並輸出解密後的明文。其實在此也可直接用 else，之所以用 elif 只是為了讓程式更容易一目瞭然。

4.3.3 (load_file 函式) 載入檔案和 (make_dict 函式) 建立字典

在程式 4-3 中定義了一個函式用來將文字檔載入成字串，另一個函式則是將檔案中的字元和其對應的索引建立成字典。

▶ 程式 4-3: rebecca.py 第 3 段，定義 load_file() 和 make_dict() 函式

```python
def load_file(infile):
    """載入文字檔並以小寫字串傳回"""
    with open(infile) as f:
        loaded_string = f.read().lower()
    return loaded_string

def make_dict(text, shift):    ❶ 定義一個以字串和偏移值為引數的函式
    """傳回字元及已偏移索引的字典"""
    char_dict = defaultdict(list)
    for index, char in enumerate(text):
        char_dict[char].append(index + shift)    ❷ 索引值加上偏移值
    return char_dict
```

程式先定義載入文字檔成字串的函式，開啟檔案時使用 with 關鍵字，可確保在函式結束時，檔案會自動關閉。

在某些電腦上載入文字檔時，可能會出現如下錯誤：

```
UnicodeDecodeError: 'charmap' codec can't decode byte 0x81 in position
27070:character maps to <undefined>
```

此時可嘗試在 open() 函式呼叫中加入如下引數：

```
with open(infile, encoding='utf-8', errors='ignore') as f:
```

開啟檔案後，將內容載入到字串並轉成小寫，再傳回此字串。

下一步是將字串轉成字典，此處定義一個以字串和偏移值為引數的函式 ❶，並用 defaultdict() 建立字典變數 char_dict。

defaultdict() 在遇到不存於字典中的元素（鍵）時，不會引發 noKeyError 錯誤，而是自動新增此鍵，並指派一個預設值。通常預設會將值指派為數字 0，此處選擇指派為一個空的 list，然後再將第幾個字的位置索引放進去。

如果以一般的方式建立字典，在遇到鍵不存在的情況，就會引發 KeyError 錯誤：

```
>>> mylist = ['a', 'b', 'c']
>>> d = dict()   ◀── 建立一個空字典
>>> for index, char in enumerate(mylist):
        d[char].append(index)

Traceback (most recent call last):
  File "<pyshell#16>", line 2, in <module>
    d[char].append(index)
KeyError: 'a'   ◀── 因為是空字典，找不到 'a' 這個鍵
```

內建的 enumerate() 函式就像是個自動化的計數器,所以利用它即可取得《失落的世界》全文字串中每個字元的索引。在 char_dict 中的鍵是字元,但相同字元在小說中可能出現上千次,所以字典中的值就是某字元所有出現位置所組成的索引 list。在將索引值附加到 list 之前都加上了偏移值,確保跟下次加密的訊息索引不會重複 ❷。

函式最後會傳回 char_dict 這個字元字典。

4.3.4 (encrypt 函式) 加密訊息

程式 4-4 定義了對訊息進行加密的函式,加密後的密文是由索引組成的 list。

▶ 程式 4-4: rebecca.py 第 4 段,定義將明文加密的函式

```
def encrypt(message, char_dict):
    """將訊息中的字元代換成索引值後傳回 (list)"""
    encrypted = []          ◀── 建立一個 list
    for char in message.lower():     ◀── 字元轉小寫
        if len(char_dict[char]) > 1:
            index = random.choice(char_dict[char])    ◀── 從眾多索引選一個
                                          若只有單一選項,
        elif len(char_dict[char]) == 1:   ◀── 不能用 random.choice    ❶
            index = char_dict[char][0]    ◀── 直接指定[0]

        elif len(char_dict[char]) == 0:   ◀── 無該字元,找不到其索引
            print("\nCharacter {} not in dictionary.".format(char),
                  file=sys.stderr)                                     ❷
            continue
        encrypted.append(index)    ◀── 附加索引值
    return encrypted               ◀── 回傳密文 list
```

　　encrypt() 函式的引數為待加密的訊息和 char_dict，函式一開始先建立用來存放密文的空 list，接著以迴圈處理訊息中的每個字元，先將之轉為小寫，然後到 char_dict 中尋找該字元。

　　若該字元 (鍵) 對應的位置索引 (值) 數量大於 1，則使用 random.choice() 方法從中隨機選取 1 個索引 ❶。

　　若對應的索引數量只有 1 個，則不能呼叫 random.choice()，會引發錯誤。因此用條件判斷式處理，遇到此情況就固定取 [0]。

　　若該字元不存在《失落的世界》中，表示在字典中找不到該字元 ❷，此時會輸出警告訊息，然後用 continue 不選擇任一索引即繼續下一輪迴圈。

　　若有找到字元，程式會將先前取得的索引值附加到密文的 list，迴圈執行完畢，就傳回 list 結束函式。

　　以下是《諜夢尋謎》小說中的密文：

```
HAVE ARRIVED. CHECKING IN. ACKNOWLEDGE.
```

　　以偏移值 70 用上述函式加密，會得到如下結果：

```
[125711, 106950, 85184, 43194, 45021, 129218, 146951, 157084, 75611,
122047, 121257, 83946, 27657, 142387, 80255, 160165, 8634, 26620,
105915, 135897, 22902, 149113, 110365, 58787, 133792, 150938, 123319,
38236, 23859, 131058, 36637, 108445, 39877, 132085, 86608, 65750,
10733, 16934, 78282]
```

　　由於加密過程中的隨機性，所以在你的電腦上執行時會有不同的結果。

4.3.5 (decrypt 函式) 解密訊息

程式 4-5 定義了解密的函式。當 main() 要求輸入密文時,使用者可用剪貼的方式貼上密文內容 (即上頁最後一連串的索引數字)。

▶ 程式 4-5: rebecca.py 第 5 段,定義解密函式

```
def decrypt(message, text, shift):
    """將密文 list 解密並傳回明文字"""
    plaintext = ''        ◀──── 建立空字串
    indexes = [s.replace(',', '').replace('[', '').replace(']', '')
            for s in message.split()]   ◀──── 移除非數字字元
    for i in indexes:
        plaintext += text[int(i) - shift]   ◀──── 索引值減去偏移值
    return plaintext        ◀──── 回傳明文字串
```

一開始定義解密函式 decrypt() 的參數為待解密的訊息、小說字串 (text) 及偏移值。待解密的訊息就是前面看到的已加上偏移值的索引所組成的 list。接著先建立空字串,稍後用來存放解密後的明文。

在 main() 函式要求輸入時,多數人可能會以剪貼的方式貼上密文,此時貼上的內容有可能包含 Python list 的方括號,而且是由 input() 函式取得輸入,所以輸入的密文為字串。

```
[125711, 106950, 85184, 43194, 45021, 129218, 146951, 157084, 75611,
122047, 121257, 83946, 27657, 142387, 80255, 160165, 8634, 26620,
105915, 135897, 22902, 149113, 110365, 58787, 133792, 150938, 123319,
38236, 23859, 131058, 36637, 108445, 39877, 132085, 86608, 65750, 10733,
16934, 78282]
```

編註：請先用main() 函式做完一次加密動作，再複製加密完成結果中 encrypted ciphertext 後面的內容，再重新跑一次main() 函式做解密使用。由於每次加密結果不同，因此請勿直接複製先前舉例做解密使用。

　　為了要將其內容轉成可用來減去偏移值的整數，我們必須先用字串的 replace() 和 split() 函式移除其中的非數字字元，同時利用串列生成式語法建立內含索引值的 list。串列生成式是在 Python 中執行迴圈的一種簡便方法。

　　在 replace() 函式中指定的第 1 個參數字元，其在字串中出現的地方都會被第 2 個參數字元取代，此處是用空白字元取代各項符號。在此也特別用 "." 的串接語法，將取代逗號和方括號的呼叫都串在一起，是不是很酷呢？

　　接著就是用迴圈依序處理每個索引，程式先將索引值減去於加密階段加上的偏移值，然後用還原的索引從小說字元 list 中取得對應的字元，再將此字元加到 plaintext 字串中，在迴圈結束後就傳回此字串。

　　延續我們剛剛輸入的密文內容，程式若實際執行，最後會出現以下結果:

```
decrypted plaintext =
 have arrived. checking in. acknowledge.
```

4.3.6 (check_for_fail 函式) 檢查錯誤和呼叫 main() 函式

程式 4-6 定義了一個函式來檢查密文中是否有重複的索引，以及在程式最後呼叫 main() 函式。如果函式發現重複的索引，就表示加密有問題，main() 函式將印出訊息告訴使用者如何修正。

▶ 程式 4-6: rebecca.py 第 6 段，定義檢查重複索引的函式以及呼叫 main() 函式

```python
def check_for_fail(ciphertext):
    """若密文中含重複密鑰，就傳回 True"""
    check = [k for k, v in Counter(ciphertext).items() if v > 1]
    if len(check) > 0:
        return True


if __name__ == '__main__':
    main()
```

鍵的值若出現超過
1 次，就把鍵放入
list 中

程式中定義了以密文 ciphertext 為引數的函式 check_for_fail()，它會檢查密文中是否有重複的索引。一次性密碼本加密很安全的原因之一，就是它的密鑰都是唯一的，所以我們密文中的索引也應該要是唯一的。

在此是用 Counter 來檢查是否有重複，之前曾說過 Counter 是 dict 字典型別的子類別，在這它會產生每個鍵對映其出現次數的類字典格式，所以它也有 key (鍵) 和 value (值)，在這個串列生成式中，我們用其英文縮寫 k 和 v 將鍵、值分別取出，並進行條件篩選，條件如下：以密文建立的字典中若出現超過 1 次的鍵，就存放到 list 中。所以只要有重複的鍵，就會被附加到 check list。

最後檢查 check 長度，只要其值大於 0，就表示加密有問題而傳回 True。

程式最後就是在本書已出現數次，讓程式可獨立執行或當成模組使用的程式碼。

4.3.7 測試程式

以下的訊息出自小說《諜夢尋謎》，此段文字存於 Chapter_4 資料夾中的檔案 allied_attack_plan.txt。我們用偏移值 70 來進行測試，當程式要求輸入訊息時，可以善用複製/貼上功能，如果未通過 check_for_fail() 測試，請再執行程式一次！

```
Allies plan major attack for Five June. Begins at oh five twenty with
bombardment from Aslagh Ridge toward Rommel east flank. Followed by tenth
Indian Brigade infantry with tanks of twenty second Armored Brigade on
Sidi Muftah. At same time, thirty second Army Tank Brigade and infantry
to charge north flank at Sidra Ridge. Three hundred thirty tanks deployed
to south and seventy to north.
```

用剪貼的方式會保有標點符號，這些字母以外的符號，有可能沒有出現在《失落的世界》小說中，程式若遇到找不到的字元就無法加密，會以空白取代、並顯示警告訊息。

此處我們所使用的文字檔 (allied_attack_plain.txt)，沒有這個問題，如果你是複製其他來源的文字來測試，就要留意這個問題，像是可能會帶有換行字元（編註：如 \r\n 或 \n），需要自行移除。

要真的保持機密性，不應將明文和密文存檔，所以在加密完成就用剪貼的方式從 shell 複製密文即可，當然也要在完成傳送訊息的作業後，隨便再複製一段文字，讓剪貼簿中也沒有殘留的重要資訊！

編註：如果想讓 Python 處理剪貼動作，可使用由 Al Sweigart 所開發
的 pyperclip，詳見 https://pypi.org/project/pyperclip/。

4.4 本章總結與延伸練習

這一章用到 collections 模組的 defaultdict 和 Counter；random 模組的 choice()；以及 Python 標準函式庫中的 replace()、enumerate()、ord() 和 repr()。最後完成的專案是以一次性密碼本技術為基礎的加解密程式，可產生難以破解的密文。

▌練習專案：以圖表表示字元使用情形

如果電腦已安裝 matplotlib (參見第 1-13 頁)，就可用它繪製在《失落的世界》中各字元出現頻率的長條圖，這可以當成 rebecca.py 程式中輸出的字元數統計表的補充知識。

在網際網路上已有許多用 matplotlib 繪製圖表的範例，所以請試著搜尋一下 matplotlib 與長條圖 (bar chart)。建議可在畫圖前將字元依出現頻率由多至少排序。

在英文中出現頻率最多的字母是 "e t a o i n"，所以如果由頻率高到低排列畫出此圖表，就會發現《失落的世界》中字母出現的頻率也是如此 (如圖 4-2)！

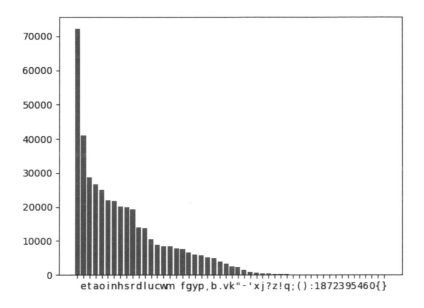

圖 4-2: 數位版《失落的世界》中各字元出現的頻率

由圖中可發現，出現最多的是空白字元，這也表示若要加密空白字元相對容易，也容易混淆破解者！

專案解答：practice_barchart.py。

▌練習專案：用二戰的方式傳送機密訊息

根據維基百科上的小說 Rebecca 條目 (https://en.wikipedia.org/wiki/Rebecca_(novel))，二戰時北非的德軍真的有意用這本小說來做加密用的密碼本，不過加密方式並非逐字元處理，而是將句子中的單字，用某頁某行第幾個字的方式來表示。

請試著修改 rebecca.py 程式，讓它改用這種逐單字加密的方式。以下程式片段是個簡單的提示，此段程式利用串列生成式語法，將文字檔載入成由單字組成的 list：

```
with open('lost.txt') as f:
    words = [word.lower() for line in f for word in line.split()]
```
把所有單字轉小寫
```
    words_no_punct = ["".join(char for char in word if char.isalpha())
                        for word in words]
```
去除單字內非字母的字元
```
print(words_no_punct[:20])
```
印出前 20 個字做為檢查

上面程式片段的輸出如下：

```
['i', 'have', 'wrought', 'my', 'simple', 'plan', 'if', 'i', 'give',
 'one', 'hour', 'of', 'joy', 'to', 'the', 'boy', 'whos', 'half', 'a',
 'man']
```

請注意，所有標點符號，包括單引號 (apostrophes) 都已被移除，所以所有要加密的訊息也都不能有標點符號。

另外也需處理小說中沒有出現的人名、組織名稱、地名等等，解決方案之一是使用取字首 (first-letter mode) 的技巧，也就是用多個單字的字首 (第 1 個字母) 來表示特殊的名稱，且在這一連串的單字前後另外補上「旗標（flag）」供接收端辨識，旗標可用重複的常用字來表示，例如 "a a"、"the the" 等，而且首尾使用不同旗標以供辨識，例如用 "a a" 表示開始取字首模式，而 "the the" 表示結束。例如要傳送 "Sidi Muftah with ten tanks" 這樣的訊息，用新的單字版程式加密時，程式會列出無法處理的名稱等單字。

```
Enter plaintext or ciphertext: sidi muftah with ten tanks
'encrypt' or 'decrypt': encrypt
Shift value (1-365) = 5
Enter filename with extension: lost.txt

Character sidi not in dictionary.

Character muftah not in dictionary.
```

→ 接下頁

```
Character tanks not in dictionary.

encrypted ciphertext = [23371, 7491]

decrypted plaintext = with ten
```

　　一旦知道哪些字程式無法處理後，就能用取字首的技巧，重新編寫訊息，以下用灰色標出的字母就是原本要傳送的名稱被分散到多個替代字的字首：

```
                 看到 a a 表示啟用取字首模式
Enter plaintext or ciphertext: a a so if do in my under for to all he
the the with ten a a tell all night kind so the the

         看到 the the 表示結束取字首模式

Enter 'encrypt' or 'decrypt': encrypt
Shift value (1-365) = 5
Enter filename with extension: lost.txt

encrypted ciphertext = [29910, 70641, 30556, 60850, 72292, 32501, 6507,
18593, 41777, 23831, 41833, 16667, 32749, 3350, 46088, 37995, 12535,
30609, 3766, 62585, 46971, 8984, 44083, 43414, 56950]

decrypted plaintext = sidimuftah with ten tanks
```

　　在《失落的世界》中，單字 "a" 出現 1864 次，而 "the" 則有 4442 次，所以只要傳送的訊息不要太長，應該不會出現索引重複的問題。要不然就是使用多個不同旗標 (例如多一組 an an 和 then then)，或是取消 check-for-fail() 檢查，以容許重複索引。

　　讀者可試著想想看如何處理上述的問題單字，德軍想必也有他們一套解決方案，不然他們一開始就不會考慮用小說來當一次性密碼本！

　　在本書檔案下載處可找到簡易版取字首技巧的範例程式 practice_WWII_words.py。

MEMO

05

影像比對─發現冥王星

根據伍迪・艾倫 (Woody Allen) 的說法，『80% 的成功只是有挺身而出而已』("80 percent of success is just showing up.")。這句話恰好可用來描述 1920 年代在堪薩斯州成長的農村青年克萊德・湯博 (Clyde Tombaugh)，他對天文學很有熱誠，但沒有錢上大學，所以鼓起勇氣將自己的天文觀測繪畫寄到洛厄爾天文台 (Lowell Observatory)。很幸運地，他得到了助理的工作，僅僅一年，他就發現了冥王星，並因而名留青史！

帕西瓦爾・洛厄爾 (Percival Lowell)，著名的天文學家和 Lowell 天文台的創建人，他曾根據海王星軌道的擾動情況，推測應該有另一顆行星。雖然他的計算並不正確，但卻很恰巧地預測出冥王星的運行軌道。雖然自 1906 年到他去世的 1916 年間曾成功拍攝到冥王星 2 次，但其團隊未能發現這個星體。另一方面，Tombaugh 只花了一年的時間，就在 1930 年 1 月成功拍攝並辨識出冥王星 (參見圖 5-1)。

1930 年 1 月 23 日　　　　　1930 年 1 月 29 日

圖 5-1: 發現冥王星 (箭頭所指處) 時所用的相片

　　Tombaugh 的成就得來不易，在那個沒有電腦的年代，他所用的方法相當麻煩又不可靠。他必須將夜空分成許多小區域，每晚在那個經常是冰冷的圓頂觀測台中重複替各區域拍照，接著要沖洗負片並詳細檢查，在擁擠的星空中尋找最細微的移動跡象。

　　雖然沒有電腦，不過他還是有一台當時的高科技設備——**閃爍比較儀 (blink comparator)**，可快速比對在夜晚成功拍攝的負片。用閃爍比較儀時，天空中的星星都是靜止沒有變化，但冥王星則像信號燈一樣閃個不停。

　　在本章中，我們要先寫一個 Python 程式來複製 20 世紀閃爍比較儀的行為。接著將時序轉回 21 世紀，我們要寫一個程式，使用現代電腦視覺技術來偵測移動的星體。

國際天文學聯合會 (International Astronomical Union) 在 2006 年時，將冥王星歸類為矮行星 (dwarf planet)，因為當時在古柏帶 (Kuiper Belt) 發現了其它接近冥王星大小的星體，其中之一為鬩神星 (Eris)，其體積雖然略小於冥王星，但質量卻比它大 27%。

5.1 專案：重製閃爍比較儀

　　冥王星或許可以說是用望遠鏡拍下來的，但卻是用顯微鏡發現的。閃爍比較儀 (圖 5-2) 又稱閃爍顯微鏡，使用時是裝上兩片不同夜晚拍攝的同一天空位置的相片板，即可在兩張相片中快速切換，檢視其間的不同。若星體有移動的跡象，在快速切換的過程中，就可以看到它在前後跳動。

圖 5-2: 閃爍比較儀 (blink comparator)

　　當然，這個方法要能成功，所用的相片必須是在近似的觀測條件下做相同的曝光，而且所拍到的星體其位置都要一致。在 Tombaugh 的年代，要達到這項要求得花費很多工夫，首先必須在長達一小時曝光過程中時時刻刻仔細地將望遠鏡對準目標，接著沖洗負片，然後在閃爍比較儀中將它們對齊，因此 Tombaugh 有時需耗費一週的時間才能比對、檢視一組相片。

編註：負片是早期底片時代記錄影像的方式，若開啟檔案來看，色彩深淺會跟正常影像相反，此章用正常影像也就是正片來處理。

▌專案目標

　　在我們的專案中，將用數位的方式重現對齊相片，並在同一視窗中快速切換顯示影像，讓它們進行閃爍。我們會處理明亮和昏暗的星體，看看不同曝光程度會有什麼影響，並使用正片進行比較，而非 Tombaugh 所用的負片。

▌程式邏輯說明

專案中要用的相片已經先準備好了，程式要做的就是對齊和快速切換顯示。對齊影像的過程稱為**影像對準 (image registration)**，也就是對其中一張影像做平移、旋轉，使兩張相片中的物體位置相符，如果你曾用過手機或數位相機拍過全景 (panorama) 影像，應該就不難理解（編註：拍攝介面會顯示前一格的殘影，協助你接續場景）。

影像對準的步驟如下：

- 在兩張影像中找到有代表性的特徵。

- 以數值化的方式描述上述特徵。

- 在不同影像的內容中，一一比對前一步驟的數值化特徵。

- 將兩張影片符合的特徵調整到相同的像素位置，若影像拍攝位置有點偏差，會需要扭曲其中一張影像。

為了讓工作流程順利，這兩張影像必須大小相同，且影像所拍攝的區域範圍也要盡可能一致。

OpenCV 套件中已內含執行上述步驟的相關演算法，如果你跳過了第 1 章，尚未安裝 OpenCV，可回去參見第 1-13 頁的說明來進行安裝。

完成影像對準後，必須將它們顯示在同一視窗的同一位置，使其能完全疊合，然後用迴圈快速切換顯示，這當然也能透過 OpenCV 來完成。

對於電腦來說，影像是由像素值組成，因此要找出影像特徵，其實就是從一堆數字中將特定的組合標示出來。最常見的做法就是先找出和周圍差異較大的像素點，通常稱為關鍵點，再以此為基礎，將周圍的影像經過矩陣運算儲存成特徵向量 (Feature vectors)。

以此處所採用的 FAST 演算法為例，找出來關鍵點多半會是線條交會點，也就是角點 (corner)，若是其他演算法可能會是邊緣、斑點等等。特徵、關鍵點、角點這幾個名詞常常會混用，您在閱讀相關文獻時可不要搞錯了。

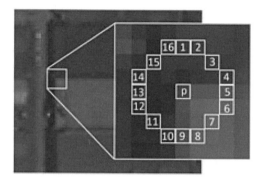

圖片來源: https://en.wikipedia.org/wiki/Features_from_accelerated_segment_test

▌範例影像檔說明

所需的天文影像檔已存於 Chapter_5 資料夾中，位於 night_1 和 night_2 資料夾，並會使用一個名為 night_1_registered 的空資料夾，這些資料夾需放在與範例程式檔 blink_comparator.py 同一層，資料夾的結構如圖 5-3 所示。請不要更動資料夾的結構、內容和名稱。

- Chapter_5
  - montages
  - night_1
  - night_1_2_transients
  - night_1_registered
  - night_1_registered_transients
  - night_2

圖 5-3: Chapter_5 資料夾結構

其中 night_1 和 night_2 資料夾分別包含不同夜晚所拍攝的同一區域的影像,此處所用的影像中,有筆者所加的人工**瞬變** (transient),瞬變的全稱是**瞬變天文事件** (transient astronomical event),指的是在短時間內可查覺到的天體物件移動,像是慧星、小行星和行星等,都可算是瞬變,因為它們的移動相對於幾乎靜止的星空是很容易察覺的。

表 5-1 是 night_1 資料夾的內容簡介,檔案名稱中的 left 表示在使用閃爍比較儀時,它們應該是放在左邊;在 night_2 資料夾中的檔名包含 right,表示它們應放在右邊。

表 5-1: night_1 資料夾中的檔案

檔案名稱	說明
1_bright_transient_left.png	內含一個大又亮且發生瞬變的星體
2_dim_transient_left.png	包含一個直徑 1 個像素大、昏暗且發生瞬變的星體
3_diff_exposures_left.png	包含一個昏暗且發生瞬變的星體,背景曝光過度
4_single_transient_left.png	影像左邊包含一個明亮且發生瞬變的星體
5_no_transient_left.png	沒有發生瞬變的星空
6_bright_transient_neg_left.png	1_bright_transient_left的負片 (Tombaugh 當年就是使用負片影像,不過我們後續將不會使用負片影像,取出影像時會予以略過)

圖 5-4 是其中的一張影像，箭頭所指的是瞬變 (箭頭非影像的一部份)。

圖 5-4: 影像檔 1_bright_transient_left.png，箭頭所指的是瞬變

為模擬在不同夜晚將天文望遠鏡對準特定位置的困難，筆者稍稍平移了 night_2 資料夾中的影像。程式必須逐一對準和比較 2 個資料夾中成對的相片內容，因此請不要更動這些檔案的編號和名稱，否則程式無法找到要處理的檔案。

5.1.1 匯入模組以及定義常數

程式 5-1 一開始先匯入程式所要使用的模組，以及定義一個常數，用來表示對齊影像至少需要多少個**關鍵點 (keypoint)**。關鍵點又稱興趣點 (interest point)，指的是影像中具代表性 (有重大影響力) 的特徵，它們通常會有強烈的程度變化，以便於識別。在我們的應用中，就是天空中的星星。我們之後會透過 FAST 演算法尋找關鍵點，來得知最具影響力的特徵。

▶ 程式 5-1: blink_comparator.py 第 1 段，匯入模組並指定要比對的關鍵點數量為常數

```
import os
from pathlib import Path          匯入模組
import numpy as np
import cv2 as cv

MIN_NUM_KEYPOINT_MATCHES = 50    ◀── 設定要比較的關鍵點數量
```

　　首先匯入 os (operating system) 模組來取得資料夾的內容清單。接著匯入 pathlib 模組協助處理檔案、資料夾，最後匯入處理影像用的 NumPy 和 cv (OpenCV)，若還沒安裝 NumPy 模組，可參見第 1-12 頁的說明。

　　接著將對齊影像時要比對的關鍵點數量設為常數，通常不需要這麼多點就可以對準影像，不過在本專案中，天文影像的相似度較高，因此將此數值調大一點，實際測試只會稍微增加一點執行時間。

5.1.2 (main() 函式) 指定影像資料夾和檔案路徑

　　程式 5-2 定義了 main() 函式的前半，初步建立存取影像檔要用的 list 和目錄路徑。

▶ 程式 5-2: blink_comparator.py 第 2 段，定義 main() 函式前半

```
def main():
    """將 2 個資料夾中成對的影像（後續稱為影像組）做影像對齊和閃爍顯示"""
    night1_files = sorted(os.listdir('night_1'))
    night2_files = sorted(os.listdir('night_2'))      建立檔案清單 list

    path1 = Path.cwd() / 'night_1'
    path2 = Path.cwd() / 'night_2'                     指定目錄路徑
    path3 = Path.cwd() / 'night_1_registered'
```

在 main() 函式中一開始先用 os 模組的 listdir() 方法建立 night_1 和 night_2 資料夾中的檔案清單，以 night_1 資料夾為例，listdir() 會傳回如下內容：

```
['1_bright_transient_left.png', '2_dim_transient_left.png', '3_diff_
exposures_ left.png', '4_no_transient_left.png', '5_bright_transient_neg_
left.png', '6_bright_transient_neg_left.png']
```

請注意，os.listdir() 並不會對檔案清單排序，而是由作業系統本身決定傳回的內容，所以在 macOS 和 Windows 上可能得到不同的順序！因此為了確保清單的內容一致，讓兩個資料夾的檔案能正確配對，在此將 os.listdir() 直接包在 sorted() 函式中，讓檔案能依檔名中第 1 個字元 (也就是數字) 做排序。

接著用 pathlib 的 Path 類別來設定路徑變數，前 2 個變數分別指向 2 個輸入資料夾，第 3 個變數則指向用來存放已對齊影像的輸出資料夾。

Python 從 3.4 版本開始內建 pathlib 模組，是除了 os.path 外，另個處理路徑的方法。os 模組是以字串表示路徑，所以有時需利用一些技巧以及標準函式庫來協助處理路徑；而 pathlib 模組則是以物件來表示路徑，並提供各項必要的功能，關於 pathlib 的文件說明可參見 https://docs.python.org/zh-tw/3/library/pathlib.html。

pathlib 的類別方法 cwd() 是用來取得目前的工作目錄。如果指定的路徑不只一層，此時 Path 物件和字串可以混合使用，並用 / 符號將它們串接起來，同樣功能也可透過 os.path.join() 達成。

請注意，建立路徑是以程式執行時執行檔所在位置為定位點，如果從其它路徑啟動程式，定位點變動，程式將無法正常執行。

5.1.3 (main() 函式) 找出影像關鍵點進行比對

　　程式 5-3 仍是 main() 函式的一部份，其內容為一個 for 迴圈，每一輪迴圈會從 2 個資料夾中各取出 1 個檔案，載入成灰階影像，然後找出其中相對應的關鍵點，再根據這些關鍵點調整第 1 個影像，使其與第 2 個影像對齊，接著才進行比較 (或閃爍)。範例程式中也包含檢視比對結果的 QC_best_matches 函式，會用視覺化的方式顯示出比對結果，若不滿意比對結果，可以微調程式參數；反之，若對程式執行結果相當滿意，之後可將執行此函式的程式碼註解掉，不去執行。

▶ 程式 5-3：blink_comparator.py 第 3 段，定義 main() 函式後半

```
for i, _ in enumerate(night1_files):
    img1 = cv.imread(str(path1 / night1_files[i]), cv.IMREAD_GRAYSCALE)
    img2 = cv.imread(str(path2 / night2_files[i]), cv.IMREAD_GRAYSCALE)
                                                    載入灰階影像

    print("Comparing {} to {}.\n".format(night1_files[i],
            印出比較對象                       night2_files[i]))
    kp1, kp2, best_matches = find_best_matches(img1, img2)  ❶ 尋找關鍵點
                                                              及吻合者

    img_match = cv.drawMatches(img1, kp1, img2, kp2, best_matches,
                        outImg=None)  ◀── 標示吻合的關鍵點

                                                      畫分隔線
    height, width = img1.shape  ◀── 取得影像的高與寬
    cv.line(img_match, (width, 0), (width, height), (255, 255, 255), 1)
    QC_best_matches(img_match) # 確認過執行結果滿意，即可標示為註解，不予執行
                        ❷ 呼叫可以檢視比對結果的函式

    img1_registered = register_image(img1, img2, kp1, kp2, best_matches)
                                                      對齊影像

    blink(img1, img1_registered, 'Check Registration', num_loops=5)
                                                      ❸ 檢視對齊效果

    out_filename = '{}_registered.png'.format(night1_files[i][:-4])
    # 會覆寫既有檔案！                           移除副檔名
    cv.imwrite(str(path3 / out_filename), img1_registered)
```
→ 接下頁

```
cv.destroyAllWindows()  ◀── 關閉視窗
blink(img1_registered, img2, 'Blink Comparator', num_loops=15)◀┐
cv.destroyAllWindows()  ◀── 關閉視窗                    來回閃爍影像
```

　　迴圈開頭就是逐一處理 night1_files list 的內容，內建函式 enumerate() 會從 list 中同時取出索引和元素，由於程式中只需用到編號，所以用底線字元 (_) 來接收傳回的元素。

編註：底線字元一般就是用來代表暫時或不重要的變數，在此使用底線字元也有助於程式碼可順利通過 Pylint 等程式碼檢查工具的檢查。如果在此改用一個實名變數 (例如將底線字元改成 infile)，Pylint 將會警告變數未被使用 (unused variable)。欲了解 Pylint 可參見官方網站 https://pylint.org/

```
W: 17,11: Unused variable 'infile' (unused-variable)
```

　　接著用 OpenCV 載入 night1_files 和 night2_files list 中對應的影像。imread() 方法的引數需要將 path 物件轉成字串才能讀取，另外為簡化處理，透過參數設置，把影像轉為灰階，這樣之後只需處理 1 個 channel，也就是亮度。為了讓程式執行時，使用者能瞭解迴圈執行進度，在 shell 印出正在比對哪一個檔案的訊息。

　　接著開始尋找關鍵點及吻合者 ❶，自訂的 find_best_matches() 函式 (見下一小節) 會傳回 3 個值：kp1，為第 1 個影像中的關鍵點；kp2，為第 2 個影像中的關鍵點；best_matches 則是兩者相符的關鍵點組成的 list。

　　使用 OpenCV 的 drawMatches() 方法就能在 img1 和 img2 上標示吻合的關鍵點，方便我們用肉眼檢查。此方法的引數包括 2 個影像及其關鍵點、吻合的關鍵點 list 以及一個用於輸出的影像物件，不過在此將輸出影像設為 None，因為我們只是要檢視影像而沒有要存檔。

為了區隔這 2 個影像，程式會在 img1 右邊畫一條白色垂直線當做分隔線。畫線前先用 shape 取得影像的高與寬，然後呼叫 OpenCV 的 line() 方法，傳遞的引數包括要畫線的影像、線的起/終點座標、線條顏色和寬度。因為是彩色影像，所以仍是用完整的 BGR tuple (255, 255, 255) 表示白色，而非用在灰階影像的強度值 (255)。

接著呼叫稍後定義的 QC_best_matches() 查驗函式，輸出吻合的關鍵點 ❷。圖 5-5 是輸出的內容。在確定程式運作正常後，可將此行標示為註解。

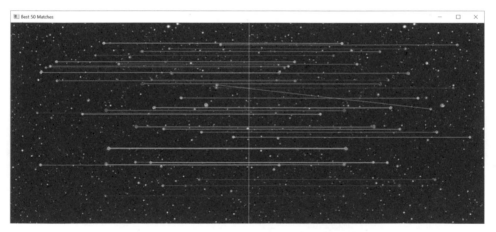

圖 5-5: QC_best_matches() 函式的輸出

在找到最吻合的關鍵點並檢查過後，就可開始將第 1 個影像對齊第 2 個影像，此項工作也是由稍後自訂的 register_image() 函式執行，其引數分別是 2 個影像、影像各自的關鍵點以及吻合點 list。

之後繼續呼叫另一個自訂的閃爍比較儀函式 blink()，看看對準後的效果如何。傳遞的引數為原始影像、對齊處理後的影像、在視窗上顯示的名稱、閃爍的次數 ❸。函式會交替顯示 2 個影像，我們看到的『晃動』程度，取決為了對準 img2 所做的扭曲程度。這一行程式也可在確定程式運作正常後，將之標示為註解。

接著將對齊的影像存到變數 path3 所指的 night_1_registered 資料夾中，檔名前半為原來的主檔名，後面加上 _registered.png，因為在此補上了副檔名，所以用索引切片 ([:-4]) 移除原始檔名中的副檔名 (即最後 4 個字元)。最後用 imwrite() 存檔，請注意，此舉會覆蓋掉路徑中的同名檔案而不會有任何警告。

為了讓使用者專心尋找瞬變 (transient)，此處先關閉所有的 OpenCV 視窗，然後再次呼叫 blink() 函式，這次傳遞已對齊的影像 1、影像 2、視窗名稱，以及來回閃爍影像的次數。第 1 組影像見圖 5-6，你能找到瞬變 (transient) 嗎？

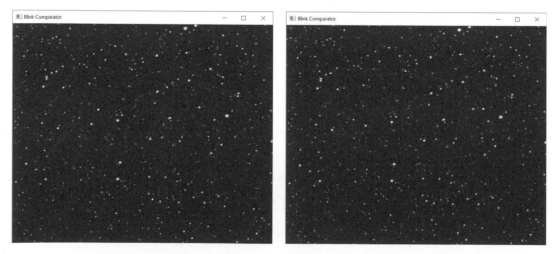

圖 5-6: "Blink Comparator" 視窗顯示 night_1_registered 和 night_2 資料夾中第 1 個影像的情形

5.1.4 (find_best_matches 函式) 尋找最佳的吻合點

接著來看在 main() 中呼叫的自訂函式,程式 5-4 定義了在 night_1 和 night_2 資料夾的同一編號影像間尋找最佳吻合點的函式。它會找出並描述各自的關鍵點,然後比對並產生吻合的 list,然後依先前常數指定的關鍵點數量上限,截斷 list 中多出的內容。函式會傳回每個影像的關鍵點 list,以及最佳吻合點的 list。

▶ 程式 5-4: blink_comparator.py 第 4 段,定義尋找最佳吻合關鍵點的函式

```
def find_best_matches(img1, img2):
    """傳回關鍵點 list,以及最吻合點的 list"""
    orb = cv.ORB_create(nfeatures=100)    ◀── 建立 ORB 物件
    kp1, desc1 = orb.detectAndCompute(img1, mask=None)    ❶ 找出關鍵點和
    kp2, desc2 = orb.detectAndCompute(img2, mask=None)       其描述器
    bf = cv.BFMatcher(cv.NORM_HAMMING, crossCheck=True)    ◀── 用漢明距離進
    matches = bf.match(desc1, desc2)    ❷ 2 個影像相互匹配       行比對
    matches = sorted(matches, key=lambda x: x.distance)    ◀── 進行升序排序
    best_matches = matches[:MIN_NUM_KEYPOINT_MATCHES]    ◀── 截斷 list

    return kp1, kp2, best_matches
```

首先定義函式引數為 2 個影像,它們都是在 main() 函式迴圈中由輸入資料夾載入的。

接著用 OpenCV 的 ORB_create() 方法建立 ORB 物件,ORB 是 Oriented FAST and Rotated BRIEF 的縮寫。其中的 FAST (Features from Accelerated Segment Test) 是一種快速、有效、且免費的關鍵點偵測演算法,BRIEF (Binary Robust Independent Elementary Features)

則提供描述關鍵點的功能，以便能在不同影像間進行比對，BRIEF 同樣有快速、精簡、開源等特色。

小編補充：FAST 演算法原理

　　從影像中選取 1 個像素 (圓心)，設定半徑，把所有在這個像素周圍 (圓的內部) 的其他像素拿來進行像素值比較，若選取的像素的值是最大或是最小 (大於或小於某個閾值)，即找到角點，也是影像的關鍵點。半徑跟閾值可能需要依據影像嘗試不同的設定，才會找出具代表性的關鍵點。

　　ORB 是結合了 FAST 和 BRIEF 所形成的比對演算法，會先偵測影像中的特徵區域，也就是像素值變化較劇烈的地方，然後將這些位置記錄為關鍵點。接著 ORB 會在關鍵點周邊定義一小塊區域 (稱為 patch)，然後使用數值陣列或稱描述器 (descriptor) 描述關鍵點的特徵。在影像的 patch 區域中，該演算法會用其模型來取得有規則的強度樣本。然後比較預先選擇的樣本組，並將它們轉換成稱為**特徵向量 (feature vector)** 的二進位數列 (圖 5-7)。

　　向量是一組數字，矩陣是按行和列排列的矩形數字陣列（編註：橫的為列 (row)，直的為行 (column)），整個矩陣就是個根據特定規則進行運算的個體，特徵向量是只有一列的多行陣列。為了建立特徵向量，ORB 會將樣本依其強度轉成二進位 (若是高強度呈現 1，相反則為 0)，以二進位數列代表特徵向量。

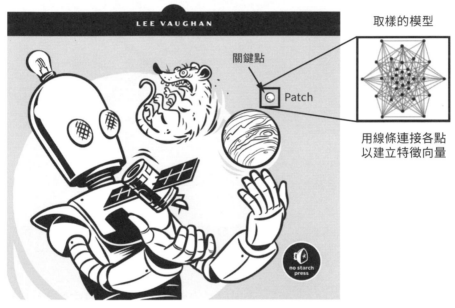

圖 5-7: 以圖示意 ORB 是如何產生關鍵點的描述器

以下是一些特徵向量的例子,此處省略了大部份的內容,因為 ORB 經常會比較和記錄多達 512 個樣本組!

```
V1 = [010010110100101101100 --（略）--]
V2 = [100111100110010101101 --（略）--]
V3 = [001101100011011101001 --（略）--]
--（略）--
```

這些描述器就像特徵的數位指紋。OpenCV 也具備旋轉和縮放的功能，以便比對大小和方向不同的相似特徵 (如圖 5-8)。

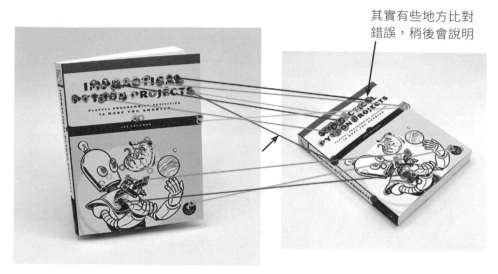

其實有些地方比對錯誤，稍後會說明

圖 5-8: 當關鍵點大小和方向不同時，OpenCV 也能進行比對。

在建立 ORB 物件時，可自定要檢查的關鍵點數量，預設值為 500，但本專案要做的影像對齊，只用 100 個就可以了。

接著用 orb.detectAndCompute() 方法 ❶ 來找出關鍵點和其描述器，先處理 img1 再處理 img2。

找出並描述關鍵點後，就要在 2 個影像中找出相同關鍵點。首先建立 BFMatcher 物件，這個暴力破解 (brute-force) 比對工具會取第 1 個影像中的一個特徵的描述器，與第 2 個影像中的所有特徵的各自描述器，用**漢明距離 (Hamming distance)** 進行比對，傳回值為最接近 (漢明距離最短) 的特徵。

對 2 個長度相同的字串而言，漢明距離 (Hamming distance) 指的是比較兩者對應位置 (索引) 後，有多少值 (字元) 是不相同的，例如下面的特徵向量，網底標示的就是不同的部份，其漢明距離為 3：

```
1001011001010
1100111001010
```

程式中的 bf 變數就是 BFMatcher 物件，用它呼叫 match() 方法並傳遞 2 個影像的描述器給它 ❷，2 個影像相互匹配，傳回的是 DMatch 物件 list，將之設定給 matches 變數。

漢明距離愈短表示愈吻合，所以對 list 進行升序排序，將這些吻合物件移到 list 前面。此處以 **lambda 函式**語法，使用物件的 distance 屬性。lambda 函式是用來快速建立簡單，只使用一次的函式，在 lambda 之後的是參數，在冒號後的則是運算式，並會自動傳回結果（編註：若仍不太理解，Lambda 語法可參見 https://www.w3schools.com/python/python_lambda.asp 進行練習）。

接著利用 MIN_NUM_KEYPOINT_MATCHES (在程式開頭定義的吻合的關鍵點數量)，將 list 截斷至符合的長度。

到目前為止，得到的仍是如下所示，晦澀難懂的物件：

```
best matches = [<DMatch 0000028BEBAFBFB0>,<DMatch 0000028BEBB21090>,
--（略）--
```

 編註：由於 ORB 演算法內部程式有包含隨機函式，因此每次 best matches 跑出的結果會有所不同

不過這就交給 OpenCV 處理即可，在函式最後直接傳回 2 組關鍵點和 1 列最佳吻合物件。

5.1.5 (QC_best_matches 函式) 檢驗最佳吻合者

程式 5-5 定義了一個簡單的函式,讓我們可用肉眼檢驗吻合的關鍵點,前面的圖 5-5 就是其結果。將這類處理工作包在函式裡面,可簡化 main() 函式的內容,也很容易只標示單行註解,就能將此功能關閉。

▶ 程式 5-5: blink_comparator.py 第 5 段,檢驗最佳吻合關鍵點的函式

```
def QC_best_matches(img_match):
    """顯示已用線條連接的最吻合關鍵點的影像"""
    cv.imshow('Best {} Matches'.format(MIN_NUM_KEYPOINT_MATCHES),
              img_match)  ◀── 顯示視窗
    cv.waitKey(2500)  ◀── 視窗停滯 2.5 秒
    cv.destroyAllWindows()  ◀── 關閉視窗
```

函式只有一個參數:已比對完成的影像,此影像是於程式 5-3 中於 main() 函式內產生的,其內容是 2 個已比對的影像並列,且已標出關鍵點並將吻合的關鍵點用線連起來。

接著呼叫 OpenCV 的 imshow() 方法顯示視窗。設定視窗標題文字時,用到了 format() 方法將最小吻合關鍵點數量輸出。

函式最後用 waitKey() 讓程式暫停 2.5 秒以便能有時間檢視其內容,最後用 cv.destroyAllWindows() 關閉視窗。

5.1.6 (register_image 函式) 對準影像

程式 5-6 定義了將第 1 個影像對準第 2 個影像的函式。

▶ 程式 5-6: blink_comparator.py 第 6 段，定義將某影像對準另一影像的函式

```python
def register_image(img1, img2, kp1, kp2, best_matches):
    """傳回將第 1 個影像對準另一個影像後的結果"""
    if len(best_matches) >= MIN_NUM_KEYPOINT_MATCHES:     # 建立陣列
        src_pts = np.zeros((len(best_matches), 2), dtype=np.float32)
        dst_pts = np.zeros((len(best_matches), 2), dtype=np.float32)
        for i, match in enumerate(best_matches):     # ❶ 在陣列中填入實際的資料
            src_pts[i, :] = kp1[match.queryIdx].pt
            dst_pts[i, :] = kp2[match.trainIdx].pt
        h_array, mask = cv.findHomography(src_pts, dst_pts, cv.RANSAC)
                                                      # 使用異常偵測器
        height, width = img2.shape     # ❷ 獲取 image 2 的大小
        img1_warped = cv.warpPerspective(img1, h_array, (width, height))
                                                      # 對準影像
        return img1_warped     # 回傳已對準影像

    else:
        print("WARNING: Number of keypoint matches < {}\n".format
              (MIN_NUM_KEYPOINT_MATCHES))     # 印出警告訊息
        return img1     # 傳回未作對準的原始影像
```

此函式的引數為 2 個輸入影像，其關鍵點 list，以及 find_best_matches() 傳回的 DMatch 物件 list best_matches。接著先檢查最吻合 list 的長度是否大於等於 MIN_NUM_KEYPOINT_MATCHES 常數，若為真，就將 2 個影像最吻合的位置載入成 2 個 NumPy 陣列。

NumPy 的 np.zeros() 方法會以指定的形狀和資料型態建立陣列，且預先將內容填入 0，例如以下程式片段會建立內容值為 0 的 3×2 陣列：

```
>>> import numpy as np
>>> ndarray = np.zeros((3, 2), dtype=np.float32)
>>> ndarray
array([[0., 0.],
       [0., 0.],
       [0., 0.]], dtype=float32)
```

而在範例程式中的陣列大小則至少為 50×2，因為先前已指定了至少需有 50 個吻合點。

接著走訪吻合 list 的內容，並在陣列中填入實際的資料 ❶。從 kp1 描述器 list 中用 queryIdx.pt 屬性取得描述器的索引，另一邊則用 trainIdx.pt 屬性，此處 query/train 這樣的名詞可能有些令人費解，但基本上它們分別指的是第 1 個影像和第 2 個影像。

下一步則是進行**平面投影轉換 (homography)**，這是一種利用 3×3 矩陣，將影像中的點映射到另一個影像中的點的轉換技術。做平面投影轉換的條件是 2 個影像必須是由不同角度觀察的同一平面，或是同一視角但相機有旋轉而無平移的情況，且 2 個影像至少要有 4 個對映的點。

平面投影轉換預設吻合點就是對映的點，但若分別仔細觀察圖 5-5 和圖 5-8，就會發現特徵比對並非十分吻合，圖 5-8 中有約 3 成的吻合其實是不正確的！

所幸 OpenCV 有個 findHomography() 方法提供了稱為 RANSAC (random sample consensus, 隨機取樣調查) 的異常偵測器。RANSAC 會隨機取樣比對吻合的點，然後試著找出一個能描述其分佈，且能預測出最多點的數學模型，然後將異常的點排除，圖 5-9 就是其運作方式的說明。

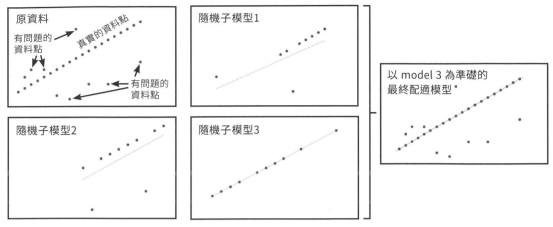

圖 5-9: 使用 RANSAC 以線性模型忽略異常點的例子

　　圖中左上角是原始資料，我們希望有條直線能通過真實的資料點 (稱為 inliers)，並忽略旁邊有問題的資料點 (稱為 outliers)。使用 RANSAC 時會先由原始資料中隨機取樣，然後試著用一條直線來符合其排列，並重複此過程數次，接著再用直線的方程式來檢查看哪一條線能通過最多的資料點，通過最多點的線就是我們所要的，以圖 5-9 為例，就是最右邊方框的那一條。

　　呼叫 findHomography() 時，要傳遞來源和目的資料點並指定使用 RANSAC 方法，其傳回值為 NumPy 陣列 (h_array) 及 1 個遮罩 (mask)，此遮罩可用以分出 inlier 和 outlier 點，或是較吻合與較不吻合點，所以可利用它只畫出較吻合點的圖案。

　　最後一步就是要調整影像 1，使其能對齊影像 2。此處用 shape() 取得 img2 的高與寬 ❷，連同 img1 和平面投影轉換陣列 h_array 傳遞給 warpPerspective() 方法。傳回的已對準影像為 NumPy 陣列。

若吻合的關鍵點數量少於在程式開頭指定的最小值，則影像『可能』不會完全對齊，所以讓程式在這種情況下印出警告訊息，並傳回原始未作對準的影像，以便讓 main() 函式仍能繼續執行迴圈，處理其它資料夾的內容。若影像對準的結果不佳，則在 "blink comparator" 視窗交錯顯示 2 個影像時，就會一眼看出影像沒有對齊，此時也會在 shell 中顯示相關訊息。

```
Comparing 2_dim_transient_left.png to 2_dim_transient_right.png.
WARNING: Number of keypoint matches < 50
```

5.1.7 (blink 函式) 建立閃爍比較儀功能

程式 5-7 定義了執行閃爍比較儀功能的函式，以及在單獨執行程式時，呼叫 main() 函式的程式碼。blink() 函式會在指定的視窗中先顯示已對準的影像 1，再顯示影像 2，依指定的次數如此來回切換顯示。每個影像每次只顯示 0.33 秒，這也是 Clyde Tombaugh 使用閃爍比較儀時所採用的閃爍頻率。

▶ 程式 5-7: blink_comparator.py 第 7 段，定義交替顯示 (閃爍) 影像的函式

```
def blink(image_1, image_2, window_name, num_loops):
    """用 2 個影像模擬閃爍比較儀的動作"""
    for _ in range(num_loops):
        cv.imshow(window_name, image_1)  ← 顯示影像 1
        cv.waitKey(330)  ← 視窗停滯 0.33 秒 (330 毫秒)
        cv.imshow(window_name, image_2)  ← 顯示影像 2
        cv.waitKey(330)  ← 視窗停滯 0.33 秒

if __name__ == '__main__':
    main()
```

blink() 函式有 4 個參數，分別是 2 個影像、視窗名稱、閃爍的次數，函式一開始就建立會重複閃爍次數的 for 迴圈，因為程式不會用到執行到第幾次的資訊，所以此處用底線字元 (_) 來接收迴圈次數，一如之前所提到的，這樣的用法可避免程式碼檢查工具發出 "unused variable" 之類的警告。

接著呼叫 OpenCV 的 imshow() 方法，傳遞的參數為視窗名稱和已經對準的影像 1，接著暫停程式 0.33 秒 (330 毫秒)，也就是 Clyde Tombaugh 所建議的時間。

再依相同的方式顯示影像 2，因為 2 個影像已對齊好了，所以交替顯示時，唯一有變化的部份就代表有瞬變發生。如果只有一個影像發生瞬變，就會看到它一閃一閃的；如果兩個影像都發生瞬變，就會看到它來回跳動。

程式最後面就是讓程式單獨執行時呼叫 main() 的標準程式碼。

5.1.8 執行程式

在執行 blink_comparator.py 前，可將室內的光源調暗，模擬使用閃爍比較儀的情形，接著執行程式。在第一組影像靠近中間位置，應可看到 2 個明顯的亮點在閃爍；在下一組影像中，亮點變成只有一個像素大小，但應該仍能看它。

在第 3 組影像中瞬變仍是同一個，但這次第 2 張影像會比第 1 張影像還亮，所以要看到瞬變會變得稍微困難一些，這也是為什麼 Tombaugh 在拍照時，要很謹慎地讓影像的曝光程度保持一致。

在第 4 組影像中，瞬變只出現在影像的左邊，所以看起來會一閃一閃。

第 5 組影像是沒有瞬變的控制組，這也是天文學家們最常面對的情況：令人失望，沒有變化的星空。

最後一組影像是第一組的負片版本，明亮的瞬變會以黑點顯示。這是 Clyde Tombaugh 觀察時所用的影像類型，主要是為了省時間，因為黑點和白點一樣容易被看到，所以就不用花時間沖洗正片了。

在對準的負片影像左側，有一條黑色的區域，它就是對齊時將影像位移所產生的 (參見圖 5-10)，若使用正片影像可能不會察覺，因為它會與背景的黑色合在一起。

圖 5-10: 負片影像 6_bright_transient_neg_left_registered.png

在檢視所有影像組合時，你可能會在左上角看到一個稍暗的星星在閃爍，這個點並非瞬變，而是稱為 edge artifact 所導致的陽性現象。edge artifact 指的是因為影像未對齊時,對影像進行的調整。經驗老到的天文學家會忽略這個亮點,因為它很靠近邊緣,而且沒有移動位置,只是亮度改變。

在圖 5-11 中可看到造成這個現象的原因。因為在第 1 張影像中,只照到此星的一部分,所以它的亮度相對於第 2 張影像中的同一個星體,就顯得變暗了。

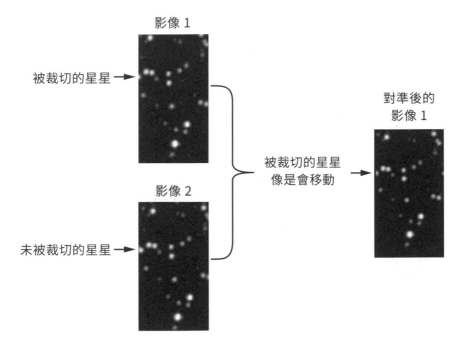

圖 5-11: 對影像 1 進行對齊後,使得原本只照到一半的星體亮度,比它在影像 2 中要暗。

人可以靠直覺有效處理 edge artifact,但電腦就要靠訂好的規則才能完成相同的工作。在下一個專案,就要讓程式自動搜尋瞬變時,透過排除影像邊緣的方式,來解決 edge artifact 問題。

5.2 專案：利用影像差異偵測天文瞬變

雖然閃爍比較儀曾被認為和天文望遠鏡一樣重要，如今只是被收藏在博物館中積灰塵而已。天文學家已不再需要用到它們，因為用現代的**影像差異 (image-differencing)** 技術來偵測移動的物體，比用肉眼來得準確多了。當年 Clyde Tombaugh 所做的人工，現在幾乎已可完全用電腦取代。

專案目標

在這個專案中，我們要建立一個數位化的工作流程來取代使用閃爍比較儀的工作。請撰寫一個 Python 程式，比較兩張已對準的影像，並標出其間的不同處。

程式邏輯說明

不同於前一個專案只是切換顯示影像，這次我們需要能自動找出瞬變的演算法。此處仍需用到已對準的影像，為方便起見，就直接用上個專案已處理好的結果（編註：比對兩張天文影像，有不同處，就是瞬變發生的位置）。

偵測影像間的差異已經是個相當普遍的應用，所以 OpenCV 提供了偵測絕對差異 (absolute difference) 的方法 absdiff()，它會找出兩個影像陣列中不同的元素。但只是找出不同是不夠的，程式除了要察覺不同之處，還要直接把瞬變的位置清楚標示出來，省得讓天文學家還要自己花時間找。

因為要尋找的標的是在黑色背景前，比對後會排除位置相同的亮點，而篩選出來的是不同位置上的亮點，就很可能是瞬變了。而現實中一張影像的範圍要出現一個以上的瞬變的機率非常低，所以程式只要能標出最多 2 個不同處就夠了。

▋範例檔案說明

本專案將使用 night_1_registered_transients 和 night_2 資料夾的所有影像資料，以及空資料夾 night_1_2_transients，接下來要說明的範例程式檔 transient_detector.py 程式會自動在天文影像中偵測瞬變。為避免重複，程式將直接使用先前 blink_comparator.py 處理好的已對準影像，所以需用到前一專案的 night_1_registered (為避免影響前一專案，另建資料夾 night_1_registered_transients) 和 night_2 資料夾內的影像 (見圖 5-3)。此外程式碼也需放在這 2 個子資料夾的同一層。

5.2.1 匯入模組以及定義常數

程式 5-8 匯入所需的模組並定義 1 個用於處理 edge artifact (見圖 5-11) 的邊距常數，利用此常數定義的距離，程式會排除離影像邊界該距離的區域，換句話說，該範圍內的物件都會被忽略。

▶ 程式 5-8：transient_detector.py 第 1 段，匯入模組並指定處理邊緣的常數

```
import os
from pathlib import Path          ⎫
import cv2 as cv                  ⎬ 匯入模組

PAD = 5   ◀──  設定影像邊緣的寬度 (單位為像素)，此範圍內略過不搜尋
```

此處沿用前一專案除了 NumPy 以外的所有模組。邊距常數則設為 5 個像素，使用不同的影像資料時，此數值也可能需做調整。稍後程式會依此距離，沿影像邊緣畫一個框 (矩形)，如此我們就可看出此參數排除了多大的區域。

5.2.2 (find_transient 函式) 偵測及標示瞬變

程式 5-9 定義了一個函式，它會在每一對影像中尋找並標出最多兩個瞬變，且會忽略邊距常數指定的區域範圍。

▶ 程式 5-9: transient_detector.py 第 2 段，定義偵測及標示瞬變的函式

```
def find_transient(image, diff_image, pad):
    """尋找並標出星空中移動的瞬變"""
    transient = False  ←── 先將此變數設為 False，表示沒發現瞬變
    height, width = diff_image.shape  ←── 取得影像的高度和寬度
    cv.rectangle(image, (PAD, PAD), (width - PAD, height - PAD), 255, 1)
                                    在邊緣繪製白色矩形
    minVal, maxVal, minLoc, maxLoc = cv.minMaxLoc(diff_image)
                                    找出最亮的瞬變
    if pad < maxLoc[0] < width - pad and pad < maxLoc[1] < height - pad:
                                    ❶ 排除位於邊緣的像素點
        cv.circle(image, maxLoc, 10, 255, 0)  ←── 畫圓圈
        transient = True  ←── 發現瞬變改為 True
    return transient, maxLoc
```

find_transient() 函數有三個參數：輸入影像、代表第一和第二輸入影像之間差異的影像 (**差異地圖 (difference map)**) 和 PAD 常數。該函數將在差異地圖中找到最亮像素的位置，在它周圍畫一個圓圈，並傳回該位置以及是否找到瞬變的布林值。

函式一開始先設定變數 transient 值為 False，此變數即用來表示是否有找到瞬變。因為發現瞬變的機率很低，所以其初始狀態先設為 False。

要利用 PAD 常數來排除影像邊緣的區域，需先用 shape 屬性取得影像的高度和寬度，傳回的會是一個 tuple。

接著就用高度、寬度以及 PAD 常數，透過 OpenCV 的 rectangle() 方法在 image 變數上繪製一個白色矩形，將邊緣區域清楚顯示出來。

diff_image 變數是個表示像素的 NumPy 陣列。因為背景是黑色的，任何在兩個輸入影像之間改變位置 (或突然出現) 的星體將是灰色或白色的 (見圖 5-12) (編註：因為只會取差異的像素，因此其他沒有變化的星體都不會出現)。

圖 5-12: 由 "bright_transient" 這一對輸入所得的差異地圖

要找出其中最亮的瞬變，請使用 OpenCV 的 minMaxLoc() 方法，它會傳回影像中像素值最小和最大的值及其位置 tuple。

程式中模仿了 OpenCV 大小寫混用的方式替變數命名 (例如 maxLoc)。若你想採用 Python 的 PEP8 風格指南 (https://www.python.org/dev/peps/pep-0008/) 的建議，可自行調整，像是將 maxLoc 改成 max_loc。

因最大值可能位於影像的邊緣，所以程式中用條件式將位於邊緣範圍中的像素點排除 (確保不會被選到) ❶。在邊緣範圍以外找到最大值後，就畫個圓圈將它標示出來，此處用半徑 10、線寬為 0，畫出白色的圓框。

此舉也表示我們找到了瞬變 (transient)，所以將 transient 變數設為 True，稍後的程式會根據此變數值進行不同的處理。

函式最後就是傳回 transient 和 maxLoc 變數值。

因為 minMaxLoc() 方法是針對個別像素進行處理，所以易受雜訊影響，通常最好先對影像做模糊化 (blurring) 之類的預處理，以移除有問題的像素。不過這樣做也可能會讓我們錯過較暗的星體，因為在單一影像中它們看起來和雜訊沒什麼兩樣。

5.2.3 (main() 函式) 準備檔案和資料夾

程式 5-10 定義了 main() 函式，建立輸入資料夾的檔案清單，並設定路徑變數。

▶ 程式 5-10: transient_detector.py 第 3 段，定義 main() 函式，取得資料夾內容，並設定路徑變數

```
def main():
    night1_files = sorted(os.listdir('night_1_registered_transients'))
    night2_files = sorted(os.listdir('night_2'))

    path1 = Path.cwd() / 'night_1_registered_transients'
    path2 = Path.cwd() / 'night_2'
    path3 = Path.cwd() / 'night_1_2_transients'
```
建立檔案清單 list
指定目錄路經

　　main() 函式一開始和前面程式 5-2 的內容類似，先取得輸入影像清單，並將路徑存於指定的變數，稍後程式會將含有瞬變 (transient) 的影像存於 night_1_2_transients 中。

5.2.4 (main() 函式) 計算影像的絕對差異

　　程式 5-11 的內容是用迴圈來處理影像組。程式將影像組載入成灰階，此時影像轉為陣列型式，計算影像間的差異，並顯示結果，最後以差異影像呼叫 find_transient() 函式。

▶ 程式 5-11: transient_detector.py 第 4 段，以迴圈處理影像組並尋找瞬變

```
    for i, _ in enumerate(night1_files[:-1]):      ← 用切片語法取出影像，會略過
                                                      最後一張，也就是負片影像

        img1 = cv.imread(str(path1 / night1_files[i]),
                         cv.IMREAD_GRAYSCALE)
                                                      讀取灰階影像
        img2 = cv.imread(str(path2 / night2_files[i]),
                         cv.IMREAD_GRAYSCALE)

        diff_imgs1_2 = cv.absdiff(img1, img2)         ← 比較影像
        cv.imshow('Difference', diff_imgs1_2)         ← 顯示差異影像
        cv.waitKey(2000)      ← 停滯視窗 2 秒
        cv.destroyAllWindows()      ← 關閉視窗
```
→ 接下頁

```
temp = diff_imgs1_2.copy()  ← 複製一份副本
transient1, transient_loc1 = find_transient(img1, temp, PAD) ←
                                                  偵測及標示瞬變
cv.circle(temp, transient_loc1, 10, 0, -1)  ← 畫圓蓋掉最亮點
transient2, _ = find_transient(img1, temp, PAD)  ← 偵測及標示瞬變
```

迴圈會逐一處理 night1_files list 中所列的檔案。程式只處理正片影像，所以用切片 ([:-1]) 排除 list 中最後一個負片影像。此處用 enumerate() 取出元素也同時取出索引，並指派給 i，迴圈內再用 i 當索引取得要處理的影像。

接著呼叫 cv.absdiff() 方法，並傳入要比較的 2 個影像來找出不同處，並顯示差異影像 2 秒鐘，再繼續後面的程式。

然後我們要對最亮的瞬變進行處理，所以先為 diff_imgs1_2 複製一份副本，將副本命名為 temp。接著呼叫之前定義的 find_transient() 函式，傳遞的引數為第 1 個影像、差異影像、常數 PAD。傳回的結果存於 transient1 變數，並用 transient_loc1 取得最亮點的位置。

雖然比較完連續 2 晚拍的影像不一定能捕捉到瞬變，不管如何，我們在程式中都尋找兩次 (我們提供的影像最多擁有 2 個瞬變)。所以第一次找完後，我們先遮住剛剛找到的最亮點，再找一次看看是否有第 2 個瞬變。我們畫一個黑色的圓來遮住，線寬為 -1，表示要填滿圓的內部，半徑仍設為 10，不過若怕 2 個瞬變靠很近，可將其值設小一點。

接著再次呼叫 find_transient() 函式，但這次不需取得位置，所以用底線字元接收第 2 個傳回值。因為不太可能出現更多的瞬變，所以尋找的動作就到此為止。

5.2.5 (main() 函式)
顯示尋找瞬變的結果和儲存影像

程式 5-12 一開始仍在 main() 函式的迴圈中，它會顯示找到瞬變的影像並以圓圈標示出來，列出相關的影像名稱，並另存新檔，另外也會列出每次尋找的結果。

▶ 程式 5-12：transient_detector.py 第 5 段，顯示標示出的瞬變，輸出和儲存尋找結果

```
    if transient1 or transient2:
        print('\nTRANSIENT DETECTED between {} and {}\n'    ← 印出所用的
                .format(night1_files[i], night2_files[i]))      影像訊息
        font = cv.FONT_HERSHEY_COMPLEX_SMALL    ❶ 設定字型變數
        cv.putText(img1, night1_files[i], (10, 25),font,
                1, (255, 255, 255), 1, cv.LINE_AA)
        cv.putText(img1, night2_files[i], (10, 55), font,
                1, (255, 255, 255), 1, cv.LINE_AA)

                                                標示檔案名稱


        blended = cv.addWeighted(img1, 1, diff_imgs1_2, 1, 0)
        cv.imshow('Surveyed', blended)  ← 顯示影像         重疊兩張影像，
        cv.waitKey(2500)  ← 視窗停滯 2.5 秒               將瞬變的星體和
        cv.destroyAllWindows()  ← 關閉視窗                位置標示出來

        out_filename = '{}_DECTECTED.png'.format(
            night1_files[i][:-4])    ❷ 設定檔名
        cv.imwrite(str(path3/out_filename), blended)  ← 會覆寫既有檔案！

    else:
        print('\nNo transient detected between {} and {}\n'.
                format(night1_files[i], night2_files[i]))

                                                印出沒找到訊息
if __name__ == '__main__':
    main()
```

一開始先用條件式判斷是否有找到瞬變，若為 True 就在 shell 印出訊息，以範例所用的影像而言，會得到如下的結果（編註：第 1~4 組有找到瞬變，第 5 組則沒有）：

```
TRANSIENT DETECTED between 1_bright_transient_left_registered.png and 1_
bright_transient_right.png

TRANSIENT DETECTED between 2_dim_transient_left_registered.png and 2_dim_
transient_right.png

TRANSIENT DETECTED between 3_diff_exposures_left_registered.png and 3_
diff_exposures_right.png

TRANSIENT DETECTED between 4_single_transient_left_registered.png and 4_
single_transient_right.png

No transient detected between 5_no_transient_left_registered.png and 5_
no_transient_right.png
```

沒有找到時也印出訊息，可讓使用者知道程式有完整跑完。

接著在找到瞬變時，於 img1 上顯示 2 張影像的名稱，首先設定一個 OpenCV 的字型變數 ❶，想知道所有可用的字型名稱，可在 https://docs.opencv.org/4.5.5/ 上搜尋 "HersheyFonts"。

接著呼叫 OpenCV 的 putText() 方法，引數包括第 1 個影像、影像的檔名、位置、字型變數、大小、顏色 (白色)，字型粗細和線條樣式，LINE_AA 屬性表示使用平滑字型 (Anti-Aliased)。對第 2 個影像也做相同的處理。

找到瞬變後應該會想確認一下星體和其位置，因此要將差異影像和原始的影像重疊顯示，可利用 OpenCV 的 addWeighted() 方法將兩個影像陣列相加（編註：差異影像陣列中多數是 0，只有瞬變和標示圈選的地方有數值)，此方法是用來計算 2 個陣列的加權總和，所以傳入的引數除了兩個影像陣列外，還要指定相加的權重和相加的初始值 (純量)，此處只是要單純相加，所以傳入原始影像和差異影像外，將權重都設為 1、初始值設為 0，相加後傳回的陣列指定給變數 blended，然後將它顯示於名為 "Surveyed" 的視窗中。如圖 5-13 就是顯示 "bright" 瞬變的情形。

編註：此處是將之前比對兩張照片的差異影像 diff_imgs1_2，跟原始的 img1 影像重疊，就可以清楚顯示出瞬變的位置和星體了。

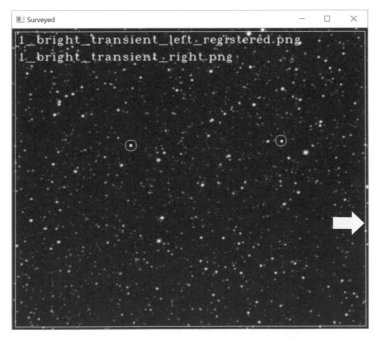

圖 5-13: transient_detector.py 的輸出視窗範例，
白色箭頭所指的是程式不會尋找瞬變的矩形邊界範圍。

圖中白色箭頭所指的白色矩形，其與影像邊緣的距離就是 PAD 常數的距離，在框線外的瞬變都會被程式忽略。

最後將這個 blended 影像以原輸入檔名後面加上 "DETECTED" 字眼予以存檔 ❷，例如圖 5-13 的影像就會存成 1_bright_transient_left_registered_DECTECTED.png，檔案會寫到 path3 所指的 night_1_2_transients 資料夾中。

若沒有找到瞬變，也會在 shell 視窗中顯示相關訊息。程式最後面，就是在獨立執行時呼叫 main() 函式的程式碼。

5.2.6 小結

想像一下，如果 Clyde Tombaugh 手邊有我們的程式，他會有多高興，只要執行一下程式，就能立即得到結果。即使像第 3 對影像，亮度有改變的情況，我們的程式也能順利處理，完全沒有在使用閃爍比較儀時發生的問題。

5.3 本章總結與延伸練習

本章用數位的方式，重現了早期閃爍比較儀的功能，接著再用現代的電腦視覺技術，進一步提升其功能。其中用到了 pathlib 模組簡化處理資料夾路徑的工作；還有用了 OpenCV 來尋找、描述和比對影像中的特徵、用平面投影轉換進行影像對齊、標示和重疊影像，以及將影像存檔。

▋練習專案：畫出軌道路徑

請修改 transient_detector.py 程式，在 2 個輸入影像都有瞬變時，用 OpenCV 畫一條連接 2 個瞬變的線。如此可呈現瞬變的軌道路徑。

這類資訊也是當初發現冥王星的重要關鍵，Clyde Tombaugh 利用在 2 張影像中冥王星運行的距離、2 次曝光的間隔時間，確認其所發現的行星位置接近 Lowell 所預測的路徑，而非只是 1 個靠近地球的小行星。

此練習專案參考解答為 practice_orbital_path.py。

▌練習專案：大家來找碴

在本章用到的特徵比對功能，其實在天文領域外也有廣泛的應用，例如海洋生物學家們用類似的技術，藉由比對鯨鯊身上的斑點來識別個體，此舉改進科學家們對鯨鯊族群數量的估算。

在圖 5-14 中，左右兩張影像的內容有點不同，你看得出來嗎？請試撰寫一個 Python 程式對齊和比對這 2 張影像，並用圓圈標出改變的位置。

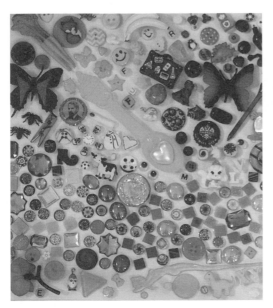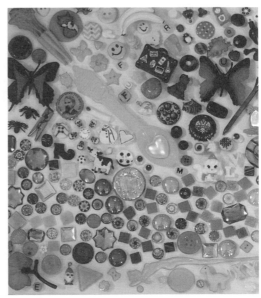

圖 5-14: 找出這 2 張影像的不同處

這 2 個影像檔可在 montages 子資料夾找到，其為彩色影像，需先轉成灰階並對齊後再進行物體偵測。參考解答為 practice_montage_aligner.py 和 practice_montage_difference_finder.py。

▌挑戰題：計算星體數量

根據 Sky and Telescope 雜誌的資料，南、北半球共有 9096 顆星星是肉眼可見的 (https://www.skyandtelescope.com/astronomy-resources/how-many-stars-night-sky-09172014/)，這個數量已經不少，不過如果用天文望遠鏡觀察，可看到的星星數量更是呈指數性成長。

天文學家在估算如此大量的星星時，是只用電腦計算一小片星空中的星體數量，再利用外推法推估大面積星空的星體數量。假設你是天文台調查小組的助理，任務是寫一個 Python 程式來計算在本章專案用到的影像 5_no_transient_left.png 中的星體數量。

提示一下，你可上網搜尋一下關鍵詞 "how to count dots in an image with Python and OpenCV" (如何用 Python 和 OpenCV 計算影像中的點數)，可找到參考資料。使用 Python 和 SciPy 的解答可參見 https://prancer.physics.louisville.edu/astrowiki/index.php/Image_processing_with_Python_and_SciPy。此外，你可能會發現若將影像分成幾個小部份來處理，估算結果會改善。

06

用阿波羅 8 號贏得
太空競賽

1968 年夏天，美國看起來已經要在太空競賽中敗北。蘇聯的探測 (Zond) 太空船似乎已經準備好登月了，中央情報局拍到了一枚巨大的蘇聯 N-1 火箭座落在發射台上，而此時美國問題重重的阿波羅計劃還需要再進行三次試飛。但 8 月的時候，美國太空總署 (NASA) 經理 George Low 突然有個大膽的想法：『我們現在就去月球吧。』不需再於地球軌道上做測試，而是在 12 月直接繞行月球，把它當做測試。從那一刻起，太空競賽可說是結束了。之後不到一年的時間，蘇聯就舉白旗了，而阿姆斯壯則在月球上跨出了人類的一大步。

　　讓阿波羅 8 號太空船到月球是個非常重大的決定，在 1967 年時，3 名太空人於阿波羅 1 號事故喪生，多次無人的任務則是爆炸或失敗告終。在這樣的氛圍以及若失敗可能要付出極大代價的情況下，**自由返航 (free return)** 將是太空人的最後防線。若任務執行過程，真的發生意外導致服務艙的引擎無法順利點火，太空船也會像迴力鏢一樣，繞月半圈自動返回地球 (如圖 6-1)，而這個構想也讓 NASA 得以推動後續的太空任務。

圖 6-1: 阿波羅 8 號任務徽章，圖中的 8 字型一方面表示自由返航的軌跡，也同時是任務編號。

本章將要開發一支 Python 程式，使用內建的畫圖模組 turtle 來模擬阿波羅 8 號自由返航的軌跡。同時我們也要挑戰物理學的經典難題：**三體運動問題** (three-body problem)。

6.1 認識阿波羅 8 號任務

阿波羅 8 號任務的目標是繞月航行，所以不需用到登月艙。此次任務太空人會乘坐指揮和服務艙 (command and service modules，簡稱 CSM)，見圖 6-2。

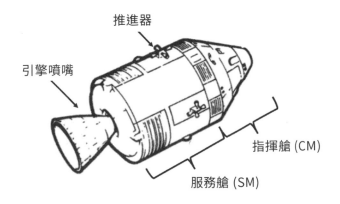

推進器

引擎噴嘴

指揮艙 (CM)

服務艙 (SM)

圖 6-2: 阿波羅指揮和服務艙

在 1968 年秋天，CSM 引擎仍只在地球軌道上做過測試，有些人擔心其是否可靠。要環繞月球，引擎要點火兩次，一次是讓太空船減速以進入月球軌道，另一次則是加速脫離軌道。若第 1 次點火失敗，太空人們藉由自由返航軌跡 (free return trajectory) 仍可返航。而當年任務實際執行非常順利，引擎 2 次點火都正常，阿波羅 8 號也順利地繞了月球 10 圈。這個設計直到好幾年後才派上用場，不幸的阿波羅 13 號，當年發生意外後就是是靠自由返航軌跡順利回到地球（編註：不過阿波羅 13 號的自由返航機制，和阿波羅 8 號並不相同）。

6.1.1 自由返航軌跡—
Free Return Trajectory

　　要畫出自由返航軌跡需要用到大量的數學運算，不過我們可在平面上用幾個簡化的參數來進行模擬 (如圖 6-3)。

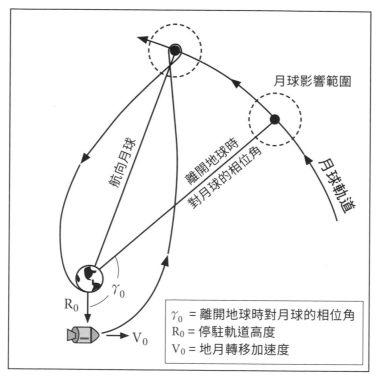

月球影響範圍

航向月球

離開地球時對月球的相位角

月球軌道

γ_0

R_0

V_0

γ_0 = 離開地球時對月球的相位角
R_0 = 停駐軌道高度
V_0 = 地月轉移加速度

圖 6-3: 自由返航軌跡 (未依實際比例)

　　自由返航軌跡 2D 平面模擬用到幾個關鍵值：CSM 起始位置 (R_0)、CSM 的速度與方向 (V_0)、CSM 與月球之間的**相位角 (phase angle)** (γ_0)，又稱前置角 (lead angle)，指的是 CSM 要從起始位置到最後位置，於軌道時間位置所需做的改變。**地月轉移加速度 (translunar injection velocity)** (V_0) 是 CSM 進入航向月球軌跡時所需的推進動力,以阿波羅 8 號的地月轉移為例,要實現這點會需要幾個動作,首先到達環繞在地球上的**停駐軌道 (parking orbit)**,並在上面進行太空船內部檢查,接著等待其與月球的相位角達到最佳角度。最後,土星 5 號火箭完成點燃並脫落,讓 CSM 一路航向月球。

 編註:阿波羅 8 號進行地月轉移 (translunar injection) 是人類首次離開地球軌道航向另一個星體,若想進一步了解轉移過程,請參見短片 https://www.pbs.org/video/how-nasas-apollo-8-left-earths-orbit-asi5z6/。

　　因為月球不斷在移動,所以進行地月轉移時,必須先算好兩者會合的位置,就好像在遊樂場玩打靶遊戲時,要算好時間差才能打中靶 (飛盤)。如此就必須要先知道在地月轉移時的相位角 (γ_0)。但飛向月球和玩射擊遊戲有點不同,因為空間是彎曲的,而且太空船同時受地球和月球的重力影響。這兩個星體對太空船拉扯所造成的撓動是難以計算,困難到它成為物理學中的一個專有領域:三體問題 (the three-body problem)。

6.1.2 三體問題

　　三體問題要做的就是預測 3 個交互作用物體的行為,牛頓萬有引力公式可用來預測 2 個繞行物體的行為,像是地球和月球,但要是再加入一個物體,像是太空船、彗星等等,事情就變得複雜了。牛頓未能將 3 個或更多物體放進一個簡單的公式中,這個問題懸而未決長達 275 年,曾有國王提供重金懸賞,然而全世界的偉大數學家都未能解決。

　　事實上,三體問題無法用簡單的代數算式或積分求解,因為要計算多個重力場的影響,所需的數值計算非常複雜,不是人工計算可以應付,因此到了電腦世代才有所進展。

在 1961 年，一名 NASA 噴射推進實驗室 (Jet Propulsion Labora-tory) 的暑期實習生 Michael Minovitch 使用了當時最快速的電腦 IBM 7090 大型主機，算出了第 1 個數值解。他發現數學家可以利用**錐線補綴法 (patched conic method)** 減少解地球-月球-CSM 這類受限於三體問題所需的計算量。

錐線補綴法是將整個軌跡分段，利用簡單的二體問題來求得各段的近似解，例如在地球的重力圈範圍內計算地球和 CSM 的互動，而在月球的重力圈則計算月球對 CSM 的影響。一開始只需用手算，先得到出發與抵達狀況的合理估計值，減少初始速度與位置向量的選擇，剩下的就是用重複的電腦模擬來微調修正飛行路徑。

 編註：所謂將軌跡分段，更簡單的說就是兩兩一組，就可套用二體問題的公式，算出重力加速度後再相加，稍後看程式碼會更容易理解。

由於研究人員已找到並公開阿波羅 8 號任務的錐線補綴法細節，所以後續程式已經直接參考研究人員的數據來設定參數，寫好程式就可以直接模擬出漂亮的自由返航軌跡。不過讀者之後可以自行嘗試修改參數，像是調整 R_0 和 V_0 等參數然後重新執行模擬，有助於理解相關技術細節。

6.2 使用 turtle 模組

我們要用圖形來動態模擬阿波羅 8 號的航行，雖然有不少第三方模組可選用，但在此我們就用已預設安裝的 turtle 模組。turtle 模組原本是設計來幫助初學者學習程式設計，但它也可做複雜的應用。

turtle 模組如其名稱，它讓我們能用 Python 程式控制名為 turtle 的小影像在螢幕上移動，這個影像可以是如圖 6-4 中的內建圖形，也能是被隱藏的，或是使用實際的影像 (需為 .gif 檔) 或自定的圖案 (之後會在 6.3.8 小節進行說明)。除了內建的以外，不論哪類影像都需要先加入圖形列表 (shapelist)，之後需使用再進行呼叫。

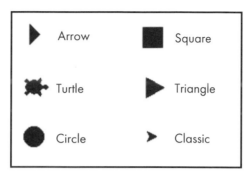

圖 6-4: 在 turtle 模組中內建的標準 turtle 圖案

在 turtle 移動時，可選擇是否在它後面畫線表現其移動軌跡 (如圖 6-5)。

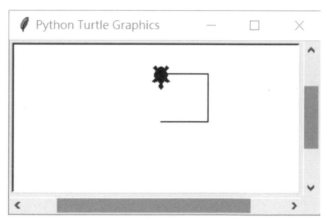

圖 6-5: 在 Turtle Graphics 視窗中移動 turtle

 編註：此章的 turtle 套件在一些編輯器直接執行會出錯，像是 Jupyter、VS Code。因此建議直接把程式儲存為 .py 檔，檔名請勿用 turtle.py，這樣會影響 turtle 套件，最後再使用 PowerShell 或終端機執行。

圖中的內容是用如下的程式畫出的：

```
import turtle          ←── 匯入模組
steve = turtle.Turtle('turtle')  ←── 建立一個使用烏龜圖案的 turtle 物件
steve.fd(50)          ←── 前進 50 個像素
steve.left(90)        ←── 左轉 90 度
steve.fd(50)          ←── 前進 50 個像素
steve.left(90)        ←── 左轉 90 度
steve.fd(50)          ←── 前進 50 個像素
steve.left(90)        ←── 左轉 90 度
```

編註：若你覺得視窗太快關閉，可在程式結尾加上以下程式。

```
turtle.done()   ←── 保留視窗畫面直到手動關閉
```

或

```
turtle.exitonclick()   ←── 保留視窗畫面直到點擊關閉
```

當然也可用 Python 的語法予以簡化，例如使用 for 迴圈：

```
steve = turtle.Turtle('turtle')  ←── 建立一個使用烏龜圖案的 turtle 物件
for i in range(3):
    steve.fd(50)          ←── 前進 50 個像素
    steve.left(90)        ←── 左轉 90度
```

此段程式就是讓 steve 前進 50 個像素就左轉 90 度，然後以迴圈重複 3 次。

模組也提供了其它方法，讓我們可改變 turtle 的形狀、顏色、圖章 (即為當前位置)、設定方向、取得目前位置等等，圖 6-6 就是這些功能的例子，請參考以下程式的說明。

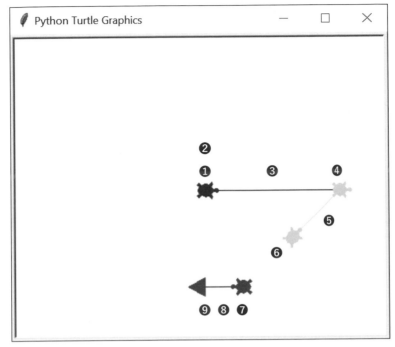

圖 6-6: turtle 各種行為的範例，數字對照程式中的註記

```
import turtle  ←── 匯入模組
steve = turtle.Turtle('turtle')  ←── 建立一個使用烏龜圖案的 turtle 物件
a_stamp = steve.stamp()  ❶ 印出烏龜圖案
steve.position()  ❷ 取得目前 (x, y) 座標
steve.fd(150)  ❸ 前進 150 個像素
steve.color('gray')  ❹ 顏色換成灰色
a_stamp = steve.stamp()  ←── 印出烏龜圖案
steve.left(45)  ←── 左轉 45 度
steve.bk(75)  ❺ 後退 75 個像素
a_stamp = steve.stamp()  ←── 印出烏龜圖案
steve.penup()  ❻ 不要畫出移動軌跡
steve.bk(75)  ←── 後退 75 個像素
steve.color('black')  ←── 顏色換成黑色
steve.setheading(180)  ❼ 設定前進方向朝西
a_stamp = steve.stamp()  ←── 印出烏龜圖案
steve.pendown()  ❽ 畫出移動軌跡
steve.fd(50)  ←── 前進 50 個像素
steve.shape('triangle')  ❾ 圖案改成三角形
```

匯入 turtle 模組並建立名為 steve 的 turtle 物件後，先用 stamp() 方法印出一個代表 steve 的圖案 ❶。接著用 position() 方法 ❷ 取得其目前的 (x, y) 座標。

接著將 steve 向前移 150 個畫素 ❸，並將顏色改成灰色 ❹。然後再印出圖案並逆時針旋轉 45 度，用 bk() 方法後退 (backward) 75 個像素 ❺。

再印出圖案並用 penup() 方法設定不要畫出移動軌跡 ❻。然後再後退 75 個像素並改為黑色，用另一個方法 setheading() 來設定 turtle 的前進方向 ❼。請注意，此處的角度採預設的標準方向，如表 6-1 所示。

表 6-1: turtle 模組在標準模式下的角度與方向對照

角度	方向
0	東
90	北
180	西
270	南

再印出一次圖案，然後 pendown() 表示要再次畫出移動軌跡 ❽，最後再前進 50 個像素，並將圖案改成三角形 ❾。

雖然此處只做了簡單的使用示範，但其實只要能掌握其用法，也可以畫出複雜的設計，例如圖 6-7 中的潘洛斯拼鋪 (Penrose tiling)。

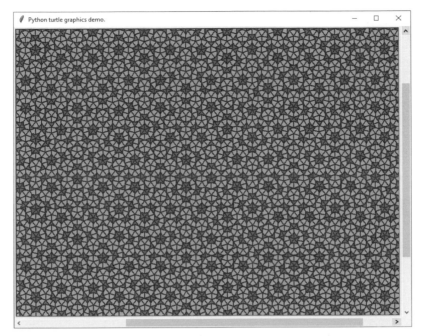

圖 6-7: 用 turtle 模組內建範例 penrose.py 所畫出的潘洛斯拼鋪 (Penrose tiling)。

　　請打開 PowerShell 或是終端機視窗，輸入以下程式，可得到圖 6-7 的結果。

```
python -m turtledemo.penrose
```

　　turtle 模組是 Python 標準函式庫的一部分，你可參考官方文件的說明 https://docs.python.org/zh-tw/3/library/turtle.html?highlight=turtle#-module-turtle/。或者上網搜尋 "Al Sweigart's Simple Turtle Tutorial for Python" 這份快速上手指南 (英文)。

6.3 專案：阿波羅 8 號自由返航軌跡

當年 NASA 要模擬阿波羅 8 號的自由返航軌跡，鐵定是動用當時最高效能的電腦來運算，如今我們只要使用開源軟體，不需要任何費用，就可以短時間完成這個專案。

▋ 專案目標

撰寫 Python 程式以繪圖的方式模擬阿波羅 8 號任務自由返航軌跡。

▋ 程式邏輯說明

雖然已經決定使用 turtle 來繪製模擬，但要從何開始呢？為方便起見，建議以圖 6-3 為基礎來進行。讓 CSM 一開始就在地球上空的停駐軌道位置 (R_0) 而月球也在相對的相位角 (γ_0)。我們可用影像來表示地球和月球，並可用自訂的形狀來表示 CSM。

在程式規劃方面，由於三體運動中的地球、月球和 CSM，在程式中的行為相似且有交互作用，因此我們將三者設計成同一個類別，並隨著模擬的進行，持續更新物件屬性。

在真實太空中，地球、月球、CSM 之間的重力無時無刻在變化，不過我們執行模擬，則可採用 time step 的方式，也就是一小段單位時間才重新計算每個星體 (物件) 的位置並更新到畫面上。程式設計上是將一個 time step 設計成一個迴圈，而每一輪要重新計算讓人頭痛的三體問題，即使可以拆解成二體問題，還是滿麻煩的。還好已經有人解過了，更棒的是，他們也是用 turtle 做的，也就是 turtle 模組中的 turtle-example-suite 範例集中的 planet_and_moon.py。

小編補充：Planet and Moon 範例說明

　　Python 模組中經常會提供範例程式說明如何使用該模組，例如在 matplotlib 就提供範例和教學，說如何繪製各式各樣的圖表。同樣的，在 turtle 模組中有個包含應用範例的 turtle-example-suite 範例集。其中一個範例 planet_and_moon.py 提供了以 turtle 處理三體問題基本做法 (如圖 6-8)。

　　要看這個範例執行的情形，請打開 PowerShell 或終端機視窗，輸入以下程式：

```
python -m turtledemo
```

　　執行完成後會打開一個名為 Python turtle-graphics examples 的視窗，請點選右上角的 Examples，在選單中找到 planet_and_moon 點選下去，再按下 Start 執行，會如圖 6-8 所示。

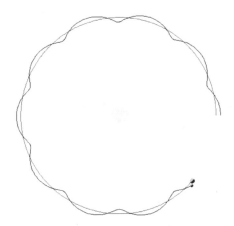

圖 6-8: turtle 範例程式 planet_and_moon.py 的畫面

這個範例程式處理的是『太陽-地球-月球』的三體問題,只要做一些修改,就可改成處理『地球-月球-CSM』的問題。因為要模擬的是阿波羅 8 號的情境,所以會以圖 6-3 所示的內容為基礎來開發程式。

▎使用檔案

範例程式 apollo_8_free_return.py 會用 turtle 圖形來建立阿波羅 8 號 CSM 離開地球軌道、繞月、返航過程的俯視模擬。核心的部份會以前面提到的 planet_and_moon.py 範例程式為基礎。

程式會用到地球影像 (earth_100x100.gif) 和月球影像 (moon_27x27.gif) (見圖 6-9)。請確定它們和範例程式放在同一資料夾,且不要更動檔名。

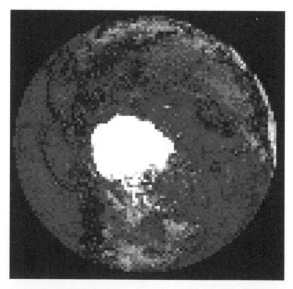

圖 6-9: 程式中用到的 earth_100x100.gif 和 moon_27x27.gif 影像

6.3.1 匯入 turtle 和指定常數

程式 6-1 的片段匯入了 turtle 模組，並指定了幾個重要的常數：萬有引力常數、執行主迴圈的次數、R_0 和 V_0 (見圖 6-3) 的 x 和 y 值。將這些參數放在程式開頭，往後要修改會比較方便。

▶ 程式 6-1: apollo_8_free_return.py 第 1 段，匯入 turtle 和指定常數

```
from turtle import Shape, Screen, Turtle, Vec2D as Vec   ◀── 匯入 4 個輔助類別

# 指定常數:
G = 8              ◀── 設定萬有引力常數
NUM_LOOPS = 4100   ◀── 執行迴圈的次數也就是 time step 模擬更新次數
Ro_X = 0           ◀── CSM 的 x 座標
Ro_Y = -85         ◀── CSM 的 y 座標
Vo_X = 485         ◀── 地月轉移加速度對 x 軸的影響
Vo_Y = 0           ◀── 地月轉移加速度對 y 軸的影響
```

在此匯入了 4 個 turtle 的輔助類別，Shape 類別用於將 turtle 的圖案自訂成像 CSM 的外觀；Screen 類別用來建立畫面，在 turtle 中稱之為繪圖板 (drawing board)；Turtle 類別用來建立 turtle 物件；而 Vec2D 則是 2 維向量類別，方便我們將加速度定義成有方向性的量 (可以表示往哪個方向移動)。

接著是設定一些往後可能想要調整的參數，首先是牛頓萬有引力公式中的萬有引力常數，在此設為 8，這是在 turtle 範例中所用的值。請把它想成是個比例值，因為這個模擬其他物理量並未使用真實的單位，所以不能使用真正的萬有引力常數值。

這個模擬是在一個迴圈中進行，每一輪代表一個時間進程 (time step)，每一輪迴圈會重新計算 CSM 在地球和月球重力場中移動的位置，此處指定迴圈要執行 4100 次，是經過多次測試、調整所得的值，讓程式剛好在太空船回到地球時停止模擬（編註：數字低於 4100 則無法模擬到太空船回到地球；數字太大則太空船早已降落，只會看到月球繼續移動）。

在 1968 年時，到月球來回一趟得花費 6 天，而程式中每輪迴圈會將時間單位加 0.001，總共跑 4,100 次，也就是說 6天 × 1天有 86400 秒 ÷ 4,100 次＝126.44 秒，每一輪迴圈加 0.001 約代表太空船實際在太空航行 126 秒 (約 2 分鐘)。若將每一次的 time step 拉長 (像每輪迴圈加 0.03，為實際時間的 1 小時)，則模擬會跑得比較快，但結果也會變得較不準確，因為每一次計算所產生的微小誤差變大並一直累積。在實際的飛行路徑模擬，要讓時間進程最佳化，可先用比較小的 time step 時間做出較準確的模擬，然後再慢慢拉大 time step 來找出可得到最接近結果的最大時間。

接下來的 Ro_X 和 Ro_Y 是 CSM 在進入地月轉移 (見圖 6-3) 的 (x, y) 座標，而 Vo_X 和 Vo_Y 則是進入地月轉移加速度的 x 軸和 y 軸分量，這是土星 5 號火箭點火噴射後產生的速度。這些值也是經過多次模擬、微調後才得到的結果。

編註：因為地球和月球的質量、移動路徑都是固定的，因此自由返航模擬的關鍵就是，配合月球的位置，來調整火箭點火的加速度、和太空船移動的相位角。再次提醒，由於 NASA 已經公開相關的模擬結果，因此這裡作者是直接引用，讀者並不用真的自行嘗試各種加速度或相位角的調整。

6.3.2 (GraySys 類別) 建立重力系統

因為『地球-月球-CSM』構成了一個持續相互影響的重力系統，所以我們要用一個較方便的作法來表示它們之間的重力。我們要用到 2 個類別，一個是建立整個重力系統，另一個則是建立系統中的物體 (物件)。程式 6-2 定義了一個用以建立迷你太陽系的 GravSys 類別，此類別用 list 來儲存系統中所有運動物體 (物件)，並在每一次的時間進程中用迴圈逐一更新其狀態，這個類別是參考 turtle 模組中的 planet_and_moon.py 範例設計的。

▶ 程式 6-2: apollo_8_free_return.py 第 2 段，定義類別用以管理重力系統中各物體

```
class GravSys():
    """對 n 個物體進行重力模擬"""
    def __init__(self):
        """初始化類別方法"""
        self.bodies = []    ◀── 先建立空 list，之後每次建立物體都會加入
                                此 list 中，形成重力系統的一部分

        self.t = 0    ◀── 設定起始時間
        self.dt = 0.001    ◀── 每輪迴圈經過的時間

    def sim_loop(self):    ❶ 控制模擬的時間進程
        """在每個時間進程中用迴圈處理 bodies list 中各物體"""
        for _ in range(NUM_LOOPS):
            self.t += self.dt    ◀── 增加每輪迴圈經過的時間
        for body in self.bodies:
            body.step()    ◀── 更新物體狀態
```

GravSys 類別定義了模擬要執行多久、每個時間進程 (一輪迴圈) 要經歷多少時間單位，以及要處理的物體有哪些。它也會呼叫在後面的程式 6-3 中定義的 Body 類別的 step() 方法。此方法會依重力加速度來更新物體的位置。

定義類別初始化方法時，依慣例傳遞 self 為參數，self 代表稍後在 main() 函式中建立的 GravSys 物件。

一開始先建立一個名為 bodies 的空 list，用以存放地球、月球、CSM 物件。接著設定有關模擬時間的屬性，開始的時間設為 0，而每輪迴圈經過的時間 dt (delta t) 設為 0.001。如前所述，這個值約為實際時間的 2 分鐘，並可得到順暢、準確、快速的模擬過程。

最後一個方法控制模擬的時間進程 ❶。它採用 for 迴圈並將執行次數設為 NUM_LOOPS。使用底線字元 (_) 而非 i 當迴圈變數，是因為此處不需用到該變數。

在每一輪迴圈中，會將重力系統的時間變數 t 增加 dt 的量。接著以迴圈對 bodies list 中的每個物體呼叫 step() 方法來更新其狀態，此方法會在稍後的 Body 類別中定義。這個方法會依據重力對物體的影響，更新物體的位置與速度。

6.3.3 (Body 類別) 定義運動物體類別

程式 6-3 定義了用來建立地球、月球、CSM 物件的 Body 類別。雖然大家都知道行星和小小的太空船差別很大，但就萬有引力理論看來並沒有太大的不同，所以可以用同一個模型來建構它們的物件。

▶ 程式 6-3: apollo_8_free_return.py 第 3 段，定義用來建立地球、月球、CSM 物件的類別

```
class Body(Turtle):
    """環繞及投射重力場的運動物體"""
    def __init__(self, mass, start_loc, vel, gravsys, shape):
        super().__init__(shape = shape)  ◀── 傳遞自訂的形狀或影像
        self.gravsys = gravsys  ◀── 放入重力系統
```

```
    self.penup()       ◀── 不畫出移動軌跡
    self.mass = mass   ◀── 設定物體質量
    self.setpos(start_loc)   ◀── 設定物體的起始位置
    self.vel = vel   ◀── 設定起始速度
    gravsys.bodies.append(self)   ◀── 把物體放進重力系統的 bodies list 中
    #self.resizemode("user")   ◀── 改變模擬視窗的大小
    #self.pendown()   ◀── 取消註解會畫出移動軌跡
```

定義新類別時指定了以 Turtle 類別為父類別，也就是說 Body 類別會繼承 Turtle 所有的類別方法和屬性。

接著定義物件的初始化方法，在建立 Body 物件時就會用到。初始化方法的參數包括物體本身 (self)、物體質量 (mass)、起始位置 (start_loc)、起始速度 (vel)、重力系統物件 (gravsys) 以及代表物體的圖案 (shape)。

super() 是用來可呼叫父類別中的方法，如此可讓 Body 物件使用在 Turtle 類別中已預先建好的屬性，在此將 shape 屬性傳遞給父類別的初始化方法，這樣在 main() 函式中建立 Body 物件時，就能傳遞自訂的形狀或影像。

接下來指定 gravsys 物件包含它所擁有的屬性和方法到新屬性 gravsys 上，以方便重力系統與 Body 物件互動。這個 gravsys 物件我們之後會在 main() 函式用 GravSys() 類別進行建立。請注意，物件的屬性最好就是在 __init__() 方法中定義，因為此方法是物件建立時第 1 個被呼叫的方法。這樣一來剛設定好的屬性，就能立即讓類別的其它方法取用，而開發人員閱讀程式時，也能一目瞭然此類別的所有屬性。

下一行程式為呼叫 Turtle 的 penup()，讓物體移動時，不會畫出其移動軌跡，但你也可以選擇要畫出軌道路徑（編註：改成 pendown()）。

接著初始化物件的 mass 屬性，即為物體質量，稍後用於計算重力。下一步是呼叫 Turtle 類別的 setpos() 方法設定物體的起始位置，格式為 (x, y) 座標的 tuple。原點 (0, 0) 是在螢幕的中心，x 座標值向右為正，y 座標值向上為正。

然後設定速度 (velocity) 屬性 vel，這會是各物體的起始速度。之後 CSM 會因為地球和月球重力改變，繼而改變自身速度。

物件初始化完成後，就用『.』語法將它附加到 gravsys 內名為 bodies 的空 list。

最後 2 行標示為註解的程式碼，是用來改變模擬視窗的大小，以及設定在物體移動時畫出其軌跡。一開始使用全螢幕並不畫出軌跡，會讓模擬執行得比較快。

6.3.4 (acc 函式) 計算重力產生的加速度

阿波羅 8 號模擬會從進入地月轉移 (translunar injection) 後開始。此時土星 5 號火箭已點燃過並脫離，CSM 正朝著月球前進。因為沒有施加其他外力，接下來就完全依靠重力來改變其速度和方向。

程式 6-4 中的方法會依次為 bodies list 中的物體計算其受到重力影響所產生的加速度，並以向量傳回。

▶ 程式 6-4: apollo_8_free_return.py 第 4 段，計算因重力產生的加速度

```
def acc(self):
    """計算物體所受的合力，並傳回加速度向量"""
    a = Vec(0, 0)  ◀——— 建立加速度局部變數
    for body in self.gravsys.bodies:
        if body != self:  ◀——— 檢查目前迴圈物件是否為 self
            r = body.pos() - self.pos()  ◀——— 兩者的距離
            a += (G * body.mass / abs(r)**3) * r  ◀——— 計算受重力影響
    return a                                          的加速度
```

　　此段程式仍在 Body 類別中，請在實際操作時注意縮排。定義加速度方法 acc()，參數為 self。在方法中先建立加速度局部變數 a，並將其值設為以 Vec2D 輔助類別定義的 tuple。2D 向量的值是一對實數 (a, b)，分別代表 x 和 y 方向的分量。Vec2D 輔助類別讓我們能以如下的方式，快速進行向量運算：

● (a, b) + (c, d) = (a + c, b + d)

● (a, b) - (c, d) = (a - c, b - d)

● (a, b) × (c, d) = ac + bd

　　設定好局部變數後，我們用迴圈將上個方法 __init__() 的 gravsys.bodies list 中的地球、月球和 CSM 物件一一取出。因為取出的 body 物件無法加速自己，所以一開始先用 if 檢查目前迴圈 body 物件是否為 self，不是才會進行計算。

　　計算重力加速度需使用如下公式：

$$g = \frac{GM}{r^2}\hat{r}$$
$$= \frac{GM}{r^2}\frac{r}{|r|}$$
$$= \frac{GM}{|r|^3}r$$

G 是程式開頭定義的萬有引力常數，M 是另一個物體的質量 (提供吸引力的物體)，r (radius) 是兩者的距離，$\hat{r}$ 則是從吸引物體質心到被吸引物體質心的單位向量。單位向量 $\hat{r}$，又稱方向向量 (direction vector) 或正規化向量 (normalized vector)，可表示為 $\dfrac{r}{|r|}$，或是：

$$\frac{(吸引者的位置 - 被吸引者的位置)}{|(吸引者的位置 - 被吸引者的位置)|}$$

由單位向量的正負，很明顯就能看出加速度的方向。要計算單位向量，先用 turtle 的 pos() 方法取得各物體目前位置的 Vec2D 向量，先前提到過，這是個 (x, y) 座標的 tuple。

然後將之代入加速度方程式進行計算。在這個處理不同物體的迴圈中，必須將各物體重力所產生的加速度加在一起，例如地球的重力雖然是要把 CSM 吸回來，但月球的重力產生反方向的拉力，所以可能結果是加速遠離地球。在迴圈處理完成後，變數 a 的值就是受重力影響的加速度值，也是最終結果，方法最後傳回 a 的值。

6.3.5 (step 函式) 模擬中的時間進程

程式 6-5，依然是在 Body 類別中。step() 為解決三體問題的方法，它會在每一次時間進程中更新重力系統中各物體的位置、方向和速度。時間進程愈短，計算出的結果愈準確，但也要付出降低計算效率的代價。

▶ 程式 6-5：apollo_8_free_return.py 第 5 段，套用時間進程和旋轉 CSM

```
def step(self):
    """計算物體的位置、方向和速度"""
    dt = self.gravsys.dt      ◀── 設定每輪迴圈經過的時間
    a = self.acc()      ◀── 計算受重力影響的加速度值
    self.vel = self.vel + dt * a      ◀── 這個時間進程下更新的物體速度
    self.setpos(self.pos() + dt * self.vel)      ◀── 這個時間進程下物體
                                                      位置的移動

    if self.gravsys.bodies.index(self) == 2:      ❶ 找出 CSM 物件，其索引
                                                      值為 2

        rotate_factor = 0.0006      ◀── 設定轉向數值
        self.setheading((self.heading() - rotate_factor * self.xcor()))
                                                              設定 CSM 的方向

        if self.xcor() < -20:      ❷ 確認 x 座標
            self.shape('arrow')      ◀── 改變圖案，使 CSM 只剩指揮艙
            self.shapesize(0.5)      ◀── 縮小圖案
            self.setheading(105)      ◀── 調整指揮艙方向
```

在此定義的 step() 方法負責計算物體的位置、方向和速度，參數仍為 self。

一開始先建立一個局部變數 dt，並設為 gravsys 物件中同名屬性 dt 的值 (在之後 main() 函式用 GravSys() 類別建立此物件後，此值為 0.001)，它只是我們用來遞增時間的浮點數值，dt 變數的值愈大，模擬就會執行地更快。

接著呼叫 self.acc() 方法計算目前物體 (物件) 受另外兩者的重力場影響後的加速度值，self.acc() 會傳回代表方向的 (x, y) 座標 tuple。將它乘上 dt 後加到同樣是向量的 self.vel()，結果就是這個時間進程下更新的物體速度。再次提醒，Vec2D 類別會負責處理向量的計算。

要更新 turtle 視窗中物體的位置，將物體的速度乘上 dt，然後加回物體的 pos 屬性。如此一來，各物體就會各自依其所受重力影響而移動，我們也算是解決了三體問題了！

緊接著加入幾行程式來調整 CSM 的行為。由於 CSM 本身的推力來自於其後側，所以在實際的任務中，CSM 是尾端朝著月球前進的，這樣一來，它就能減速進入月球軌道，或是在返程時減速進入大氣層。雖然僅是模擬自由返航軌跡不一定需要讓太空船改變角度，不過既然阿波羅 8 號打算點燃引擎以進入月球軌道，我們不妨還是照計畫調整一下太空船角度。

先從 bodies list 中找出 CSM 物件 ❶，因為在 main() 函式中會依物體由大而小的順序建立，所以 CSM 會是 list 中的最後一個，其索引為 2。

要讓 CSM 轉向，此處設定一個數值給局部變數 rotate_factor，這個值也是經多次嘗試後才得到的。接著以 CSM turtle 物件的 selfheading 屬性來設定其方向，此處呼叫 self.heading() 方法取得物件目前所朝方向的角度，然後用它減掉 rotate_factor 乘上以 self.xcor() 取得的 x 座標值，這會使得 CSM 在靠近月球時轉向快一點，讓它保持尾端朝向前進的方向。

在太空船回到地球大氣層前，要彈射、拋棄服務艙，為模擬此行為，程式先檢查太空船的 x 座標 ❷。在此模擬中，地球位於螢幕中間，座標為 (0, 0)，在 turtle 系統中，x 座標向左遞減，向右增加，所以若 CSM 的 x 座標小於 -20 像素，可推測其已返航，是時候向服務艙說再見了。

我們要改變 CSM 的圖案來模擬拋棄服務艙後的樣子，因為 turtle 內建標準圖案中有個箭頭 (arrow) 圖案有點像指揮艙，所以就呼叫 self.shape() 方法指定要用此圖案。然後呼叫 self.shapesize() 方法將其尺寸縮小一半，讓它看起來像是我們稍後畫的 CSM 自訂圖案中的指揮艙。當過了 x 座標 -20 的位置後，服務艙就會消失讓指揮艙完成返航任務。

最後要再次調整指揮艙方向至 105 度，使其隔熱盾面對地球。

6.3.6 (main() 函式) 設定畫面和初始化重力系統

建立好重力系統和運動物體的對應類別後，我們用 main() 函式來執行主要的程式邏輯。在函式中要設定 turtle 的畫面、初始化重力系統中的物件、自訂 CSM 的圖案、呼叫重力系統的 sim_loop() 開始進行模擬。

程式 6-6 的內容就是定義 main() 和設定畫面，並建立模擬迷你太陽系的重力系統。

▶ 程式 6-6: apollo_8_free_return.py 第 6 段，在 main() 中設定畫面和建立重力系統物件

```
def main():
    screen = Screen()        ← 建立繪圖視窗
    screen.setup(width=1.0, height=1.0)   ← 使用全螢幕
    screen.bgcolor('black')     ← 設定背景顏色
    screen.title("阿波羅 8 號自由返程軌跡模擬")    ← 指定標題文字

    gravsys = GravSys()     ← 建立重力系統物件
```

在 main() 函式開頭用 turtle.Screen 類別建立 screen 物件 (繪圖視窗)，然後呼叫物件的 setup() 方法設定寬、高為 1，也就是全螢幕。

若不想讓繪圖視窗填滿螢幕畫面，可改用如下的引數來呼叫 setup()：

```
screen.setup(width=800, height=900, startx=100, starty=0)
```

若 startx 為負值，表示視窗從螢幕右側起算；starty 負值表示視窗從螢幕底部起算，預設視窗會置中，你可自行嘗試不同引數，找出適合顯示器的設定。

接著設定背景顏色為黑色，並指定標題文字。接著用 GravSys 類別建立重力系統物件 gravsys，透過它即可存取 GravSys 類別中的屬性和方法，稍後建立各物體時也會使用到此物件。

6.3.7 (main() 函式) 建立地球與月球

程式 6-7 仍為 main() 函式的一部分，此處會用 Body 類別建立地球與月球的 turtle 物件，地球將會停駐在畫面中間，而月球則會繞著地球轉。

在建立這些物件時，也會設定其起始位置，地球會放在畫面中間再往下一點點的位置，以空出一些空間讓月球和 CSM 在視窗上方互動。

至於月球和 CSM 則依照圖 6-3 的配置，CSM 會在地球的正下方。這樣就只需要 x 方向的推力，而不用去計算包含 x 分量和 y 分量的向量。

▶ 程式 6-7: apollo_8_free_return.py 第 7 段，建立地球和月球的 turtle 物件

```
image_earth = 'earth_100x100.gif'      ← 設定地球影像
screen.register_shape(image_earth)     ← 在圖形列表放入地球影像
earth = Body(1000000, (0, -25), Vec(0, -2.5), gravsys, image_earth)
                                       ❶ 建立地球物件

earth.pencolor('white')    ← 設定地球軌跡顏色
earth.getscreen().tracer(n=0, delay=0)    ← 設定畫面更新

image_moon = 'moon_27x27.gif'    ← 設定月球影像
screen.register_shape(image_moon)    ← 在圖形列表放入月球影像
moon = Body(32000, (344, 42), Vec(-27, 147), gravsys, image_moon)
                                       ❷ 建立月球物件

moon.pencolor('gray')    ← 設定月球軌跡顏色
```

首先是設定地球影像的變數，影像檔存於本章範例資料夾中，注意此圖案需為 .gif 檔，且無法旋轉圖案以表示 turtle 的方向。為了讓 turtle 套件識別新圖形，使用 screen.register_shape() 方法將地球影像變數添加到 screen 物件的圖形列表 (shapelist) 中。

接著呼叫 Body 類別來建立地球物件 ❶，引數包括質量 (mass)、起始位置 (start_loc)、起始速度 (vel)，gravsys 物件 (gravsys) 以及 turtle 圖案 (shape)，即剛才設定的影像。以下簡單說明一下各引數。

首先是質量 (mass)，在此並非使用實際的單位，所以質量只是自行設定的值，筆者參考的是 turtle 模組範例 planet_and_moon.py 中用於太陽的質量。

起始位置 (start_loc) 是螢幕中間向下移 25 個像素，讓上半部的空間大一點點，因為模擬中大部份的動作會在畫面右上的區域。

起始速度 (vel) 則是以 (x, y) tuple 為引數用 Vec2D 輔助類別建立的，之後可利用向量計算來改變速度，請注意地球的速度並非設為 (0, 0) 而是 (0, -2.5)，這是因為不管是在現實或模擬中，月球的質量已大到足夠讓『地-月』的重力中心不在地球的中心，而是稍微偏向月球。而這將會使地球 turtle 在模擬的過程中不停地晃動，因月球是在畫面上半，所以讓地球向下移一點點可稍微抵消此晃動的情況（編註：會有這個問題是因為此處模擬的迷你太陽系並未納入所有星體，導致地球產生晃動）。

最後 2 個引數分別是之前建立的 gravsys 物件以及地球的影像。傳遞 gravsys 物件，可讓地球這個 turtle 物件被加到 bodies list，並在之後使用 GravSys 類別中 sim_loop() 方法進行處理。

順道一提，如果不想在建立物件時設定一長串引數，則可改成在建立物件後，再另外修改屬性。例如在定義 Body 類別時，先設定 self.mass＝0 而不使用引數，待物件建立好後，再用 earth.mass＝1000000 更改屬性值。

回到下行程式，因為地球會有些微的晃動，所以它的移動軌跡會形成一個小圓圈，我們可以將這個軌跡隱藏在北極圈 (為白色) 中，用 turtle 的 pencolor() 方法將軌跡設為白色。

最後是有關畫面更新的設定，此舉是為了避免各 turtle 出現閃爍的情形，getscreen() 方法會傳回用來畫圖的 TurtleScreen 物件，緊接著再用傳回的 screen 物件呼叫 tracer() 方法，此方法可用於切換 turtle 動畫開或關，並可設定重繪時的延遲。參數 n 用於指定畫面更新的次數，設為 0 表示每一輪迴圈更新一次，設定較大的值可減少更新的次數，這將有助於在繪製複雜的圖形時的速度快一點，但也會影響圖案的品質。第 2 個參數是設定每次更新的間隔時間，增加延遲會使動畫的速度變慢。

接著以相似的方式建立月球 turtle 物件 ❷，首先是指定月球影像的變數，同樣透過 Body 類別來建立月球物件，一樣要傳入前頁提到的 4 個引數。其中月球質量較小，所以設定了一個較小的值，筆者一開始測試時是用 16,000，但為了讓 CSM 飛越過月球的路徑比較好看，所以持續測試、調整，直到設為 32,000，得出相對滿意的成果。

月球的起始位置是由圖 6-3 中的相位角所控制，不過和圖片一樣，此處的模擬並未遵照實際比例，雖然地球和月球的影像大小符合實際比例，但其間的距離則比實際距離小很多，所以相位角也必須隨之調整。若真的想在模擬中維持實際的比例，那麼在螢幕上的地球和月球就會變得相當小 (圖 6-10)。

圖 6-10: 依實際比例顯示地球和月球在近地點 (perigee) 的情形

　　因此為了讓兩個物體容易辨識,所以改成如圖 6-11 的樣子,物體大小仍維持比例,但距離拉近。這樣的設定讓觀眾更能進行比較與聯想,而且仍能複製自由返航的軌跡。

　　由於月球與地球的距離拉近了,依據克卜勒第二定律,月球公轉的速度也會比現實中還快,因此月球的起始位置也調整到讓相位角比圖 6-3 中所示還小。

圖 6-11: 在模擬中的地月系統,只有相對大小維持比例

　　在這段程式最後,用 turtle 的 pencolor() 方法設定畫出月球軌道的軌跡為灰色。

雖然像質量、起始位置、起始速度等都很適合以全域常數來設定,但此處為避免讓程式一開頭就有一長串常數設定,所以選擇直接在方法中輸入這些數值。

6.3.8 (main() 函式) 建立 CSM 的自訂圖案

接著要建立 CSM turtle 物件，此物件會比前 2 個多花一些工夫。

首先，要在維持跟地球、月球大小比例的情形下顯示 CSM 是不可能的，因為這樣 CSM 連 1 個像素都不到，未免也太無趣了。因此我們要將它放大，至少要能辨識出它是個太空船。

其次，不能使用圖片當成 CSM 的圖案，因為圖片沒辦法隨著 turtle 自行轉向要我們自己控制，而且還要讓 CSM 在航程中大半時間都是尾端朝前，所以我們要自行設計其圖案。

程式 6-8 仍是 main() 函式的一部份，它以畫矩形和三角形的方式，組合出 CSM 的形狀。

▶ 程式 6-8: apollo_8_free_return.py 第 8 段，繪製 CSM turtle 物件的形狀

```
csm = Shape('compound')   ◀── 表示要組合多元件
cm = ((0, 30), (0, -30), (30, 0))   ◀── 建立指揮艙元件 (三角形)
csm.addcomponent(cm, 'white', 'white')   ◀── 放入第一個組合元件
sm = ((-60, 30), (0, 30), (0, -30), (-60, -30))   ◀── 建立服務艙元件
                                                      (矩形)
csm.addcomponent(sm, 'white', 'black')   ◀── 放入第二個組合元件
nozzle = ((-55, 0), (-90, 20), (-90, -20))   ◀── 建立噴嘴元件 (三角形)
csm.addcomponent(nozzle, 'white', 'white')   ◀── 放入第三個組合元件
screen.register_shape('csm', csm)   ◀── 在圖形列表放入組合好的圖案
```

一開始以 'compound' 為引數呼叫 turtle 模組 Shape 類別的建構方法，表示要用多個元件來組合出形狀，並將物件命名為 csm。

第一個元件是指揮艙 (command module)，建立一個變數 cm 指定所有頂點座標的 tuple，這種的 turtle 屬於**多邊形資料類型 (polygon type)**，此處畫的 cm、nozzle 為三角形、sm 為矩形，如圖 6-12 所示。

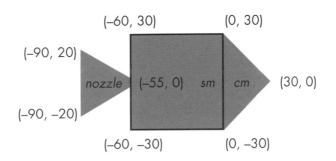

圖 6-12: CSM 組合圖，圖中標出噴嘴、服務艙、指揮艙的所有頂點座標

將 cm 這個圖案用 csm 的 addcomponent() 方法加到其中，參數包括 cm 變數、填滿的顏色、以及外框線顏色。白、銀、灰、紅都適合用來當填滿顏色。

重複相同步驟畫出服務艙 sm 的矩形，但改用黑色畫外框線，以區隔指揮艙 (見圖 6-12)。

接著再畫出噴嘴 nozzle 的三角形，加入此元件後，就將新的 csm 圖案放入 screen 物件的圖形列表 (shapelist) 中，放入時的第 1 個參數是此圖形的名稱，然後才是圖形本身。

6.3.9 (main() 函式) 建立 CSM 物件，開始進行模擬

程式 6-9 完成 main() 函式的最後部份：建立 CSM turtle 物件，並開始執行模擬的迴圈，最後面則是在獨立執行時呼叫 main() 的程式碼

▶ 程式 6-9: apollo_8_free_return.py 第 9 段，初始化 CSM turtle 物件，呼叫模擬的迴圈和 mian() 函式

```
    ship = Body(1, (Ro_X, Ro_Y), Vec(Vo_X, Vo_Y), gravsys, 'csm')    ← 建立 CSM 物件
    ship.shapesize(0.2)      ← 設定物件大小
    ship.color('white')      ← 設定軌跡顏色
    ship.getscreen().tracer(1, 0)    ← 設定畫面更新
    ship.setheading(90)      ← 調整指揮艙方向
    gravsys.sim_loop()       ← 開始進行模擬

if __name__ == '__main__':
    main()
```

首先用 Body 類別來建立 CSM 物件，並取名為 ship。由於 CSM 質量相對於地球和月球小的多，因此將質量設為 1，起始位置的座標 tuple 是在螢幕上位於地球下方停駐軌道上的位置。同樣的，筆者先嘗試圖 6-3 停駐軌道的高度 (R_0)，之後再重複執行模擬並逐步調整 (Ro_X, Ro_Y)。這次在程式開頭就先定義的常數，以便之後要測試不同數值時，會比較好修改。

起始速度的參數 (Vo_X, Vo_Y) 是土星五號第 3 階段停止噴射時 CSM 的速度。所有的推力都是在 x 軸方向，但地球的引力會讓飛行路徑向上偏，和 R_0 參數 (Ro_X, Ro_Y) 相同，速度也是從一開始的猜測值慢慢調到目前所用的值。注意，速度是用 Vec2D 輔助類別建立的，以便之後能用向量計算更新其值。

接著用 shapesize() 方法設定 turtle 的大小，並將其軌跡設定成和太空船一樣的白色。

然後用和程式 6-7 中相同的方式，呼叫 getscreen() 和 tracer() 控制更新的頻率，再將太空船轉向 90 度，如此就完成了所有物體的設定。

現在就可執行 gravsys 物件的 sim_loop() 方法開始進行模擬了。回到全域的視野，最後就是在程式獨立執行時，呼叫 main() 的程式碼。依目前程式的執行的方式，在結束模擬後，Turtle Graphics 視窗會自動關閉。因次不用另外再進行處理。

6.3.10 執行模擬

第一次執行模擬時，程式執行 self.penup() (拿起畫筆) 這行，讓所有物件的運動軌跡都不會被畫出來 (如圖 6-13)，CSM 會在接近月球和地球時自動轉向。

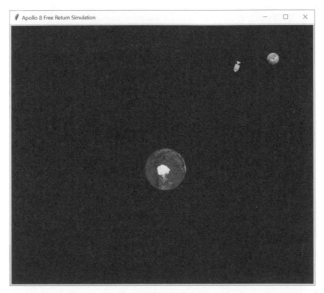

圖 6-13: 沒有畫出軌跡的模擬情形，CSM 正在接近月球

若要畫出軌跡，請回到 Body 類別的定義，將下面這行取消註解：

```
#self.pendown()  ◄—— 取消註解會畫出移動軌跡
```

再次執行程式，就會出現 8 字形的自由返航軌跡了 (如圖 6-14)。

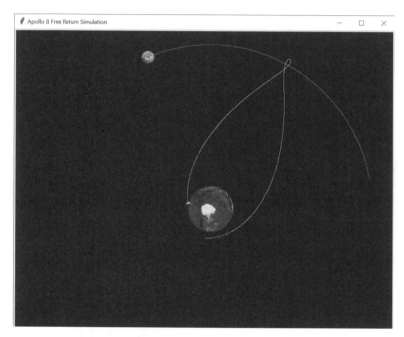

圖 6-14: 畫出軌跡時的模擬情形，這時指揮艙已經掉到太平洋了

此外，只要將速度參數 Vo_X 設定為 520 到 540 之間，即可模擬**重力助推 (gravity assist)**，或稱**重力彈弓效應 (slingshot maneuver)** 的行為。這將會讓 CSM 飛越過月球，其動量將增加其速度或改變其飛行路徑 (見圖 6-15)，阿波羅 8 號會一去不復返，和它說再見吧！

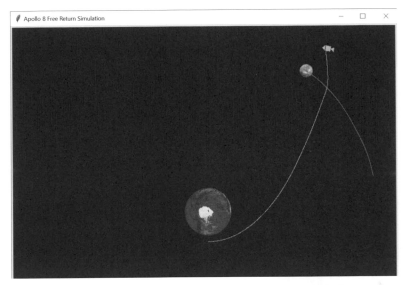

圖 6-15: 設定 Vo_X = 520 可模擬重力推進的行為

維基百科的 "Gravity assist" (重力助推) 頁面中有許多有趣的重力助推和歷史飛越行星的動畫，之後你可試著用阿波羅 8 號模擬程式來重現這些動畫內容。請參見 https://en.wikipedia.org/wiki/Gravity_assist。

此專案說明了太空飛行是個失之毫釐，差之千里的遊戲，只要試著修改 Vo_X 變數值，就會發現既使只是小小的變動，就可能讓整個任務失敗。就算沒有撞上月球，也可能在重返地球時，進入角度太陡或是完全錯過！

模擬的好處就是：失敗了，也可以重來。NASA 為其各項任務進行了數不清的模擬，模擬的結果可幫助 NASA 決定要採用哪一個飛行計劃、找出最有效率的路線、決定若出問題了該如何解決等等。

模擬外太陽系的探測任務尤為重要，這些任務由於距離太遠，不可能進行即時的通訊，所以各項重要動作的時間，像是點火推進、拍照、放下探測器等等，都是依據嚴謹的模擬結果預先置入系統中的 (preprogrammed)。

6.4 本章總結與延伸練習

在本章我們學到了如何使用 turtle 模組繪圖，包括如何自訂 turtle 圖案。另外也學到了如何用 Python 模擬重力來解著名的三體問題。

▌練習專案：模擬搜尋模式

在第一章，我們利用貝氏定理幫助海巡隊在海上進行搜救，現在請試用 turtle 模組來設計直升機尋找待救人員時的搜尋模式。假設直昇機上的人員視線可達 20 個像素，那麼每趟來回飛行的路線可間隔 40 個像素 (參見圖 6-16)。

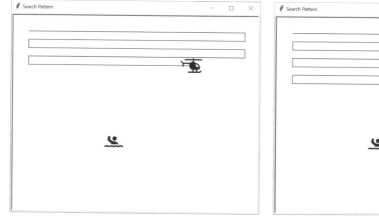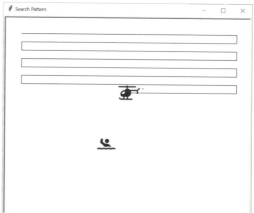

圖 6-16: practice_search_pattern.py 的兩次螢幕畫面圖

為提高趣味性，請加入一個直升機的 turtle，並在來回時改變其方向。再加入一個隨機放置的待救人員 turtle，在找到人時自動停止模擬，並顯示找到的訊息 (參見圖 6-17)。

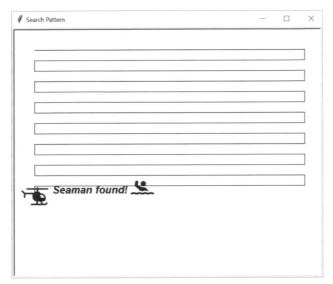

圖 6-17: 程式 practice_search_pattern.py 找到人的畫面。

參考解答位在 search_pattern 資料夾內，有範例程式檔 (practice_search_pattern.py)、直昇機圖片 (helicopter_left.gif 和 helicopter_right.gif)，以及待救者的圖案 (seaman.gif)。

▌練習專案：讓 CSM 動起來！

請改寫 apollo_8_free_return.py 程式，讓月球逐漸靠近靜止的 CSM，使 CSM 開始移動並轉向後遠離。為增加趣味性，請適時調整 CSM turtle 的方向，讓它始終頭朝著前進的方向 (參見圖 6-18)。

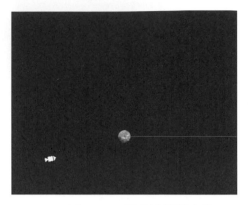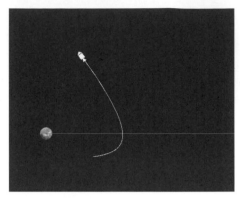

圖 6-18: 月球接近靜止的 CSM (圖左)，並將它投向遠方 (圖右)

參考解答：practice_grav_assist_stationary.py。

▎練習專案：讓 CSM 停下來！

改寫 apollo_8_free_return.py，使 CSM 和月球的行進方向交叉，CSM 在月球之前通過，並因月球的引力而減慢了 CSM 的速度，同時改變方向大約 90 度。和前一個練習專案一樣，請適時調整 CSM turtle 的方向，讓它始終頭朝著前進的方向 (見圖 6-19)。

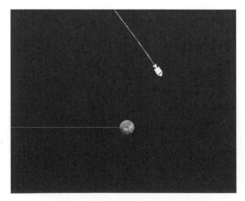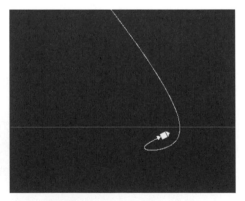

圖 6-19: 月球和 CSM 行進方向交錯，且月球會讓 CSM 慢下來並轉向。

參考解答：practice_grav_assist_intersecting.py。

▋ 挑戰題：真實比例的模擬

改寫 apollo_8_free_return.py，讓地球、月球和其實際距離維持正確的比例，如圖 6-10 所示。請改用填色的實心圓來表示地球和月球，CSM 則是隱形的，只需畫出其行進軌跡。請依據表 6-2 來決定各物體的相對大小和距離。

表 6-2: 地-月系統中的尺寸數據

地球半徑	6,371 km
月球半徑	1,737 km
地-月距離	356,700 km*

*這是 1968 年 12 月阿波羅 8 號任務期間最近的距離。

▋ 挑戰題：完整的阿波羅 8 號任務

改寫 apollo_8_free_return.py，模擬整個阿波羅 8 號任務的內容，也就是不僅是自由返航的部份，還要加上 CSM 在返航前繞月飛行 10 圈的部份。

MEMO

07

選擇登陸火星地點

將太空船降落在火星上，是個極困難且充滿危險的任務。為了避免價值 10 億美元的探測器付諸流水，工程師必須以運作安全為重。他們可能花好幾年時間搜索衛星影像，以找出滿足任務目標的最安全著陸地點。

但火星的地面面積幾乎和地球一樣，要分析這麼大的面積勢必得仰賴電腦。在本章中，將用 Python 和 NASA 噴射推進實驗室 (JPL) 的**火星軌道器雷射高度計 (Mars Orbiter Laser Altimeter, MOLA)** 地圖，來選擇登陸火星的候選地點並對地點排名。要從 MOLA 地圖中取得實用的資訊，需用到 Python 影像函式庫、OpenCV、tkinter 和 NumPy。

編註：在噴射推進實驗室網站有一些關於登陸火星的有趣短片，像是 "Mars in a Minute: How Do You Choose a Landing Site?"、"Mars in a Minute: How Do You Get to Mars?" 和 "Mars in a Minute: How Do You Land on Mars?"。請參見 https://www.jpl.nasa.gov/search?query=Mars%20in%20a%20Minute%3A%20How%20Do%20You。

7.1 如何登陸火星

要讓探測器在火星上著陸有數種不同方法，像是用降落傘、氣球、反向火箭 (retro rocket) 或噴射背包 (jet pack)，但不管用什麼方法，通常都要遵循相同的基本安全守則。

安全守則第一條就是以低窪地為目標，探測器進入火星大氣層時的時速可能高達 27,000 公里，要讓它減速照理是要有個厚實的大氣層，但火星的大氣層很稀薄，大約只有地球大氣密度的 1%，所以為了讓這稀薄的大氣層發揮最大效用，就要設法將著陸點放在低海拔區，不但空氣密度會高一些 (增加阻力)，降落的距離也能儘可能地拉長少許。

此外，除非是特殊的探測任務，像是探測南北極，否則一般應在赤道附近著陸。在赤道附近，也會有較充足的陽光供給探測器上的太陽能板，且較暖的溫度也有助於保護探測器上脆弱的機械。

另外也要避開被巨石覆蓋的地區，這些地方可能會破壞探測器、阻礙太陽能板張開、阻擋機械手臂或使其傾斜而照不到太陽。同理，我們也要避開斜坡的地形，例如在坑洞周圍的地方。從安全的觀點，平坦的地形較好，而平凡無奇的地表則是最美的。

著陸的另一項挑戰，就是要做到非常精確是不可能的。在飛了五千多萬公里、穿過大氣層後，然後還可以精準地著陸在預想的地點，難度也太高了。星際航程的不準確性，以及火星大氣性質的變化，都會影響著陸的精準度。

因此，NASA 會對每個降落地點座標執行許多次的電腦模擬，每次模擬都會產生一個座標，模擬幾千次下來，所產生的點的分佈區域就形成一個橢圓形，長軸平行於探測器的飛行路徑。這些**著陸橢圓 (landing ellipses)** 的面積可能相當大 (見圖 7-1)，不過隨著新任務的進行，每次的精準度都在改善。

 編註：著陸橢圓 (landing ellipses)，又稱為著陸足跡 (landing footprint)，為什麼會是橢圓形，而非圓形？有兩個原因，第一個是探測器降落就像飛機降落，將高度慢慢往下降，會出現類似跑道的減速範圍，所以會有一個方向特別長，第二個原因是下降時會因周遭環境產生搖晃，這兩點原因造成橢圓般的長軸。請參見 https://www.livescience.com/64158-mars-insight-ellipse-landing.html。

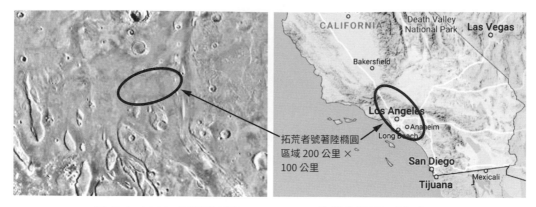

圖 7-1: 1997 年拓荒者號 (Pathfinder) 的著陸橢圓區域 (左圖)
與美國南加洲 (右圖) 的對照。

2018 年的洞察號 (InSight) 的著陸橢圓區域為 130 公里×27 公里，探測器成功著陸於區域內的機率為 99%。而 2020 年毅力號 (Perseverance) 的著陸橢圓區域縮小為 7.7 公里×6.6 公里。相關圖片請參見 https://www.jpl.nasa.gov/images/mars-probe-landing-ellipses。

7.2　MOLA 地圖

為了找出合適的著陸點，當然要有一份火星地圖。在 1997 和 2001 年間，火星全球探勘者號 (Mars Global Surveyor, MGS) 上的某個裝置對火星表面發射了 6 億次的雷射，並記錄收到反射的時間，由 Maria Zuber 和 David Smith 領導的團隊，利用這份量測資料，製作出稱為 MOLA (Mars Orbiter Laser Altimeter) 的火星地形渲染圖 (參見圖 7-2)。

圖 7-2: MOLA 火星地形渲染圖

　　在維基百科的 "Mars Orbiter Laser Altimeter" 網頁 https://
en.wikipedia.org/wiki/Mars_Orbiter_Laser_Altimeter，右手邊有張彩色
版的 MOLA 地圖可參考，藍色的區域代表數十億年前可能存在海洋的區
域，其分佈是根據海拔高度和地表的特徵 (像是過去的海岸線) 所繪製。

　　MOLA 的雷射測量的高度誤差大約 3~13 公尺，水平距離誤差大約
100 公尺，每個像素的解析度為 463 公尺。MOLA 地圖本身仍缺乏足以
安全選擇著陸橢圓區域所需的細節，但對於我們要執行的工作範圍已經很
夠用了。

編註：像素解析度 463 公尺，可以理解為小於此數字的地貌，將無法
辨識。以大家常使用的 Google Earth 為例，其解析度則依區域為 15 公
尺到 15 公分不等，相比之下，MOLA 地圖粗略許多，不過火星跟地球
距離這麼遠，自然不能相提並論。

7.3 專案：選擇登陸火星地點

假設你對美國太空總署的工作十分嚮往，願意在自己私人的時間研究太空總署的工作內容，目前有一個與 2018 年洞察者任務類似的 Orpheus (奧菲斯) 計劃需要你的協助，Orpheus 計劃內容是偵測火星的地震和採究火星內部。雖然 Orpheus 的目的是研究火星內部，火星表面的地貌看似不那麼重要，但要讓探測器順利且安全著陸，平坦的表面地貌是首要考量。

▌專案目標

你的工作就是從 MOLA 地圖中找出 20 個候選的著陸橢圓區域，為安全著陸做好萬全準備。考量到探測器著陸的精確性，這個安全著陸區需為 670 公里長 (東西向) 和 335 公里寬 (南北向)，並基於安全考量，必須落在北緯 30 度和南緯 30 度之間 (赤道附近)、低海拔、愈平坦愈好的區域。

▌程式邏輯說明

首先，需設法將 MOLA 數位地圖分成多個矩形區域，並從中取得海拔高度及地表起伏程度等資料，這意謂著需使用一些影像工具做像素層級的處理，在專案中我們將使用 OpenCV、Python 影像函式庫 (PIL)、tkinter 和 NumPy 等免費、開放原始碼 (開源碼) 的函式庫。關於如何安裝 OpenCV 和 NumPy 函式庫，請參見 1.2.1 小節，PIL 的部份可參見 3.3.1 小節。至於 tkinter 模組，則是已和 Python 一起預先安裝好了。

要找低海拔區域，只需計算每個區域的平均高度即可；要看地面有多平坦，則有幾種不同方法，相對會複雜一些。除了根據高度的數據計算平坦程度外，也可在立體圖像中尋找陰影；雷達、雷射和微波反射的散射量；紅外線影像中的熱變化；…等等。許多粗糙度 (表面不平整程度) 的估計則需要對垂直剖面進行繁瑣的分析。因為是個人的興趣專案 (Side Project)，我們就省去做複雜的分析，只要對各矩形區域的高度做 2 個常用的測量：**標準差 (standard deviation)** 以及**峰-谷值 (peak-to-valley value)**。

標準差 (standard deviation)，又稱為**均方根差 (root-mean-square)**，是用來計算一組數字的離散程度。低標準差意謂著所有的值都很接近平均值；高標準差則表示數字分佈於很大的範圍中。所以若某地圖區域海拔高度的標準差很低，表示地勢較平坦，因為高度起伏不大，且都很接近於平均值。

要計算標準差，是先取所有樣本與平均值的差，再平方，取其平均值後開根號，如以下公式所示：

$$\sigma = \sqrt{\frac{1}{N}\sum_{i=1}^{N}(h_i - h_0)^2}$$

其中 σ 是標準差，N 是樣本數，h_i 是樣本的高度值，h_0 是所有樣本高度的平均值。

峰-谷值 (peak-to-valley value) 則是某區域中最高點與最低點的差，也就是高度變化的最大值。請注意，即使某個區域有相對低的標準差，意思是該區域大致算平坦，但卻無法排除可能有一處極明顯的高度變化，就像圖 7-3 的例子。

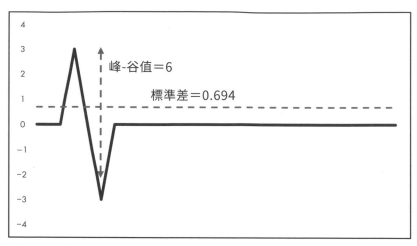

圖 7-3: 地表剖面圖 (黑線) 以及標準差 (StD) 和峰-谷值 (PV)

我們可同時比較各區域的標準差和峰-谷值,目標是找出這 2 個值都最低的區域。而且由於兩項統計的內容有些微不同,所以對兩項數據都取前 20 名,然後再取在兩邊都有入榜的區域。

▍範例檔案說明

範例程式 site_selector.py 使用灰階的 MOLA 地圖 (mola_1024x 501.png) (參見圖 7-4) 來挑選著陸區域,並用彩色版 (mola_color_ 1024x506.png) (如圖 7-2) 顯示結果。在灰階影像中海拔高度只會以一個顏色 channel 表示,所以比用 3 個顏色 channel (RGB) 的彩色影像要容易處理。在彩色影像下,以白色和棕色表示海拔最高 (+12 至 +8 公里);其次是粉紅和紅色 (+8 至 +4 公里);橙色和黃色 (+4 至 0 公里);接著是綠色和藍色 (0 至 -4 公里),最後靛色至黑色 (-4 至 -8 公里)。在灰階影像下,純粹以黑白表示,高海拔為白色,海拔越低就越來越黑。

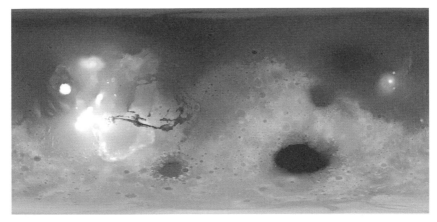

圖 7-4: 火星 MGS MOLA 數位海拔高度 (463 m)
模型_v2 (檔名為 mola_1024x501.png)

　　請讓範例程式、灰階影像和彩色影像這些檔案都放在同一個資料夾，並不要更改檔名。

MOLA 地圖有數種不同檔案大小、解析度的版本，在專案中將使用檔案大小最小的版本以節省下載和執行時間。本專案所用的 MOLA 地圖的資料請參見 https://astrogeology.usgs.gov/search/map/Mars/GlobalSurveyor/MOLA/Mars_MGS_MOLA_DEM_mosaic_global_463m/。

7.3.1 匯入模組以及定義使用者輸入常數

　　程式 7-1 匯入了程式要用到的模組，以及定義一些代表使用者輸入的常數，包括影像檔名稱、矩形區域的長寬、容許的高度差以及要列入候選的數量。

▶ 程式 7-1：site_selector.py 第 1 段，匯入模組和定義常數

```
import tkinter as tk
from PIL import Image, ImageTk        匯入模組
import numpy as np
import cv2 as cv

# 使用者輸入的常數:
IMG_GRAY = cv.imread('mola_1024x501.png', cv.IMREAD_GRAYSCALE)

                                                    載入灰階 MOLA 影像

IMG_COLOR = cv.imread('mola_color_1024x506.png')  ←  載入彩色 MOLA 影像
RECT_WIDTH_KM = 670     ←  設定矩形區域寬度尺寸
RECT_HT_KM = 335        ←  設定矩形區域高度尺寸
MAX_ELEV_LIMIT = 55     ←  設定地形高度最大值
NUM_CANDIDATES = 20     ←  設定矩形區域數量
MARS_CIRCUM = 21344     ←  設定火星的周長
```

　　首先匯入 tkinter 模組，此模組是 Python 預設用來開發視窗應用程式的 GUI 函式庫，我們將用它製作最後的展示畫面：顯示 MOLA 地圖以及矩形區域文字說明的視窗。多數的 Windows、macOS 和 Linux 應該都已安裝 tkinter，如果真的沒有安裝或是想使用最新的版本，可參考這篇文章 https://www.activestate.com/resources/quick-reads/what-is-tkinter-used-for-and-how-to-install-it/ 下載和安裝，使用說明文件則可參見 https://docs.python.org/3/library/tk.html。

 編註：GUI 工具函式庫 Tk 原本是用 TCL 程式語言撰寫的，在使用 tkinter 模組時，它會將 tkinter 命令轉成 tcl/tk 命令交給底層的 tcl/tk 直譯器處理。

　　接下來，從 Python Imaging Library (PIL) 匯入 Image 和 ImageTK 模組，Image 模組提供了一個用來表示 PIL 影像的類別，可由

檔案載入影像和建立新影像。ImageTK 模組則提供建立和修改 tkinter 的 BitmapImage 及 PIL 的 PhotoImage 物件的功能，在程式最後要顯示彩色地圖和加上說明文字時就會用到。最後再匯入 NumPy 和 OpenCV。

接著設定幾個由使用者輸入的常數，這些常數在程式執行之後也不會被變更，首先用 OpenCV 的 imread() 方法載入灰階 MOLA 影像，載入時指定 cv.IMREAD_GRAYSCALE，以灰階影像模式載入，下一行程式不指定就會以彩色載入。接著加入矩形區域尺寸的常數，之後會將這些數字轉換成以像素為單位。

為了確保矩形區域是平坦的低地，要確定只尋找沒什麼坑洞的平坦地形。地圖中的這些區域一般人相信是古早時期的海床，因此我們將地形高度最大值限制在灰階值的 55，大約是古時海岸線的高度 (見圖 7-5)。

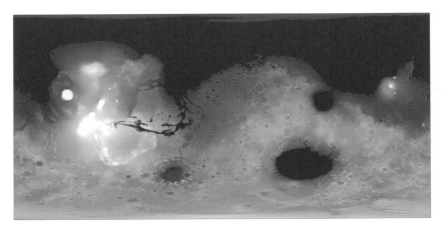

圖 7-5: MOLA 地圖中像素值 ≤ 55 的部份塗色，以表示古時候火星上的海洋

再來是指定要顯示的矩形區域數量 NUM_CANDIDATES，之後程式會從排序好的矩形選出符合數量限制的候選名單。最後一個常數則是火星的周長，單位為公里，稍後用此來計算每公里的像素數。

7.3.2 指定衍生常數並建立 screen 物件

　　程式 7-2 指定了由其它常數衍生出的常數，若想測試不同的設定，像是想測試不同的矩形大小或高度限制，這些衍生的常數值會隨著修改前面所列的常數值自動更新。這段程式最後面是建立用於顯示結果的 tkinter screen 和 canvas 物件。

▶ 程式 7-2: site_selector.py 第 2 段，定義衍生常數，以及建立 tkinter 螢幕物件

```
# 衍生常數:
IMG_HT, IMG_WIDTH = IMG_GRAY.shape      ◀━━ 找出影像的高與寬有多少像素
PIXELS_PER_KM = IMG_WIDTH / MARS_CIRCUM  ◀━━ 換算單位(我們用地圖寬度的
                                             像素點除以火星周長,可以得
                                             知每公里會有多少像素)

RECT_WIDTH = int(PIXELS_PER_KM * RECT_WIDTH_KM)◀━━ 轉換矩形區域的寬度
                                                    單位(像素)

RECT_HT = int(PIXELS_PER_KM * RECT_HT_KM) ◀━━ 轉換矩形區域的高度單位(像素)
LAT_30_N = int(IMG_HT / 3)  ❶ 找出北緯 30° 的位置
LAT_30_S = LAT_30_N * 2          ◀━━ 找出南緯 30° 的位置
STEP_X = int(RECT_WIDTH / 2)     ◀━━ 移動矩形的寬度距離
STEP_Y = int(RECT_HT / 2)        ◀━━ 移動矩形的高度距離


screen = tk.Tk()  ❷ 建立 tkinter Tk() 類別物件
canvas = tk.Canvas(screen, width=IMG_WIDTH, height=IMG_HT + 130)◀━
                                        建立矩形的畫布
```

　　首先由影像的 shape 屬性取出高與寬，OpenCV 將影像存成 NumPy ndarray，也就是同一資料類型的 n 維陣列。影像陣列的 shape 是由列 (row)、行 (column)、channel 組成的 tuple，前兩個代表影像解析度的高度與寬度，channel 表示組成像素的顏色元素數量 (像是紅、綠、藍)。灰階影像就只有 1 個 channel，所以其 shape 只傳回高和寬的值。

要將影像的尺寸由公里轉成以像素為單位，必須先知道每公里有多少像素，所以先將影像寬度除以火星圓周，結果就是在赤道上每公里有多少像素，再用它將寬與高轉成以像素為單位。因為之後要用這些數值進行 list 的切片運算，所以在程式中用 int() 取整數，計算出的值應為 32 和 16。

為找出較溫暖、較多陽光的位置，將只尋找在南、北緯 30° 內的區域 (圖 7-6)，以地球來說，約是熱帶和亞熱帶地區的位置。

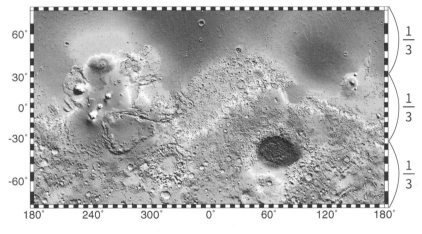

圖 7-6: 火星的經度 (y-軸) 和緯度 (x-軸)

緯度值是由赤道 0° 開始到南北極 90°，共 180 度，影像高度是從上而下開始增加，所以要找出北緯 30° 的位置，直接將影像高度除以 3 即可 ❶，而將這個值乘以 2，就是南緯 30° 的位置（編註：因為剛好落在地圖 1/3~2/3 的區域）。

將搜尋限制在赤道周邊還有另一個好處：專案用的 MOLA 地圖是採柱狀投影的方式，將球體表面投影到平面，原本在兩極收斂的經線在地圖上會變成平行，使兩極附近的地圖嚴重變形。掛在牆上的世界地圖海報同樣會有類似的現象，格陵蘭被放大到像個大陸一樣，而南極洲也變得相當大 (見圖 7-7)。

還好這種變形的現象在赤道附近較不明顯，所以我們可忽略之。你可觀察一下 MOLA 地圖上的坑洞形狀來驗證此點，只要坑洞看起來還是圓的，而非橢圓形，就表示投影產生的變形是可以忽略的。

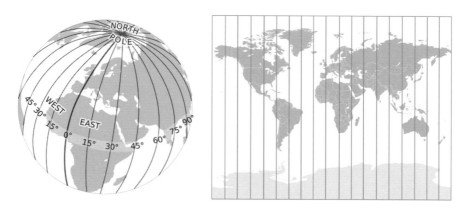

圖 7-7: 將經線變成相互平行，導致靠近兩極的特徵產生變形

接著要將地圖切分成多個矩形區域。為方便計算，可從左上角，北緯 30° 線之下開始。

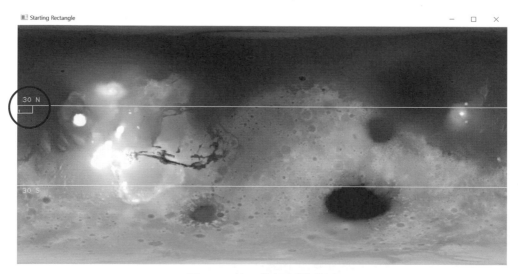

圖 7-8: 第一個矩形的位置

　　程式將繪製第一個矩形，將它編號，並計算其中的高度統計數據，然後把矩形向東移動並重複此過程。每次移動矩形的距離由 STEP_X 和 STEP_Y 常數決定，其設定取決於**混疊 (aliasing) 效應**。

　　混疊 (aliasing) 效應與解析度 (取樣率) 有關（編註：這邊的解析度指的是程式中每次掃描地圖的移動範圍，跟前面提到地圖本身的像素解析度不一樣，可以想成程式對原始地圖做二次取樣的解析度），當取樣的像素因為範圍設定，未能涵蓋到完整的特徵，就可能導致辨識失誤（編註：例如只取到半張臉，誤判沒有人經過），以此處的範例來說就是忽略掉可接受的著陸區。例如在圖 7-9 A 中，在兩個大坑洞間有一處合適的平坦的著陸橢圓區域。然而，以如圖 7-9 B 的方式劃分矩形區域時，沒有矩形區域對應到這個橢圓；兩個相鄰矩形都取樣到隕石坑的邊緣，結果就是這 2 個矩形都不包含合適的著陸地點，所以對這樣的矩形排列，就稱圖 7-9 A 中的橢圓被**混疊 (aliased)** 了。但如果將矩形區域如圖 7-9 C 右移半格，該平坦區域就能被正常辨識出來了（編註：兩次取樣範圍之間會有所重疊）。

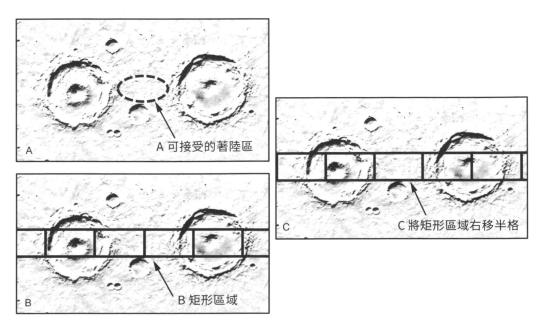

圖7-9: 因矩形位置所造成的混疊 (aliasing)

避免混疊效應的經驗法就是每次移動矩形時，只移動要識別的最小特徵寬度的一半或更少。在本專案中，則使用矩形寬度的一半，以免增加太多處理工作。

接著先來看最後的顯示畫面，首先建立 tkinter Tk() 類別物件 ❷。再建立一個 tkinter 的 canvas 物件，它代表一個矩形的畫布 (繪圖區)，可放置任意排列的圖文等內容，建立時傳遞引數包括 screen 物件、寬度與 MOLA 影像寬度相同、高度則是 MOLA 影像高度加 130。加 130 會讓下方多出一片區域，可用來顯示最後的統計資訊摘要。

一般而言，會將 tkinter 程式碼放在程式最後面，而非放在開頭。本程式之所以放在前面只是為了方便說明。或者也可將此段程式放在負責最後顯示工作的函式中，但這對 macOS 的使用者會有些問題，從 macOS 10.6 開始，蘋果公司提供的 Tcl/Tk 8.5 有嚴重的 bug，會導致應用程式無法執行 (請參見 https://www.python.org/download/mac/tcltk/)。

7.3.3 (Search 類別) 定義 __init__() 方法

程式 7-3 定義了用來搜尋合適矩形區域的類別，主要內容是建立新物件時使用的 __init__() 初始化方法。Search 類別是本專案的核心，我們會分成好幾個段落來說明。

▶ 程式 7-3：site_selector.py 第 3 段，定義 Search 類別及其 __init__() 方法

```
class Search():
    """讀取影像並依輸入的條件找出矩形著陸區"""
    def __init__(self, name):
        self.name = name    ◀── 指定物件名稱
```

→ 接下頁

```
self.rect_coords = {}      ◄──── 存放矩形座標
self.rect_means = {}       ◄──── 存放平均高度
self.rect_ptps = {}        ◄──── 存放峰-谷值
self.rect_stds = {}        ◄──── 存放標準差

self.ptp_filtered = []     ◄──── 存放經過排序和篩選出的峰-谷值
self.std_filtered = []     ◄──── 存放經過排序和篩選出的標準差
self.high_graded_rects = [] ◄──── 存放候選矩形
```

❶ 建立空字典，存放各
矩形區域的相關資訊

❷ 建立空 list

　　在 Search 類別一開始定義用於初始化新物件的 __init__() 方法，
name 參數讓我們可為每個新物件指定一個名稱，接著就在方法中用引數
傳入的名稱指定給新物件的 name 屬性。接著建立 4 個空字典，之後用
來存放矩形的重要統計資料 ❶，像是矩形的座標、平均高度、峰-谷值和
標準差，鍵就是每個矩形區域的編號，會從 1 開始編號。另外再建立 2
個空 list 用於存於經過排序和篩選出最低值的結果 ❷。請注意，在程式
中 list 的名稱用 'ptp' 而非 'ptv' 來表示峰-谷值 (peak-to-valley) 資料，
這是為了與 NumPy 內建於此項計算的方法名稱 peak-to-peak 相對應。

　　在程式結尾處，會把排序好的標準差 list 和峰-谷值 list 放入新
list—high_graded_rects，這個 list 裡面會包含符合最低合併分數的候選
矩形。

7.3.4 (Search 類別) 計算矩形的統計資訊

　　接下來的程式 7-4 仍在 Search 類別中，主要內容是定義一個方法負
責計算矩形區域各項統計數據，將結果存到字典，並自動再移到下個矩形
區域重複相同動作。此方法只會取低海拔的矩形區域，以符合對高度限制
(像素值 55 以下) 的要求。

▶ 程式 7-4：site_selector.py 第 4 段，計算矩形區域的統計數據並移動矩形區域

```
def run_rect_stats(self):
    """定義矩形搜尋區域並計算各區的相關數據"""
    ul_x, ul_y = 0, LAT_30_N        ◄── 設定矩形左上角座標
    lr_x, lr_y = RECT_WIDTH, LAT_30_N + RECT_HT    ◄── 設定矩形右下角座標
    rect_num = 1        ◄── 設定矩形編號起始值
    while True:
        rect_img = IMG_GRAY[ul_y : lr_y, ul_x : lr_x]  ❶ 取出矩形範圍，
                                                            為子陣列

        self.rect_coords[rect_num] = [ul_x, ul_y, lr_x, lr_y]
                                                       記錄矩形座標

        if np.mean(rect_img) <= MAX_ELEV_LIMIT:  ◄── 檢查子陣列平均值
                                                     是否小於或等於地
                                                     形高度最大值

            self.rect_means[rect_num] = np.mean(rect_img)  ◄─ 記錄子陣列
                                                              平均值

            self.rect_ptps[rect_num] = np.ptp(rect_img)  ◄── 計錄子陣列
                                                              峰-谷值

            self.rect_stds[rect_num] = np.std(rect_img)  ◄── 記錄子陣列
                                                              標準差

        rect_num += 1        ◄── 矩形編號加 1
        ul_x += STEP_X       ◄── 增加左上角 x 座標
        lr_x = ul_x + RECT_WIDTH    ◄── 移動右下角 x 座標
        if lr_x > IMG_WIDTH:  ❷ 檢查右下角 x 座標是否超過影像寬度
            ul_x = 0         ◄── 讓矩形回到影像最左側，左上角 x 座標設為 0
            ul_y += STEP_Y        ◄── 增加左上角 y 座標
            lr_x = RECT_WIDTH    ◄── 讓矩形回到影像最左側，
                                     右下角 x 座標設為矩形寬度

            lr_y += STEP_Y        ◄── 增加右下角 y 座標
        if lr_y > LAT_30_S + STEP_Y: ❸ 檢查矩形高度是否有一半超過南緯 30°
            break
```

　　一開始定義 run_rect_stats() 方法，引數只有 self，接著設定代表矩形左上角和右下角的區域變數，我們會用程式 7-2 所計算出來的常數來設定初始值，讓第 1 個矩形從影像左側，北緯 30° 下方開始（編註：右下角則分別加上已轉換為像素單位的矩形高度與寬度）。

另外設定代表矩形區域編號的變數 rect_num，由 1 起算，編號會用來當作字典中的鍵 (key)，值為計算所得的各項數據，編號也用於辨識地圖上的矩形區域，如前面圖 7-8 所示。

接著是持續移動矩形區域並計算和記錄其數據的 while 迴圈，直到矩形區域有一半以上超過了南緯 30°（編註：會用右下角的 y 座標是否超過南緯 30° 加上高度的一半來判斷）。

先前提到過，OpenCV 將影像存成 NumPy 陣列，所以要計算矩形區域內的數據時，先用切片的方式從整個影像取出矩形區域的部份 ❶，將這個子陣列命名為 rect_img (rectangular image)，然後將編號和座標加到 rect_coords 字典中，將這些資訊記錄下來，以方便之後做更深入的調查。

接著用一個條件式來判斷目前的矩形是否位於或低於專案要求的地形最大高度限制，其中直接用 NumPy 提供的方法來計算 rect_img 子陣列的平均值。若通過檢查，就將平均值、峰-谷值、標準差都存到字典中，此處也是直接用 np.ptp 計算峰-谷值，用 np.std 算出標準差。

接著就將編號 rect_num 的值加 1，並移動矩形區域，移動方式就是將左上角 x 座標增加 STEP_X，而右下角則是用左上角的新座標右移一個矩形的寬度。另外還要檢查 lr_x 是否超過 MOLA 地圖的影像寬度 ❷，若超過了，就將左上角 x 座標設為 0，也就是讓矩形再從影像左邊開始，同時也要讓 y 下移，從下一列開始處理。若新矩形的有超過一半的部份落在南緯 30° 以下，表示要尋找的區域 (北緯 30°～南緯 30°) 都處理完畢，可結束迴圈了 ❸。

因為在南北緯 30° 區域左右兩邊都有相當多坑洞，非常不適合於著陸 (參見圖 7-6)，所以程式中未費神處理每一行最後位移半個矩形寬的動作，因為這樣一來矩形就會一半在影像右邊，一半在左邊，還要個別計算兩邊的數據。因此這個問題就留到本章最後的挑戰專案再來處理（編註：別忘了火星是球體，所以 MOLA 地圖的兩端其實是接在一起的，這裡作者提出的問題就是在兩端銜接的區域，也有可能出現適合的著陸點，留待最後的延伸練習再詳述）。

 編註：當我們在影像上畫任何內容，像是矩形，它就會成為影像的一部份，所以再做任何計算時，新內容的像素值都會被計算進去，所以所有的計算工作，都要在影像上畫圖、加文字說明前處理完成。

7.3.5 (Search 類別) 檢查所有矩形區域位置

接下來的程式 7-5 仍是 Search 類別的一部份，此處要定義一個進行人工檢查機制的方法，它會輸出所有的矩形座標，並在 MOLA 地圖上畫出這些矩形區域。這可幫助我們確認 MOLA 地圖該搜尋的區域都已處理過了。

▶ 程式 7-5: site_selector.py 第 5 段，在 MOLA 地圖上畫出矩形

```
def draw_qc_rects(self):
    """在影像上畫出重疊的矩形以供檢查"""
    img_copy = IMG_GRAY.copy()          ◀── 建立影像副本
    rects_sorted = sorted(self.rect_coords.items(),
                          key=lambda x: x[0])  ◀── 排序編號和座標

    print("\nRect Number and Corner Coordinates (ul_x, ul_y, lr_x,\
    lr_y):")   ◀── 印出標題
    for k, v in rects_sorted:                      ⎫ 取出並印出所有
        print("rect: {}, coords: {}".format(k, v)) ⎭ 矩形編號和座標
        cv.rectangle(img_copy,
                     (self.rect_coords[k][0], self.rect_coords[k][1]),
                     (self.rect_coords[k][2], self.rect_coords[k][3]),
                     (255, 0, 0), 1)
```

在影像上畫出矩形

→ 接下頁

```
        cv.imshow('QC Rects {}'.format(self.name), img_copy)
        cv.waitKey(3000)        ← 視窗停滯 3 秒              顯示視窗名稱與影像
        cv.destroyAllWindows()  ← 關閉視窗
```

因為用 OpenCV 修改的內容都會成為影像的一部份，所以先建立一份地圖的副本。

為了方便進行自我檢視，所以要建立一份含編號和座標說明的地圖版本。因為要依照數字順序加上文字，所以先用 lambda 函式對 rect_coords 的內容進行排序，若不熟悉 lambda 函式，可參考第 5-19 頁的說明。

先印出一段標題，然後用迴圈依序處理排序過的字典，其中鍵 (k) 為矩形編號，值 (v) 為座標 list，如下所示：

```
Rect Number and Corner Coordinates (ul_x, ul_y, lr_x, lr_y):
rect: 1, coords: [0, 167, 32, 183]
rect: 2, coords: [16, 167, 48, 183]
--（略）--
rect: 1259, coords: [976, 319, 1008, 335]
rect: 1260, coords: [992, 319, 1024, 335]
```

在迴圈中用 OpenCV 的 rectangle() 方法在影像上畫出矩形，所用的引數包括影像、矩形座標、顏色與線寬。除了用鍵從字典中取座標值，也要用索引指定要取用 list 中的哪一個座標 (0＝左上角 x 座標，1＝左上角 y 座標，2＝右下角 x 座標，3＝右下角 y 座標)。

迴圈結束後，用視窗名稱和影像變數呼叫 OpenCV 的 imshow() 方法顯示影像。結果應如圖 7-10，火星赤道被一條矩形組成的腰帶蓋住。讓視窗顯示 3 秒後關閉。

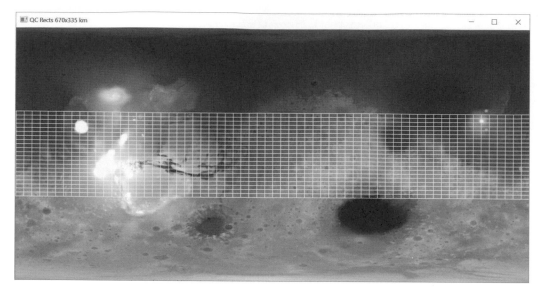

圖 7-10: draw_qc_rects() 方法所畫出的 1260 個矩形

比較一下圖 7-10 和圖 7-8，會發現矩形看起來比較小，這是因為程式移動矩形時，每次只移動半個矩形寬或高，所以矩形區域是彼此重疊，邊線則是互相交錯（編註：高度和寬度都只有一半，也就是每一格只有 1/4 矩形區域大小）。

7.3.6 (Search 類別) 用統計數據替矩形排名

程式 7-6 仍是在 Search 類別中，此處定義了一個方法用來找出最適合著陸的矩形區域，此方法會將各個儲存統計數據的字典排序，然後分別選出峰-谷值和標準差數據較佳的矩形，最後再從中挑出 2 項數據都很好的矩形並存到 list，這些就是最佳著陸區的候選名單。

▶ 程式 7-6：site_selector.py 第 6 段，依統計數據排序和挑選矩形區域

```python
def sort_stats(self):
    """依字典值將字典排序，並用前幾名的鍵建立 list"""
    ptp_sorted = (sorted(self.rect_ptps.items(), key=lambda x: x[1]))
                                        # 排序子陣列峰-谷值
    self.ptp_filtered = [x[0] for x in ptp_sorted[:NUM_CANDIDATES]]
                                        # 取得前 20 名最低的峰-谷值
    std_sorted = (sorted(self.rect_stds.items(), key=lambda x: x[1]))
                                        # 排序子陣列標準差

    self.std_filtered = [x[0] for x in std_sorted[:NUM_CANDIDATES]]
                                        # 取得前 20 名
                                        # 最低的標準差

    for rect in self.std_filtered:
        if rect in self.ptp_filtered:          # 取得兩個 list 的
            self.high_graded_rects.append(rect) # 共同數字編號
```

　　sort_stats() 方法一開始，就用 lambda 函式對 rect_ptps 字典進行排序，排序方式是使用字典值 (峰-谷值)，而不是鍵 (矩形編號)，結果是一個由 tuple 組成的 list，其索引值 0 為矩形編號，索引值 1 為峰-谷值。

　　接著用串列生成式將 ptp_sorted 中的矩形編號存到 self.ptp_filtered 屬性，並用切片的方式取前 20 名，也就是 NUM_CANDIDATES 常數的值，這樣就取得了峰-谷值最低的前 20 名矩形區域。以相同的步驟處理標準差，取得標準差最低的前 20 名。

　　接著用迴圈走訪 std_filtered list，逐一查看其中的編號是否也出現在 ptp_filtered list，若兩邊都有該數字編號，就將它附加到之前使用 __init__() 方法建立的 high_graded_rects 屬性。

7.3.7 (Search 類別) 在地圖上畫出篩選出的矩形

接下來的程式 7-7 仍是 Search 類別的一部份,此處要定義在灰階的 MOLA 地圖上畫出候選矩形的方法,之後會在 main() 函式中呼叫此方法。

▶ 程式 7-7:site_selector.py 第 7 段,在 MOLA 地圖上畫出候選矩形和緯度線

```
def draw_filtered_rects(self, image, filtered_rect_list):
    """在影像上畫出在 list 中的矩形並傳回影像"""
    img_copy = image.copy()   ◀── 建立影像副本
    for k in filtered_rect_list:   ◀── 取得矩形區域編號
        cv.rectangle(img_copy,   ◀── 在影像上畫出矩形
                     (self.rect_coords[k][0], self.rect_coords[k][1]),
                     (self.rect_coords[k][2], self.rect_coords[k][3]),
                     (255, 0, 0), 1)
        cv.putText(img_copy, str(k),   ◀── 標示編號數字
                   (self.rect_coords[k][0] + 1,
                    self.rect_coords[k][3]- 1),
                   cv.FONT_HERSHEY_PLAIN, 0.65, (255, 0, 0), 1)

    cv.putText(img_copy, '30 N', (10, LAT_30_N - 7), ❶ 標示北緯30°
               cv.FONT_HERSHEY_PLAIN, 1, 255)
    cv.line(img_copy, (0, LAT_30_N), (IMG_WIDTH, LAT_30_N), ◀──
            (255, 0, 0), 1)                          畫出北緯30°線
    cv.line(img_copy, (0, LAT_30_S), (IMG_WIDTH, LAT_30_S), ◀──
            (255, 0, 0), 1)                          畫出南緯30°線
    cv.putText(img_copy, '30 S', (10, LAT_30_S + 16),   ◀── 標示南緯30°
               cv.FONT_HERSHEY_PLAIN, 1, 255)

    return img_copy   ◀── 回傳註記影像
```

這個方法會用到 3 個引數,除了 self,還有地圖影像及包含矩形區域編號的 list。先將影像複製一份作為副本,接著用迴圈處理 filtered_ rect_list 內的矩形編號，每一輪迴圈會用矩形編號取得其在 rect_coords 字典中的座標，並用此座標在副本上畫出矩形。

然後用 OpenCV 的 putText() 方法，以影像、文字、左上和右下座標、字型、線寬、色為引數，將編號數字標示在矩形區域左下角。

結束迴圈後，接著加上緯度註記，先從標示北緯 30° ❶ 開始，然後用 OpenCV 的 line() 方法畫出北緯 30° 線，畫線時的引數包括影像、起點和終點的 (x, y) 座標、色和線寬，再用相同方式畫出南緯 30° 線，和標示出南緯 30°。

方法最後就是傳回加上各項註記的影像。峰-谷值和標準差排名前 20 的矩形區域分別如圖 7-11 和圖 7-12 所示。

由圖中可發現，兩者的內容並非完全一致，低標準差的矩形，可能因為其中有個小坑洞，而使其峰-谷值掉出前 20 名外，因此要找出最平坦的矩形區域，必須找出在兩張圖都有標示出來的，再將結果顯示在另一個畫面。

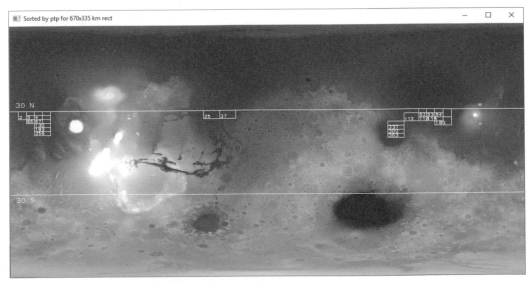

圖 7-11: 峰-谷值數據最低的 20 個矩形

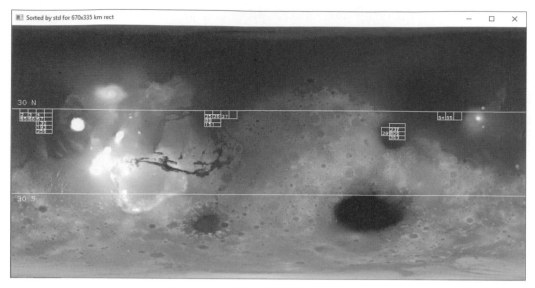

圖 7-12: 標準差最低的 20 個矩形

7.3.8 (Search 類別) 製作最終顯示畫面

程式 7-8 是 Search 類別的最後一段，在此定義一個總結最佳候選矩形區域的方法，它會用 tkinter 建立一個視窗，並在彩色的 MOLA 影像上標示出結果，另外它也會在影像下方輸出這些矩形區域的統計數據。雖然這樣會增加一些處理工作，但總比直接把文字資訊印在影像上要好看得多。

▶ 程式 7-8: site_selector.py 第 8 段，用彩色 MOLA 地圖製作最終畫面

```
def make_final_display(self):
    """用 Tk 顯示含候選區域的地圖並輸出其統計資訊"""
    screen.title('Sites by MOLA Gray STD & PTP {} Rect'.format
            (self.name)) ◀── 設定標題
```

→ 接下頁

```
img_color_rects = self.draw_filtered_rects(
    IMG_COLOR, self.high_graded_rects)
```
畫出有標上候選矩形區
域和緯度線的影色影像

```
img_converted = cv.cvtColor(img_color_rects, cv.COLOR_BGR2RGB)
```
❶ 轉換影像顏色格式

```
img_converted = ImageTk.PhotoImage(Image.fromarray
                        (img_converted))
```
NumPy 陣列轉換成 tkinter 可支援的格式

```
canvas.create_image(0, 0, image=img_converted, anchor=tk.NW)
```
把影像放到畫布上

```
txt_x = 5
txt_y = IMG_HT + 20
```
❷ 設定第 1 個文字物件的座標

```
for k in self.high_graded_rects:
    canvas.create_text(txt_x, txt_y, anchor='w', font=None,
                       text="rect={} mean elev={:.1f} std={:.2f} ptp={}"
                       .format(k, self.rect_means[k],
                               self.rect_ stds[k],
                               self.rect_ptps[k]))
```
將文字放入畫布

```
    txt_y += 15
```
增加與下一列文字的距離
```
    if txt_y >= int(canvas.cget('height')) - 10:
```
❸ 判斷是否需要換行
```
        txt_x += 300
        txt_y = IMG_HT + 20
canvas.pack()
```
將物件排列最佳化
```
screen.mainloop()
```
持續等待並處理事件

　　首先為 tkinter 視窗設定一個連結 screen 物件名稱的標題，接著建立區域變數 img_color_rects，呼叫 draw_filtered_rects() 方法，並傳入彩色的 MOLA 影像和候選矩形區域的 list，將回傳有標上候選矩形區域和緯度線的彩色影像。

在顯示影像前，要先將影像從 OpenCV 的藍-綠-紅 (BGR) 格式轉成 tkinter 的紅綠藍 (RGB) 格式。轉換可用影像變數呼叫 OpenCV 的 cvtColor() 方法，並設定參數 flag 為 COLOR_BGR2RGB ❶，將傳回值存到 img_converted 變數。

不過此影像仍為 NumPy 陣列。所以要再用 PIL ImageTk 模組的 PhotoImage 類別和 Image 模組的 fromarray() 方法將之轉換成 tkinter 可支援的格式。

轉換完成後，用 canvas 物件中的 create_image() 方法將影像放到畫布上，呼叫時指定放在畫布的左上角 (0, 0)、轉換好的影像 (img_converted)、以及對齊方向 (NW，西北方也就是左上角)。

接下來要加入總結的文字，首先設定第 1 個文字物件的座標位於左下角 ❷，接著用迴圈逐一處理候選矩形區域 list 中的編號，迴圈中用 create_text() 方法將文字放入畫布中，傳遞的引數分別為座標、指定對齊方向 (w，西方也就是靠左)、使用預設字型、要顯示的字串，字串中的數據都是用編號當鍵，從各字典取出。

每輸出一組訊息後，就將文字區塊的 y 座標加 15，如果已經離畫布底部只剩 10 個像素 ❸，就重起一行。畫布的高度可用 cget() 方法取得。

重起一行時，將 txt_x 變數值加 300，並將 txt_y 重新設為影像高度加 20。

在方法最後呼叫 pack() 將要顯示的物件排列最佳化，並呼叫 screen 物件的 mainloop()，這是個執行 tkinter 的無窮迴圈，它會持續等待並處理事件 (event)，直到視窗被關閉為止。

彩色版影像的高度 (506 像素) 其實略大於灰階版影像 (501 像素)，筆者
選擇忽略這個差異。不過若要求完美，那麼可用 IMG_COLOR = cv.
resize(IMG_COLOR, (1024, 501), interpolation = cv.INTER_AREA) 將
彩色版的影像縮小成和灰階版一樣大。

7.3.9 定義 main() 函式

程式 7-9 定義了執行程式主流程的 main() 函式。

▶ 程式 7-9：site_selector.py 第 9 段，定義和呼叫 main() 函式

```
def main():
    app = Search('670x335 km')        ❶ 建立 Search 類別物件
    app.run_rect_stats()              計算矩形區域的統計資訊
    app.draw_qc_rects()               矩形位置人工檢查機制
    app.sort_stats()                  統計資訊排序

    ptp_img = app.draw_filtered_rects(IMG_GRAY, app.ptp_filtered)
                                      畫出峰-谷值最佳候選矩形區域

    std_img = app.draw_filtered_rects(IMG_GRAY, app.std_filtered)
                                      畫出標準差最佳候選矩形區域

    cv.imshow('Sorted by ptp for {} rect'.format(app.name), ptp_img)
                                      ❷ 顯示含有峰-谷值最佳
                                      候選矩形區域的影像
    cv.waitKey(3000)                  停滯視窗 3 秒
    cv.imshow('Sorted by std for {} rect'.format(app.name), std_img)
    cv.waitKey(3000)                  停滯視窗 3 秒
                                      顯示含有標準差最佳
                                      候選矩形區域的影像

    app.make_final_display() # 內含對 mainloop() 的呼叫   顯示最終包含資
                                                        訊摘要的畫面
if __name__ == '__main__':
    main()
```

一開始先建立 Search 類別的物件 ❶。將它命名為 "670x335 km" 以表示要調查的矩形區域大小。接著依序呼叫 Search 類別的各個方法,先是計算矩形區域的統計資訊,再畫出人工檢查機制的矩形,接著將統計資訊排序,並畫出峰-谷值和標準差數據最佳的候選矩形區域,最後則是顯示結果 ❷ 以及最終的摘要資訊畫面。

圖 7-13 就是最終的顯示畫面,其中包含了標示出的候選區域以及依標準差排序的摘要資訊。

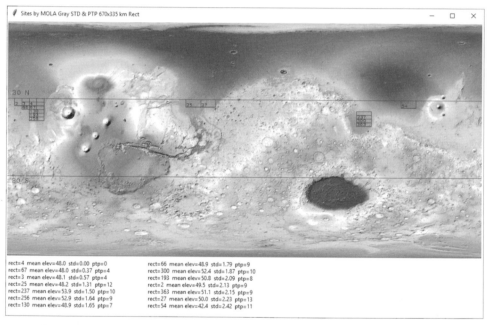

圖 7-13: 標示出候選區域以及包含依標準差排序的摘要資訊的最終畫面

7.3.10 執行結果

完成最終顯示畫面後，要做的第一件事是檢查程式執行結果是否正常。要確認所選的矩形區域都是在指定的緯度範圍內，而高度也未超過上限。而根據峰-谷值和標準差選出的矩形區域，如圖 7-11 和圖 7-12，也都應符合限制，且兩者選出的結果應該很接近。

當然就像前面提過的，由於這 2 個統計資訊的意義並不相同，所以個別的篩選結果會有些差異，但它們的交集肯定就是最平坦的矩形區域。

各矩形區域的位置看起來都很合理，而在地圖左邊有一群矩形區域特別令人振奮。這一帶是搜尋區域中地勢最平坦的區域 (圖 7-14)，而程式也能正確地找出來。

雖然本專案考慮的是安全，但大多數任務的地點選擇通常是依其科學上的目的而定的，例如在本章後面的練習專案，會讓讀者練習將地質也列入著陸地點的選擇條件。

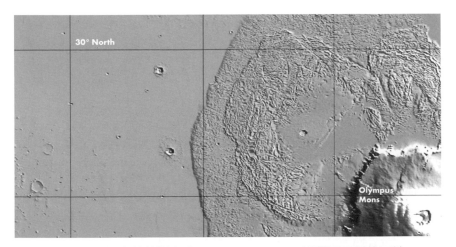

圖 7-14: 在奧林帕斯火山 (Olympus Mons) 岩漿區西側的平地

7.4 本章總結與延伸練習

本章專案用到了 Python、OpenCV、Python Imaging Library、NumPy 和 tkinter，進行影像的載入、分析、顯示等作業。因為 OpenCV 是以 NumPy 陣列表示影像，所以可以很方便地用 Python 的科學函式庫，把影像中的一部份資料取出來進行處理。

在書中專案用的資料集並不大，所以程式也能很快處理完。但現實中可能就沒這麼好過了，我們要面對的是更龐大的資料集，在此我們只是練習這樣的處理過程，並得到合理的結果。

▍練習專案：確認繪製的圖案成為影像的一部分

請寫一個 Python 程式會驗證所有畫到影像上的內容，包括文字、線段、矩形等等是否都成為了影像的一部份。你可以在 MOLA 灰階影像上畫出矩形框前，先算出平均值、標準差、峰-谷值等，然後畫出白色矩形框後再重算一次，兩次計算結果會相同嗎？

參考解答：practice_confirm_drawing_part_of_image.py。

▍練習專案：擷取高度剖面

高度剖面圖是用二維的斷面，以線條畫出不同位置的高度，藉此表示地形的變化。剖面圖可幫助地質學家研究地表的平坦性，而且也是呈現地形的一種視覺化表現方式。在本練習專案中，請畫出一條由西向東的剖面圖，並要穿過太陽系中最大的火山—奧林帕斯火山 (Olympus Mons) 的火山口 (圖 7-15)。

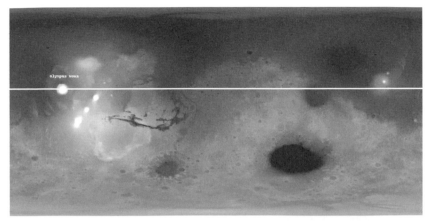

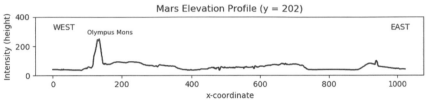

圖 7-15: 由西向東且穿過奧林帕斯火山 (Olympus Mons) 的剖面圖

請使用圖 7-15 中的 Mars MGS MOLA - MEX HRSC Blended DEM Global 200m v2 map 影像，這個版本在側向的解析度，比本章專案中用的影像還要高，它也用到了 MOLA 資料中的所有高度範圍。

圖檔：mola_1024x512_200mp.jpg。

參考解答：practice_profile_olympus.py。

▌練習專案：畫出 3D 立體圖形

火星的地形分佈並不對稱，南半球主要是佈滿坑洞的古代高地，北半球則較多平坦的低地。請用 matplotlib 的 3D 繪圖功能，畫出前一個練習專案所用的 mola_1024x512_200mp.jpg 的立體圖形。

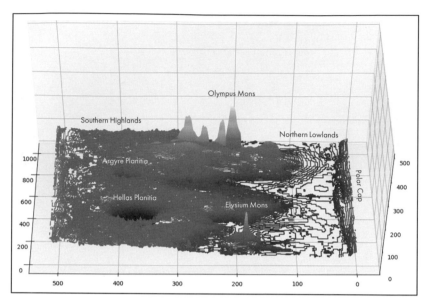

圖 7-16: 火星表面的 3D 立體圖，這是朝西邊的方向看過去

使用 matplotlib 時，可用點、線、等高線、線條圖、平面等，畫出
3D 立體圖。雖然畫出的圖並不細緻，但這樣才能用較快的速度完成。使
用者可用滑鼠調整圖形的方向，這對某些無法由 2D 平面圖想像出地形的
人特別有幫助。

在圖 7-16 中，放大的垂直比例讓高度的差別一目瞭解，很容易就
能看到最高山 (奧林帕斯火山 Olympus Mons) 和最深的坑洞 (希臘平原
Hellas Planitia)。

下載並執行在 Chapter_7 資料夾中的 practice_3d_plotting.py，即
可畫出如圖 7-16 的內容 (但不包含文字說明)，在資料夾中也可找到地圖
影像檔。

練習專案：混用地圖

讓我們試著在著陸地點選擇過程中加入一點科學，將 MOLA 地圖與另一個彩色地質地圖合併，然後在塔爾西斯山群 (Tharsis Montes) 熔岩區 (圖 7-17 箭頭所指處) 找到合適的平坦矩形區域。

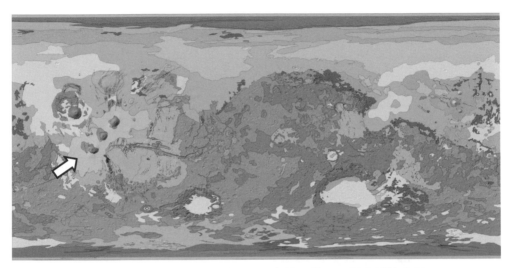

圖 7-17: 火星地質地圖，箭頭所指處就是塔爾西斯山群熔岩區。

因為塔爾西斯山群 (Tharsis Montes) 區域地勢較高，所以只需試著找出最平坦的部份，而不需考慮是否為低海拔。要取出此熔岩區，可從設置灰階版地圖門檻 (或稱**閾值 (threshold)**) 著手。

這是個將影像分成前景和背景的技巧，其方法是先將灰階影像轉成二元影像，像素值超過某門檻者其值都設為 1，否則就設為 0。之後再用此二元影像過濾 MOLA 地圖，如圖 7-18 所示。

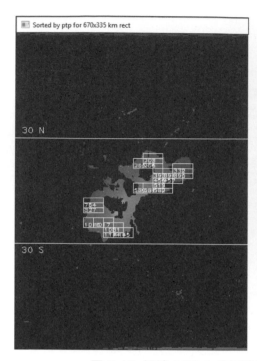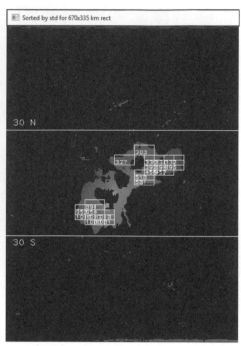

圖 7-18: 過濾 MOLA 地圖後得到的塔爾西斯山群區域，
左圖是以 ptp (峰-谷值) 選出的矩形，右圖是以 std (標準差) 選出的矩形

　　在下載的 Chapter_7 資料夾中可找到地質地圖 Mars_Global_Geology_Mariner9_1024.jpg，其中熔岩區為淺粉紅色。等高圖可使用前面練習專案的 mola_1024x512_200mp.jpg。參考解答為 practice_geo_map_step_1of2.py 和 practice_geo_map_step_2of2.py。先執行 practice_geo_map_step_1of2.py 來製作過濾器，之後再執行第二個程式。

▌挑戰題：一箭三鵰

　　請修改「練習專案：擷取高度剖面」的程式，讓高度剖面圖穿過塔爾西斯山群 (Tharsis Montes) 的 3 個火山，如圖 7-19 所示。

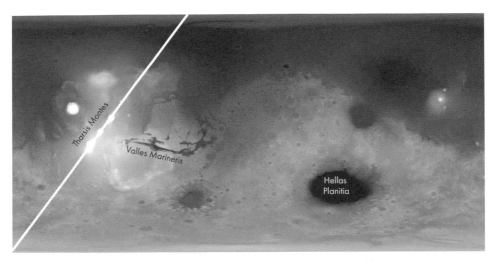

圖 7-19: 穿過 Tharsis Montes 三個火山的剖面線位置

圖 7-19 中還有其它有趣的地貌可製作高度剖面，像是水手號谷 (Valles Marineris)，這是個比美國大峽谷長 9 倍、深 4 倍的峽谷；還有 希臘平原 (Hellas Planitia)，被認為是太陽系中第 3 或第 4 大的隕石坑。

▌挑戰題：矩形區域的左右繞接 (Wrapping)

請修改 site_selector.py 程式，讓它可處理矩形寬度無法恰好填滿 MOLA 地圖寬度的情形。解決方式之一，就是加入可處理矩形區域被分 成 2 段的程式碼 (矩形的一部份是在地圖最右邊，矩形的另一部份則在地 圖的最左邊，因為地圖左右側其實是連在一起的)，分別計算 2 邊的統計 數據，然後再合併為整個矩形的統計數據。另一個處理方式，則是將地圖 複製一份，然後和原來的地圖接在一起，如圖 7-20 所示。這樣一來就不 用將矩形區域分成 2 塊來處理了，只需考慮如何在跨到地圖另一邊時， 讓迴圈回頭從下一行繼續處理。

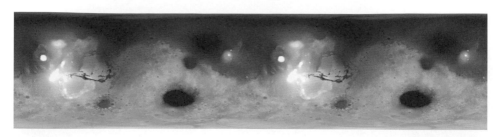

圖 7-20: 兩份 MOLA 影像接在一起的情形

　　基於效能考量，當然不必真的複製整份地圖，只需複製足夠的寬度接在地圖的右邊 (最東邊)，剛好足夠覆蓋超出的矩形區域就可以了。

08

偵測系外行星

系外行星 (Extrasolar planets, exoplanets) 指的是在我們的太陽系之外，繞行其它恆星的行星。從 1992 年發現第 1 個系外行星開始，至 2019 年底為止，已發現 4,000 個系外行星，這相當於平均每年發現 150 個！看起來，現在要發現系外行星和得到感冒一樣容易，但當初發現太陽系的 8 大行星和冥王星，可是花費了幾乎整個人類歷史的時間 (至 1930 年)。

天文學家是靠著星體移動時的擺動現象發現第一個系外行星，如今則主要是藉由偵測系外行星經過恆星和地球中間時，所引起的恆星亮度的細微變化。而透過像詹姆斯‧韋伯太空望遠鏡 (James Webb Space Telescope, JWST) 等新一代的設備，還可以拍攝系外行星並瞭解其轉動、季節變化、天氣、植被等等。

在本章中，我們將使用 OpenCV 和 matplotlib 模擬系外行星經過其恆星前面的情形，記錄其亮度曲線，然後用它偵測行星並估算其大小，接著模擬該系外行星在詹姆斯‧韋伯太空望遠鏡中看起來的樣子。在章末的練習專案，還會調查不正常的恆星亮度曲線，看是否有外星人所建造的巨型結構，即**外星巨型結構 (alien megastructure)** 用於採擷該行星的能源。

8.1 認識凌日法

在天文學中，當一個相對小的星體經過觀察者與另一個巨大星體之間時，這個現象稱為**凌日 (transit)**，在小星體經過大恆星表面時，會造成其亮度稍微減弱。最知名的凌日現象，就是水星凌日和金星凌日 (如圖 8-1)。

圖 8-1: 2012 年六月所拍攝到的金星凌日現象，金星為圖中的黑點，其它為雲朵

　　以今日的科技，天文學家可以在遙遠的恆星發生凌日現象時，偵測到其微小的亮度變化，這個技術稱為**凌日法 (transit photometry)**，它會輸出恆星的亮度變化曲線 (如圖 8-2)。

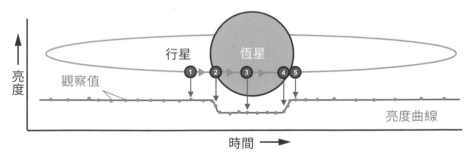

圖 8-2: 用凌日法 (transit photometry) 偵測系外行星

　　在圖 8-2 中，亮度曲線上的小點就表示不同時間量測到的恆星亮度，在行星未越過恆星前，偵測到的亮度是最大的 ❶ (在此可忽略行星在不同相位所產生的反射光，因為相對於恆星的亮度，反射光造成的差異極小)。當凌日現象開始時，行星邊緣進入恆星的盤面範圍 ❷，就使亮度開始降低，造成亮度曲線向下。當整個行星都進入時 ❸，曲線會持平，並

一直維持到行星開始離開盤面的範圍，這時候曲線又開始向上 ❹，直到行星整個離開為止 ❺，這時候亮度曲線又維持在最大值，因為已沒有行星擋住它了。

由於被擋住的光線量與行星的大小成正比，所以可利用如下的算式計算行星的半徑：

$$R_p = R_s \sqrt{Depth}$$

其中 R_p 為行星的半徑，R_s 是恆星半徑。恆星半徑是依據其與地球的距離、亮度、顏色 (與溫度有關) 推算而得，$Depth$ (深度) 指的是在凌日過程中，亮度的變化量 (圖 8-3)。

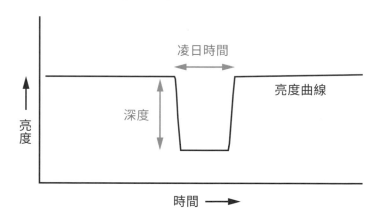

圖 8-3: 深度指的是從亮度曲線觀察到的亮度變化量

這個計算是從地球所在的位置進行觀察，並假設整個系外行星都通過恆星的表面，而非只是半個行星或一小部份區域從恆星的邊緣掃過。在本章稍後會進一步探討此狀況。

"Transit Light Curve Tutorial" (https://www.cfa.harvard.edu/~avanderb/tutorial/tutorial.html) 是由 Andrew Vanderburg 所撰寫的凌日法亮度曲線教學 (英文)，文中詳細解釋了凌日法，並說明了如何下載克卜勒太空望遠鏡的觀察資料。

8.2 專案：模擬系外行星凌日現象

　　筆者曾拍攝過日全蝕，月球整個遮住太陽的時間只有 2 分又 10 秒，因此沒有閒暇可做測試或是調整器材等等。想要成功捕捉日蝕過程的半影 (penumbra)、本影 (umbra)、太陽閃焰 (solar flares) 和鑽石環效應 (diamond ring effect) 等影像 (如圖 8-4)，必須事前準備好所需裝備、調整好相機，以及最重要的——掌握各個現象發生的時間點。

圖 8-4: 在 2017 年日全蝕結束時拍到的鑽石環效應

　　而電腦模擬的功用，就是讓我們能準備好觀察自然現象。由電腦模擬可以瞭解可能會發生什麼事件、何時發生、乃至如何預先調校器材。

專案目標

在這個專案中我們要做的就是撰寫 Python 程式模擬系外行星凌日現象，畫出亮度曲線並計算其半徑。執行模擬時可使用不同的行星大小來做，以瞭解其對亮度曲線的影響。本章最後，將使用此模擬來評估小行星群或疑似外星巨型結構的亮度曲線變化。

程式邏輯說明

要想畫出亮度曲線，當然要先有辦法測量亮度的變化，這可透過使用 OpenCV 對像素執行數學運算 (例如找平均值、最小值和最大值) 來達成。

我們將不使用真的凌日和恆星影像，而是在黑色的矩形上畫圓來代替，就和前一章在火星地圖上畫矩形一樣。畫亮度曲線時，使用 Python 最常見的繪圖函式庫 matplotlib。安裝 matplotlib 的安裝說明請參見第 1-12 頁。

最後會用第 8-4 頁的行星半徑算式估計行星的大小。

此範例程式檔 transit.py 讀者可自行輸入程式，或從網站下載。

8.2.1 匯入模組和設定常數

程式 8-1 匯入了程式要用到的模組，以及定義一些代表使用者輸入的常數。

▶ 程式 8-1: transit.py 第 1 段，匯入模組和設定常數

```
import math
import numpy as np          ⎫
import cv2 as cv            ⎬  匯入模組
import matplotlib.pyplot as plt  ⎭

#使用者輸入的常數
IMG_HT = 400        ←  設定視窗的高度
IMG_WIDTH = 500     ←  設定視窗的寬度
BLACK_IMG = np.zeros((IMG_HT, IMG_WIDTH, 1), dtype='uint8')  ←  建立黑色
                                                                 矩形
STAR_RADIUS = 165   ←  設定恆星半徑
EXO_RADIUS = 7      ←  設定系外行星半徑
EXO_DX = 3          ←  設定系外行星移動速度
EXO_START_X = 40    ⎫
EXO_START_Y = 230   ⎬  設定系外行星初始位置
NUM_FRAMES = 145    ←  設定更新畫面的次數
```

 編註：若為 Jupyter 執行環境，建議在匯入模組後，加上 %matplotlib，讓圖表另開視窗執行，可避免視窗運作異常。

　　因為要計算行星半徑，所以匯入 math 模組並套入行星半徑算式，NumPy 則是用於計算影像的亮度，OpenCV 用於繪製模擬影像，而 matplotlib 則是用來畫出亮度曲線。接下來指定一些代表使用者輸入的常數。

　　首先是模擬視窗的高和寬，視窗中將填入以 np.zeros() 方法建立的黑色矩形，此方法會傳回元素值都是 0 的陣列，可用參數指定此陣列的 shape。引數中指定的 'uint8' 資料型態為 0 到 255 的整數，其它可使用的資料型態可參見 https://numpy.org/devdocs/user/basics.types.html。

　　接著設定恆星和系外行星的半徑，以像素為單位，稍後 OpenCV 會用這些常數畫出代表它們的圓。

因為系外行星會橫越恆星表面，所以設定常數 EXO_DX 來表示其速度，此處會以每次迴圈中系外行星在 x 軸右移的畫素數，來控制其移動速度。

再來設定系外行星的初始位置在 (40，230)，而常數 NUM_FRAMES 為整個模擬過程要更新畫面的次數，雖然這個數值也可用前面設好的常數算出 (IMG_WIDTH/EXO_DX)，不過直接設一個常數，這樣在需調整模擬過程時會比較方便。

8.2.2 定義 main() 函式

程式 8-2 定義了 main() 函式的內容，在這個程式中，選擇將 main() 函式放在前面，以便讓讀者先瞭解一下之後要定義的函式在程式中的作用。在 main() 中，也會計算系外行星半徑並輸出結果。

▶ 程式 8-2: transit.py 第 2 段，定義 main() 函式

```
def main():
    intensity_samples = record_transit(EXO_START_X, EXO_START_Y)  ◀── 記錄凌日事件的過程

    relative_brightness = calc_rel_brightness(intensity_samples)  ◀── 計算相對亮度

    print('\nestimated exoplanet radius = {:.2f}\n'  ◀── 印出系外行星半徑計算過程
          .format(STAR_RADIUS * math.sqrt(max(relative_brightness)
                                        - min(relative_brightness))))
    plot_light_curve(relative_brightness)  ◀── 繪製亮度曲線
```

首先定義一個變數 intensity_samples，並用它接收呼叫自訂 record_transit() 函式的傳回值。record_transit() 函式負責在畫面上畫出模擬過程，再量測亮度，把亮度結果存到 list 並傳回，其引數為系外行星的初始

座標 (x, y)。此處用的 EXO_START_X 和 EXO_START_Y 座標值，會讓行星位於圖 8-2 中接近 ❶ 的位置。請注意，如果想將系外行星的半徑調大一些，可能需要將起點向左移動 (必要時可用負值)，使系外行星不會在一開始就遮住恆星，這樣才能取得沒有任何遮蔽的最高亮度。

接著建立變數 relative_brightness 以取得呼叫自訂 calc_rel_brightness() 函式的傳回值，這個函式的功能是計算相對亮度，也就量測到的亮度值除以最大的亮度值。引數為量測到的亮度值 list，函式會將之轉成相對亮度 list 並傳回。

接著用第 8-4 頁的算式，由相對亮度值算出系外行星半徑，算式直接放在 print() 函式中，並用 {:.2f} 將輸出結果限制到小數第 2 位。

最後用相對亮度 list 呼叫繪製亮度曲線的函式，即結束 main() 函式。

8.2.3 (record_transit 函式) 記錄凌日事件的過程

程式 8-3 定義了模擬過程和記錄凌日事件 (其實就是亮度值的變化) 的函式，它會在黑色背景上畫出恆星和系外行星，然後移動系外行星的位置。它也會在每次移動時，計算和顯示平均亮度，並存到 list 中，函式結束時即傳回 list。

▶ 程式 8-3：transit.py 第 3 段，畫出模擬、計算亮度並傳回亮度 list

```
def record_transit(exo_x, exo_y):
    """畫出行星凌日過程並傳回記錄亮度值的 list"""
    intensity_samples = []    ◀── 存放量測的亮度值的空 list
    for _ in range(NUM_FRAMES):
```
→ 接下頁

```
        temp_img = BLACK_IMG.copy()  ◀──── 複製影像副本
        cv.circle(temp_img, (int(IMG_WIDTH / 2), int(IMG_HT / 2)),
                STAR_RADIUS, 255, -1)  ◀──── 畫出恆星
        cv.circle(temp_img, (exo_x, exo_y), EXO_RADIUS, 0, -1) ◀
        intensity = temp_img.mean()  ◀──── 記錄亮度        ❶ 畫出系外行星
        cv.putText(temp_img, 'Mean Intensity = {}'.format(intensity),
                (5, 390),
                cv.FONT_HERSHEY_PLAIN, 1, 255)  ◀──── 將亮度顯示在影像上
        cv.imshow('Transit', temp_img)  ◀──── 顯示影像
        cv.waitKey(30)  ◀──── 讓視窗存留 30 毫秒
        intensity_samples.append(intensity)  ❷ 放入量測的亮度值
        exo_x += EXO_DX  ◀──── 移動系外行星位置
    return intensity_samples  ◀──── 傳回亮度值 list
```

record_transit() 函式的引數為系外行星初始位置 (x, y) 座標，也就是在模擬中要畫的第一個圓的圓心。它應該不會和恆星重疊，後者將會在整個圖形的中心。

程式先建立 1 個空 list，稍後用來存放量測的亮度值。接下來就是會執行 NUM_FRAMES 次的模擬迴圈，模擬的過程應該比系外行星離開恆星表面的時間再長一點點，這樣才能得到包含凌日後的完整亮度曲線。

由於用 OpenCV 對影像所做的任何變動 (包含繪圖、文字等)，都會變成影像的一部份，所以在每一輪迴圈都要重畫模擬的影像內容。程式會將原始的 BLACK_IMG 複製到區域變數 temp_img。

接下來就用複製的影像、圓心座標、恆星半徑常數、白色和線寬為引數，呼叫 OpenCV 的 circle() 畫圓，將線寬指定負數表示要用指定的顏色填滿圓內部，畫出恆星的圓。

接著要畫系外行星的圓，引數為起點座標、系外行星半徑、指定黑色、一樣為實心圓 ❶。

下一步就要記錄亮度，因為像素本身就代表光的強度，所以只要計算整個影像的平均值即可，要記錄多少筆測量資料，是由 EXO_DX 常數值決定，此數值愈大，系外行星就移動地愈快，要記錄的筆數就愈少。

接著用 OpenCV 的 putText() 方法將亮度顯示在影像上，所用的引數包括影像副本、包含測量值的字串、字串左下角的座標、字型、文字大小和顏色。

然後以 Transit 為視窗名稱，呼叫 OpenCV 的 imshow() 方法顯示影像，圖 8-5 就是某一輪迴圈的畫面。

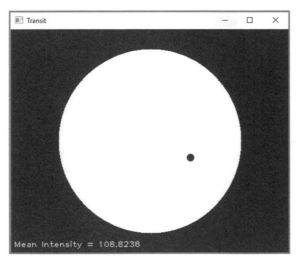

圖 8-5: 模擬的系外行星的凌日現象

之後用 OpenCV 的 waitKey() 方法讓視窗存留 30 毫秒，也就是凌日的動畫會每 30 毫秒更新一次畫面，若給 waitKey() 更小的數值，系外行星移動的速度就會更快。

將亮度測量值附加到 intensity_samples list，然後將 exo_x 值加 EXO_DX 常數 ❷，這樣下一輪迴圈就會將系外行星的圓向前移動。函式最後就是傳回亮度值 list。

8.2.4 (calc_rel_brightness 函式) 計算相對亮度

在程式 8-4 定義了計算 intensity_sample 內每個測量亮度值的相對亮度。

▶ 程式 8-4: transit.py 第 4 段，計算相對亮度

```
def calc_rel_brightness(intensity_samples):
    """將亮度 list 中的值換算成相對亮度值並傳回"""
    rel_brightness = []  ◀── 存放轉換後的值的空 list
    max_brightness = max(intensity_samples)  ◀── 找出傳入 list 中的最大值
    for intensity in intensity_samples:
        rel_brightness.append(intensity / max_brightness)  ◀── 轉換成相對
    return rel_brightness  ◀── 傳回相對亮度值 list          亮度值
```

亮度曲線表示的是相對亮度，所以恆星完全未被遮蔽時，其相對亮度值為 1，若發生全蝕則為 0。此處定義的 calc_rel_brightness() 函數，會將傳入 list 中的平均亮度值除以最大亮度轉換為相對亮度。

函式一開始先定義一個空 list 用以存放轉換後的值，然後用 Python 內建的 max() 函式找出傳入 list 中的最大值。接著用迴圈將 list 中的亮度值除以最大值，得到相對亮度值，並將結果存到 rel_brightness list，並在函式最後傳回此 list。

8.2.5 (plot_light_curve 函式) 繪製亮度曲線

程式 8-5 定義顯示亮度曲線的函式，最後也有在獨立執行模式下，呼叫 main() 函式的程式碼。

▶ 程式 8-5: transit.py 第 5 段，繪製亮度曲線、呼叫 main() 函式

```python
def plot_light_curve(rel_brightness):    ❶ 引數為相對亮度值 list
    """畫出相對亮度隨時間變化的曲線"""
    plt.plot(rel_brightness, color='red', linestyle='dashed',
             linewidth=2, label='Relative Brightness')  ← 畫出亮度曲線
    plt.legend(loc='upper center')  ← 設定圖例位置
    plt.title('Relative Brightness vs. Time')  ← 設定標題
    plt.show()  ← 顯示畫出的圖形

if __name__ == '__main__':    ❷ 呼叫 main() 函式
    main()
```

定義畫亮度曲線的函式，引數為 rel_brightness list ❶，函式中用傳入的 list、線條顏色、線條樣式、線寬、圖例的標籤文字呼叫 matplotlib 的 plot() 方法，然後設定圖例位置和標題，並顯示畫出的圖形，結果應如圖 8-6。

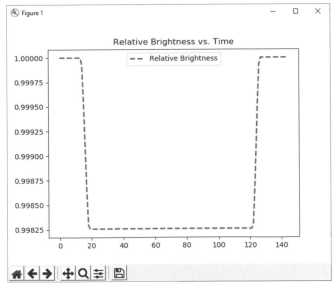

圖 8-6: transit.py 所畫的亮度曲線

乍看之下，這個曲線下凹的幅度似乎有點誇張，但只要看一下 y-軸的值，就會發現系外行星只讓恆星的亮度減少百分之 0.175！若想看看這

樣的幅度表現在對亮度曲線上的樣子 (如圖 8-7)，請在 plt.show() 之前
加以下面這行程式：

```
plt.ylim(0, 1.2)
```

　　由凌日引起的亮度改變極細微，但仍可查覺亮度曲線的變化。不
過，為了不要瞇著眼來看這個亮度曲線的變化，所以建議還是維持讓
matplotlib 自動擬合 y 軸，畫出如圖 8-6 的效果。

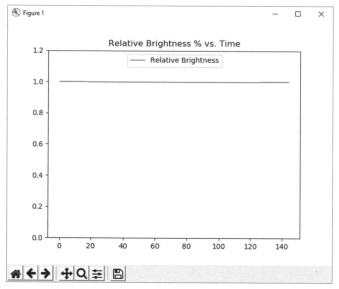

圖 8-7: 圖 8-6 經過調整 y-軸範圍後的結果

　　最後就是呼叫 main() 函式的程式碼 ❷。除了亮度曲線外，在 shell
中還會輸出系外行星的估計半徑。

```
estimated exoplanet radius = 6.89
```

　　這樣就算大功告成了，只用了不到 50 行的 Python 程式，就完成了
一個尋找系外行星的方法！

8.2.6 對凌日法做不同的實驗

既然完成了一個有效的模擬，就可以用它來建立凌日行為的模型，以便日後進行實際觀察時，能做出更好的分析。方法之一就是針對各種可能出現的情況進行模擬，並畫出一個系外行星預期行為的圖表，研究人員可利用它來解讀現實中觀察到的亮度曲線。

舉例來說，如果系外行星的公轉軌道面相對於地球是傾斜的，則凌日現象發生時，只有系外行星的局部會越過恆星表面。研究人員是否能由其亮度曲線的特徵找出系外行星的位置，或是它會變成看起來是個較小的系外行星在凌日？

如果用系外行星半徑 7 執行模擬，並讓它掠過恆星的底部，將會得到如圖 8-8 的 U 形曲線。

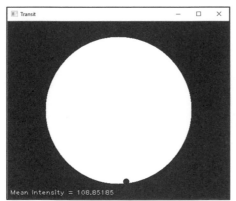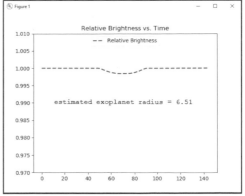

圖 8-8: 半徑 7 的系外行星只有部份越過恆星時所得到的亮度曲線

但如果改用半徑 5，並讓系外行星完整越過恆星表面，則會得到如圖 8-9 的結果。

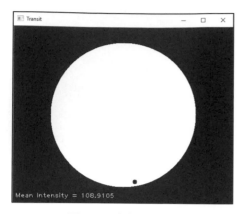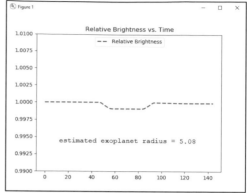

圖 8-9: 半徑 5 的系外行星完整越過恆星時所得到的亮度曲線圖

　　當系外行星只是部份掃過恆星的一側，而從未完整掠過它時，重疊區域會不斷改變，因此會產生圖 8-8 中的 U 形曲線。但如果系外行星完整的越過恆星表面，曲線的底部會是平的，如圖 8-9。而且在部份掠過的情況，表示沒有得到整個系外行星疊在恆星前的數據，所以將無法估算其確實的大小。因此如果亮度曲線沒有平坦的底部，就表示對其大小的估算可能不太可靠。

　　如果用多組不同的系外行星半徑做模擬，就會發現亮度曲線的變化有某種規律性。隨半徑增加，曲線下凹的幅度也會增加，因為有較高比例的光線被遮住了 (參見圖 8-10 和圖 8-11)。

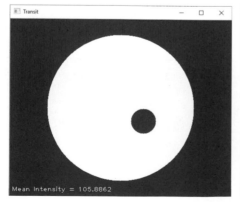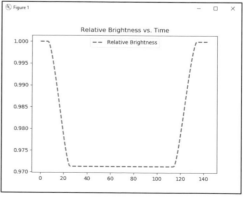

圖 8-10: EXO_RADIUS = 28 的亮度曲線

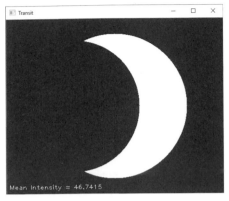 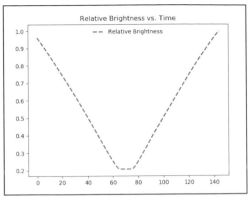

圖 8-11: EXO_RADIUS = 145 的亮度曲線

　　因為系外行星是具有光滑邊緣的圓形物體，所以凌日時產生的亮度曲線變化應該也是連續增加或減少的平滑斜坡。這一點相當重要，因為天文學家們在尋找系外行星時，曾記錄到不平滑的亮度曲線。在章末的練習專案，將會練習用程式來探測可能是外星工程的不規則形狀物體造成的亮度曲線！

8.3 專案：系外行星影像

　　到 2025 年時，將會有 3 個巨型的天文望遠鏡 (2 個在地球上，1 個在太空中) 用紅外線和可見光拍攝地球大小的系外行星的影像。在最理想的情況下，拍攝到的系外行星影像中間會擁有 1 個飽和度高的像素，周圍環繞的像素雖然未像中間飽和度那麼高，但足以辨識該行星是否轉動、有沒有大陸和海洋、氣候和季節、是否適合生命存活！

▍專案目標

　　在本專案中，我們把地球當做遠方的系外行星對它進行分析。分析方式是先畫出像素層級的地球，再用畫出紅、綠、藍，三種顏色 channel 的統計圖分析。

把地球作為分析對象的原因，是因為我們對地球比較熟悉，這樣才能較容易從 1 個像素的範圍看出大陸、海洋等特徵，還能由反射光的顏色組成和強度，推斷系外行星的大氣、表面特徵和旋轉。

編註：這裡要做的事情有點抽象，所以小編用白話的說法再說一次。由於系外行星距離太遠，天文望遠鏡拍攝到這顆行星的影像很小，小到可能只有 1 個像素，而科學家只要不斷拍攝同一個像素的位置，就可以依據像素顏色 (RGB 值) 的變化，推斷出這顆行星的各種資訊。為了方便求證，會用地球的影像來模擬。

▌範例檔案說明

要用單一像素來表現不同的地表特徵和雲層，只需用到 2 個影像，分別是西半球和東半球，而且 NASA 已經拍好了這兩個半球的相片 (參見圖 8-12)。程式檔 (pixelator.py) 和影像檔 (earth_west.png 與 earth_east.png) 都可由本書的下載網站取得，請確定它們和程式放在同一資料夾，且不要更動檔名。

earth_west.png

earth_east.png

圖 8-12: 地球的西半球和東半球

程式邏輯說明

　　兩個半球的影像檔大小都是 474×474，這個解析度對未來的系外行星影像來說太高，系外行星的影像大概只有 9 個像素，而且僅中間那一格像素有完全涵蓋行星本身 (參見圖 8-13)。

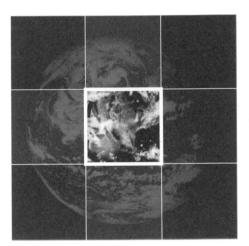 

圖 8-13: 在 earth_west.png 和 earth_east.png 影像上套上九宮格的情形

　　所以我們要將地球的影像降階，將之映射到 3×3 的矩陣。因為 OpenCV 是用 NumPy 處理影像，所以這項工作並不難。不過因為 3×3 實在太小，難以檢視行星表面的變化，所以會把影像再放大成 300×300。

　　接著要讓人直觀了解，進行資料視覺化。程式會先擷取影像像素的主色 (紅綠藍)，計算各顏色 channel 的平均，最後用 matplotlib 以圓餅圖表顯示結果。

8.3.1 匯入模組和縮放影像

　　程式 8-6 開頭先匯入繪圖及處理影像的模組，並載入地球影像且將它們縮成 3×3 陣列，然後再放大到 300×300 像素，以便之後將之顯示在螢幕上。

▶ 程式 8-6: pixelator.py 第 1 段，匯入模組，以及載入、縮放、顯示影像

```
import numpy as np
import cv2 as cv                              } 匯入模組
from matplotlib import pyplot as plt

files = ['earth_west.png', 'earth_east.png']  ◀── 建立地球影像 list

for file in files:
    img_ini = cv.imread(file)  ◀── 載入地球影像
    pixelated = cv.resize(img_ini, (3, 3), interpolation=cv.INTER_AREA)◀
                                                            縮小影像

    img = cv.resize(pixelated, (300, 300), interpolation=cv.INTER_AREA)◀
                                                            放大影像
    cv.imshow('Pixelated {}'.format(file), img)  ◀── 顯示影像
    cv.waitKey(2000)  ◀── 暫停 2 秒
```

　　匯入 NumPy 和 OpenCV 用於處理影像，matplotlib 則是把影像色彩製作成圓餅圖。

　　接著設定包含 2 個地球影像檔檔名的 list，然後用迴圈載入 list 中的 2 個檔案，因為 OpenCV 預設就是以彩色模式載入影像，所以不需加任何引數。

　　您的目標是將地球影像縮小，影像周圍像素僅部分屬於縮小的地球，中間的像素點則是完全屬於地球影像。用 OpenCV 的 resize() 方法將影

像由原本的 474×474 縮小成 3×3，傳入的引數分別是原影像、新的寬與高、要採用的插補演算法，傳回的結果存於 pixelated。當需要由現有的像素值來算出新的未知點的像素值時，就要用到**插補 (Interpolation) 演算法**，OpenCV 官方文件建議在縮小影像時使用 INTER_AREA 法 (請參見 https://docs.opencv.org/4.3.0/da/d54/group__imgproc__transform.html 中的 geometric image transformations 段落)。

縮小後的影像小到很難看到，所以把它放大到 300×300 以方便檢視，放大時使用 INTER_NEAREST 或 INTER_AREA 法都可保留像素的邊界。顯示此影像 (如圖 8-14) 並用 waitKey() 暫停 2 秒。

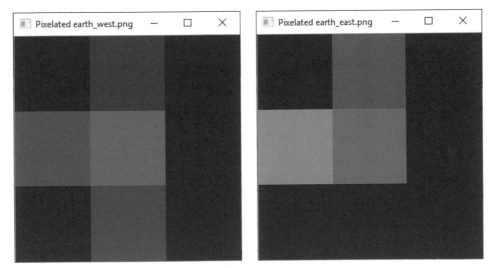

圖 8-14: 以灰階檢視像素化的彩色影像

當影像被縮小成 3×3 矩陣，影像原本所有的細節都會喪失，所以再放大回來也不會回復原來的樣子（編註：縮小成 9 個像素時，其他像素值都不會保留下來，因此放大成 300×300 時，自然無法還原成原來地球的模樣）。

8.3.2 計算各顏色 channel 平均並制作圓餅圖

　　程式 8-7 仍在前一段的迴圈中，此處會製作和顯示縮小影像的紅綠藍的圓餅圖，利用此圖表可推估行星的氣候、地貌、自轉等資訊。

▶ 程式 8-7：pixelator.py 第 2 段，計算各顏色 channel 的平均並製作圓餅圖

```
    b, g, r = cv.split(pixelated)  ◄── 取出顏色值藍、綠、紅
    color_aves = []  ◄── 建立存放平均值的空 list
    for array in (b, g, r):
        color_aves.append(np.average(array))  ◄── 放入平均值
    labels = 'Blue', 'Green', 'Red'  ◄── 設定顏色名稱
    colors = ['blue', 'green', 'red']  ◄── 建立指定顏色 list
    fig, ax = plt.subplots(figsize=(3.5, 3.3))  ◄── 建立子圖表(尺寸單位為英吋)
    _, _, autotexts = ax.pie(color_aves,  ❶ 製作圓餅圖
                             labels=labels,
                             autopct='%1.1f%%',
                             colors=colors)
    for autotext in autotexts:
        autotext.set_color('white')  ◄── 設定圓餅圖文字顏色為白色
    plt.title('{}\n'.format(file))  ◄── 設定圖表標題

plt.show()  ◄── 顯示圖表
```

　　先用 OpenCV 的 split() 方法將影像中各顏色值分出來並設定給變數 b、g、r，它們都是陣列，所以如果用 print(b) 會得到如下內容：

```
[[ 49 93  22]
 [124 108 65]
 [ 52 118 41]]
```

　　每個數字都代表一個像素的單一顏色值 (本例為 RGB 中的藍色)。要計算它們的平均，先建立一個空 list 來存放平均值，然後用迴圈以 NumPy 的 average() 方法計算平均並存到 list 中。

接著開始製作圓餅圖，先設定顏色名稱給 labels 變數，這是顯示時要用的文字；再設定另一組名稱用於指定圓餅圖所用的顏色，這將用於覆蓋掉 matplotlib 的預設值。製作圖表時，以慣用的 fig, ax 表示 figure (整個圖表) 和 axis (子圖表) 物件，然後以圖表尺寸 (單位為英吋) 呼叫 subplots() 方法。

因為各影像間的顏色差異不大，所以要將各顏色的比例寫在圖表旁邊，才能比較容易看出來。由於 matplotlib 預設使用黑色文字，在深色背景前不容易閱讀，所以先呼叫 ax.pie() 畫出圓餅圖並取得 autotexts list ❶，此方法會傳回 3 個 list，分別為圓餅圖內每個圖塊、文字標籤、和數字標籤。因此只需用到 autotexts 這一項，所以用底線字元 (_) 表示不需用到前 2 個傳回值。

傳遞給 ax.pie() 的引數包括顏色 channel 平均值的 list、標籤的 list、將 autopct 參數設定為要顯示數字到小數後 1 位，若未設定此參數，則方法也不會傳回 autotexts list，最後一個引數則是指定顏色 list。

第 1 個影像傳回的 autotexts list 內容如下：

```
[Text(0.1832684031431146, 0.5713253822554821, '40.1%'), Text(-0.56462374
42340427, -0.20297789891298565, '30.7%'), Text(0.36574010704848686,
-0.47564080364930983, '29.1%')]
```

每個 Text 物件都包含 (x, y) 座標和百分比數值字串，它們都還是會以黑色顯示，所以用迴圈逐一為它們呼叫 set_color() 將之設為白色。接著設定圖表的標題為檔案名稱，然後顯示結果 (參見圖 8-15)。

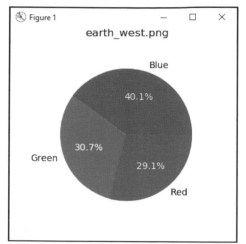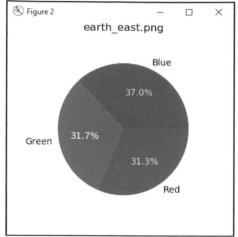

圖 8-15: pixelator.py 繪製的圓餅圖

　　雖然兩張圖看起來很相似，但其間的差別頗具意義，先參照一下原始影像，在 earth_west.png 影像中有海洋佔的區域較大，所以圓餅圖中的藍色部份也比較大。

8.3.3　為單一像素作圖

　　圖 8-15 的內容是代表整張影像，其中也包含了一部份的黑色背景。如果要做最純的圖像，可以用程式 8-8 的內容，只為影像中間的那一個像素來製作圖表，這段程式是將 pixelator.py 內容略作修改，修改的部份已加註在程式中，在下載的 Chapter_8 資料夾中可找到這個 pixelator_saturated_only.py 的程式檔。

▶ 程式 8-8：pixelator_saturated_only.py，只用影像中間的像素繪製圓餅圖

```python
import cv2 as cv                                    ⎫ 匯入模組
from matplotlib import pyplot as plt                ⎭

files = ['earth_west.png', 'earth_east.png']   ◀── 建立地球影像 list

for file in files:
    img_ini = cv.imread(file)   ◀── 載入地球影像
    pixelated = cv.resize(img_ini, (3, 3), interpolation=cv.INTER_AREA)
                                                            縮小影像
    img = cv.resize(pixelated, (300, 300),
                    interpolation=cv.INTER_NEAREST)   ◀── 放大影像
    cv.imshow('Pixelated {}'.format(file), img)   ◀── 顯示影像
    cv.waitKey(2000)   ◀── 暫停 2 秒

    color_values = pixelated[1, 1]   ❶  選擇中間的像素

    labels = 'Blue', 'Green', 'Red'   ◀── 設定顏色名稱
    colors = ['blue', 'green', 'red']   ◀── 建立指定顏色 list
    fig, ax = plt.subplots(figsize=(3.5, 3.3))   ◀── 建立子圖表(尺寸單位為英吋)
    _, _, autotexts = ax.pie(color_values,  ❷ 製作圓餅圖
                             labels=labels,
                             autopct='%1.1f%%',
                             colors=colors)
    for autotext in autotexts:
        autotext.set_color('white')   ◀── 設定圓餅圖文字顏色為白色
    plt.title('{} Saturated Center Pixel \n'.format(file))  ❸ 設定圖表標題

plt.show()   ◀── 顯示圖表
```

　　原本在程式 8-7 中分離影像顏色 channel 和計算其平均的四行程式，在此被替換成一行 ❶，pixelated 變數是個 NumPy 陣列，因為索引是由 0 起算，所以 [1, 1] 代表的剛好是九宮格中間的位置。如果印出 color_values 變數，結果如下：

```
[108 109 109]
```

它們是中間這一個像素的藍、綠、紅顏色值，可直接將之傳遞給 matplotlib 作圖 ❷，另外也修改了圖表的標題文字 ❸，以免與前一個圖混淆。其結果如圖 8-16 所示。

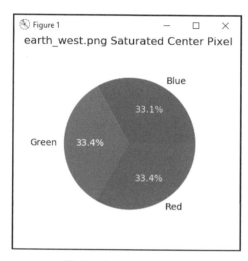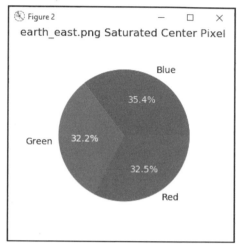

圖 8-16: 由 pixelator_saturated_only.py 為單一像素畫的圓餅圖

雖然資料不多，而且從圖 8-15 或圖 8-16 看來，西半球和東半球之間的顏色差異都很小，不過這是我們實際觀察所得，這個做法可重製、且有單一性（編註：符合科學精神），其結果是有意義的。

在現實的系外行星觀測中，會儘可能取得更多張影像，如果長期得到的亮度和顏色模式都相同，就可以排除諸如天氣之類的隨機效應。如果長時間的觀察發現，顏色模式變化是可預測的，表示可能觀察到季節的變化，像是冬天出現白色極冠 (polar cap)，春夏有綠色植物覆蓋。

若在相當短時間內有週期性的變化，則可推斷為行星的自轉。在章末的練習專案，會讓讀者練習計算系外行星一天的長短。

8.4 本章總結與延伸練習

　　本章練習使用 OpenCV、NumPy、matplotlib 建立影像並計算其性質，同時也做了影像的縮放、並用圖表表示其亮度和顏色模式的資訊。我們用短短的 Python 程式，就模擬出天文學家們用以發現和研究系外行星所採用的重要方法。

▊ 練習專案：偵測外星巨型結構

　　在 2015 年時，有人從克卜勒太空望遠鏡的資料注意到天鵝座中的塔比星 (Tabby's Star) 有一些異常的現象，它在 2013 年的亮度曲線有不規則的變化，且變化幅度超過一般行星影響的範圍 (參見圖 8-17)。

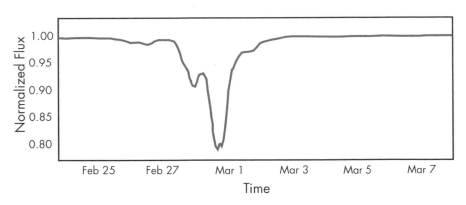

圖 8-17: 克卜勒太空望遠鏡量測到的塔比星 (Tabby's Star) 亮度曲線

　　除了亮度大幅下滑外，曲線也有一般凌日現象所沒有的不對稱性和上下跳動的情形。各方提出的解釋包括該恆星吞噬了一個行星、有個解體中的彗星雲通過、有環的行星後面拖著一群小行星或是**外星巨型結構 (alien megastructure)** 造成的。

科學家猜測如果有這麼大的人造結構，其用途可能是外星文明用來蒐集其恆星的能源。科學界和科幻界都對這個驚人的大型太陽能板計劃提出了構想，像是戴森雲 (Dyson swarms)、戴森球 (Dyson spheres)、《環形世界》(ringworlds) 和 Pokrovsky shells (參見圖 8-18)。

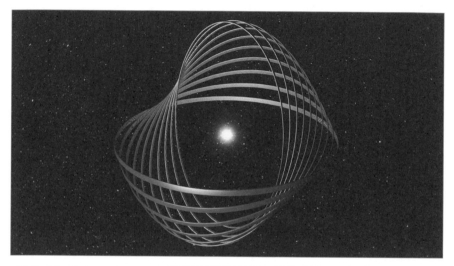

圖 8-18: Pokrovsky shell 是環繞恆星外圍的環狀系統，以攔截恆星的幅射

在這個練習專案中，請用 transit.py 程式來模擬塔比星 (Tabby's Star) 亮度曲線的變化。將原本程式中用的圓形 (系外行星) 換成其它的幾何圖案，不必做到和其曲線完全一致，只需捕捉到其主要的特徵，像是非對稱、有不規則的跳動、下降的幅度很大等等。

從下載的 Chapter_8 資料夾可找到筆者所做的嘗試 practice_tabbys_star.py，它所產生的亮度曲線如圖 8-19 所示。

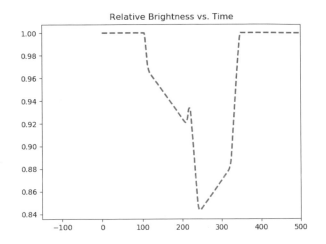

圖 8-19: 用 practice_tabbys_star.py 畫出的亮度曲線

　　話說回來，由實際的觀察發現，環繞塔比星的物體可讓某些波長的光線通過，所以不會是實心的物體，根據此現象和被吸收的波長，科學家相信這個現象是因為宇宙塵埃所造成的。不過其它的星體，像是天秤座的 HD 139139 也出現不規則的亮度曲線，而且在本書寫作時，還沒有合理的解釋可說明其現象。

 編註：這個實驗其實只是透過「不規則的星體」來產生不規則的亮度曲線，至於實際上塔比星為何會有不規則的亮度曲線，其原因包括外星文明的推論在內，目前都還未經證實。

▌練習專案：偵測小行星的凌日現象

　　小行星 (Asteroid) 群可能是造成亮度曲線不對稱的原因。小行星帶通常是由於行星碰撞或太陽系形成時的碎塊所形成的，像是在木星軌道上的**特洛伊群小行星 (trojan asteroids)** (參見圖 8-20)，在 NASA 的 "Lucy: The First Mission to the Trojan Asteroids" 網頁 https://www.nasa.gov/mission_pages/lucy/overview/index 可看到有關特洛伊群小行星的有趣動畫模擬。

圖 8-20: Trojan asteroids 有超過百萬個小行星與木星在相同的軌道上

　　請試修改 transit.py 程式來模擬小行星的凌日現象，讓程式隨機建立半徑 1 到 3 的小行星，但半徑 1 佔較大的比重，並讓使用者輸入小行星的數量。在程式中不需計算系外行星半徑了，因為該計算是針對單一系外行星，本例並不適用。嘗試用不同數量、大小的小行星，以及不同的位置分佈 (沿 x-軸和 y-軸) 做測試，圖 8-21 為筆者所做的某一次測試的結果。

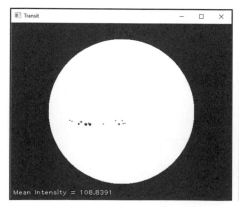
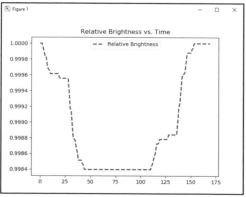

圖 8-21: 用隨機產生的小行星群造成的不規則、非對稱的亮度曲線

參考解答 practice_asteroids.py，這個程式是用物件導向程式設計 (OOP) 的方式撰寫，以簡化管理眾多小行星物件的工作。

▌練習專案：加入臨邊昏暗現象

光球 (Photosphere) 是恆星會輻射光和熱的發光外層，由於光球表面距核心較遠，所以溫度較低，因此恆星的圓周亮度會比圓心稍暗 (參見圖 8-22)，這稱之為**臨邊昏暗 (limb darkening)**。

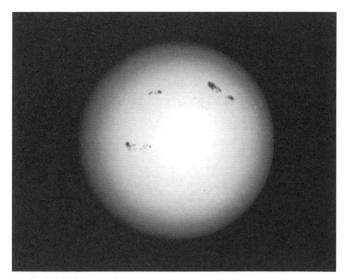

圖 8-22: 太陽的臨邊昏暗現象和太陽黑子

請改寫 transit.py，將臨邊昏暗的效果加入程式中，代表恆星的圓請改用下載的 Chapter_8 資料夾中的 limb_darkening.png 影像檔即可。

臨邊昏暗現象會影響行星凌日時的亮度曲線線形，和本專案的亮度曲線相比，受臨邊昏暗影響的曲線較不方整，比較圓滑，底部也呈弧形，如圖 8-23 所示。

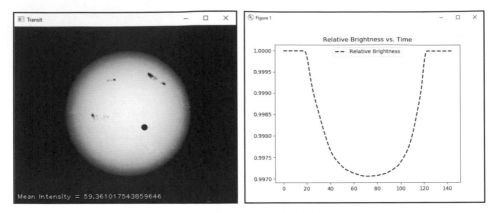

圖 8-23: 臨邊昏暗對亮度曲線的影響

　　用修改過的程式再做一次在第 8-15 頁『對凌日法做不同的實驗』小節中，對部份凌日現象所做的分析。由結果可發現，和部份凌日相比，完整凌日的亮度曲線會有較寬、較平的底部 (如圖 8-24)。

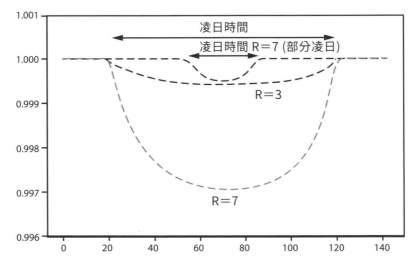

圖 8-24: 臨邊昏暗的完整凌日和部份凌日的亮度曲線 (R＝系外行星半徑)

　　而如果小的行星的完整凌日發生在恆星的邊緣，則臨邊昏暗會讓它看起來像是較大行星的部份凌日現象，請參見圖 8-25，圖中箭頭所指的是行星的位置。

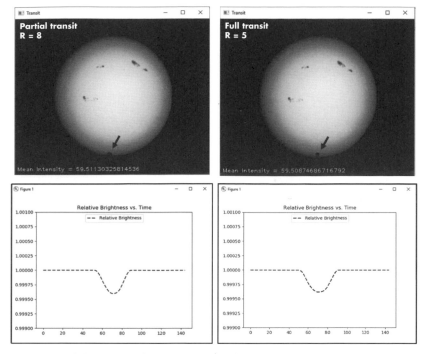

圖 8-25: 半徑為 8 像素的部份凌日和半徑為 5 像素的完整凌日的比較

　　還好天文學家有許多工具來提取糾纏在亮度曲線中的訊息，由多次的凌日事件記錄，他們可以調整系外行星的諸多參數，像是行星與恆星的距離、利用亮度曲線中的變化來推估行星完全在恆星表面上方的時間，他們也可估計臨邊昏暗的理論值，並且用類似於我們所進行的方式，以各項參數進行模擬，然後將假設值與實際觀察到的現象做比對。

　　參考解答：practice_limb_darkening.py。

▌練習專案：偵測星斑

　　太陽黑子 (Sunspots) 是因磁場造成局部表面溫度降底的現象，對遠方的恆星則稱之為**星斑 (starspot)**。星斑也會讓恆星變暗，並影響亮度曲線，在圖 8-26 中，系外行星經過星斑時，造成亮度曲線出現跳動的現象。

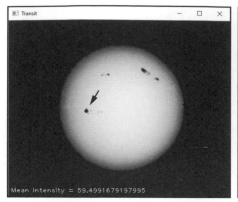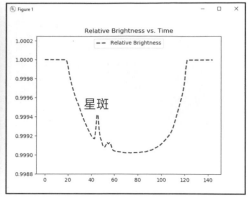

圖 8-26: 系外行星 (左圖中箭頭所指處) 通過星斑時，使亮度曲線出現跳動的現象

　　要對星斑進行實驗，請使用之前練習專案中的 practice_limb_darkening.py 進行修改，讓一顆與星斑大致相同大小的系外行星在凌日過程中經過星斑上方。若要重現圖 8-26 的內容，可使用 EXO_RADIUS = 4、EXO_DX = 3、EXO_START_Y = 205。

▌練習專案：偵測外星艦隊

　　這是個假設題。系外行星 BR549 上的超進化海狸和地球上的正常海狸一樣，一直非常忙碌，現在牠們的殖民艦隊已經裝載完成，準備離開軌道，拜其系外行星探測工作所賜，牠們決定放棄自己資源已被啃盡的母星，準備移居到綠色的地球！

　　請寫個 Python 程式來模擬眾多太空船經過恆星表面的凌日現象，各太空船可有不同的大小、形狀、速度 (就像圖 8-27 的樣子)。

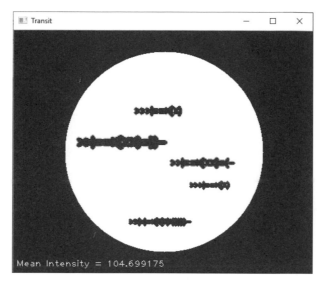

圖 8-27: 外星殖民艦隊準備進軍地球

將產生的曲線與塔比星 (圖 8-17) 和小行星專案的曲線做比較，這些太空船是否會導致特殊的線形，或者是和小行星、星斑等自然現象的亮度曲線有相同的模式？

參考解答：practice_alien_armada.py。

▌練習專案：偵測有衛星的行星

如果系外行星有衛星，又會產生什麼樣的亮度曲線呢？請撰寫一個 Python 程式，模擬有個小衛星繞行一個較大的系外行星的情況，並畫出亮度曲線。

參考解答：practice_planet_moon.py。

練習專案：量測系外行星一天的長度

你的天文學家上司交付了 34 張、間隔 1 小時拍攝的系外行星 BR549 影像，請撰寫 Python 程式依序載入影像後，測量每張影像的亮度，然後用所得的值畫成一條亮度曲線，如圖 8-28。用它來估算 BR549 一天的長度。

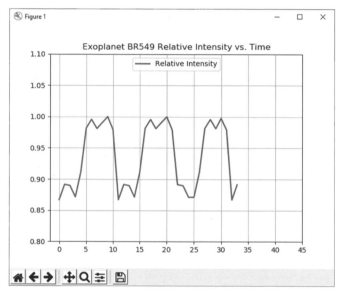

圖 8-28: 用 34 張系外行星 BR549 影像做成的亮度曲線

影像資料夾：br549_pixelated。

參考解答：practice_length_of_day.py。

挑戰題：產生動態的亮度曲線

改寫 transit.py 程式，讓亮度曲線隨著模擬的進行一步步地更新，而不是在執行到最後才整個畫出來。

09

異世界的敵我識別系統

人臉偵測 (face detection) 是一種可以在數位影像中找出人臉位置的機器學習技術，人臉辨識 (face recognition) 則是進一步辨識出人臉身份的技術，人臉偵測是人臉辨識的第一步。人臉偵測與辨識的各種應用相當廣泛，例如在社群媒體上標記照片、數位相機的自動對焦功能、手機解鎖、尋找失蹤兒童、追查恐怖分子、提升付款安全性等。

在本章中，你將使用 OpenCV 中的機器學習演算法來編寫機器步哨防禦槍的程式。本章我們的任務是要區分出人類與來自其他世界的變種人，偵測出人類的存在，我們將依靠一般人類臉部的特徵來做判斷。在第 10 章，你將會接獲下一步的指令—以人臉來辨識他人的身份（編註：需要更細微捕捉每個人的專屬特徵）。

9.1 偵測人臉—Haar 特徵與分類器

我們之所以可以進行人臉偵測，是因為人臉具有相似的模式。一些常見的人臉模式是眼睛的顏色比臉頰深、鼻樑的顏色比眼睛亮，如圖 9-1 所示。

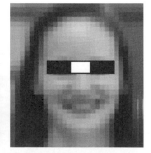

臉部　　　　　　　眼睛與臉頰　　　　　　眼睛與鼻樑

圖 9-1: 人臉中的一些亮區和暗區示意

　　你可以使用如圖 9-2 中的模板來萃取這些模式，這就是所謂的 Haar 特徵 (Haar features)，我們知道各種物體都是由點、線、面所構成，而我們要辨識的物件，也可以拆解成一個一個特定形狀的小影像，而這些小影像就是不同的 Haar 特徵（編註：也可理解為物件辨識的最小單位）。而物件辨識 (object recognition) 的過程，其實就是將影像跟這些 Haar 特徵做運算，我們會將某一個模板 (Haar 特徵) 疊在灰階影像上，將與模板白色部分重疊的灰階像素值相加，再減去所有與模板黑色部分重疊的灰階像素值。運算過後，可以幫每個 Haar 特徵輸出一個強度值（編註：灰階影像跟模板重疊後，只要黑的部分越深、白的部分越白，強度值會越高，因此可理解為影像跟某個特徵有多像）。

圖 9-2: Haar 特徵模板的範例

　　在圖 9-1 中間的影像，「邊緣特徵」模板是用以萃取較暗的眼睛部位和較亮的臉頰間的對比關係。在圖 9-1 的右圖，「線特徵」模板則是萃取眼部和較亮的鼻樑間的關係。

　　但是要將物件拆解成怎麼樣的 Haar 特徵？哪些特徵足以代表我們要辨識的人臉？這至少需要成千上萬張影像比對之後才能得到，而且運算時間也很長。還好 OpenCV 就內建了許多事先訓練好的分類器，其中也包含了人臉偵測分類器，可以很快掃描影像，找出其中是否有類似人臉特徵的形狀，並輸出 1 或 0 做為偵測的預測值。

　　OpenCV 的階層式分類器 (cascade classifier) 是由許多階層的過濾器所組成，每一層過濾器又是由多個 Haar 特徵的組合。比對影像時，分類器會使用滑動窗口 (sliding window)，固定一個小的矩形區域在影像上來回移動掃描，如果這個區域與特徵運算後的強度值沒有達到我們設定的過濾器閾值，可以當作這個範圍內沒有我們要的特徵，就會再移動到下一個位置來比對。只要有一層的過濾器未達閾值，就不會再比對其他過濾器的特徵，因此能快速地排除不是人臉的區域，如圖 9-3 的右側所示：

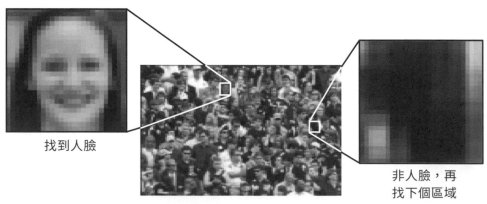

找到人臉

非人臉，再找下個區域

圖 9-3: 使用矩形滑動窗口來搜索影像中的人臉

反之，如果某個區域範圍的強度值超過了過濾器閾值，就會繼續計算下一組過濾器的強度值，再次判斷是否超過閾值，以此類推，直到偵測出人臉、或是排除可能性為止。由於影像每個區域的內容不同，有時候符合的特徵多、有時候一下子比對就不符合，因此滑動窗口的比對速度會時快時慢，這樣子解說可能還是略顯抽象，搭配觀看以下這個影片的示意說明，應該會更容易理解：https://vimeo.com/12774628/。

偵測到人臉後，OpenCV 的分類器會傳回偵測到的矩形範圍的座標，可以作為再進一步偵測的基礎，例如找出人臉後，再找出眼睛的部位。

9.2 專案：編寫機器步哨防禦槍程式

　　科幻影片或電玩遊戲常有地球軍與外星生物大戰的故事。假設聯盟海軍陸戰隊 (Coalition Marines) 在 LV-666 星球上部署了一支小隊，要保衛 Wykham-Yutasaki 公司所建立的秘密研究基地。技術人員藉由監視器可以取得現場影像 (圖 9-4)。

圖 9-4: 變異科學家 (左) 和海軍陸戰隊員 (右) 的監視器影像

　　LV-666 星球上所有外星變種人沒有像人類一樣的五官，雖然這似乎並不影響他們的行動能力。儘管沒有軍用級武器，它們仍然兇猛、致命且無人可擋。

　　技術人員負責要設置一個自動防禦站來保衛 5 號走廊，這是一條關鍵通道，如果此設施失守，整支小隊就有被成群結隊的狂暴變種人包抄並擊潰的風險。

防禦站主要由 UAC 549-B 自動步哨防禦槍構成，也被大兵們稱為機器步哨防禦槍 (圖 9-5)。它配備了四門帶有 1,000 發彈藥和多個感測器的 M30 自動機炮，包括一個動作感測器、電射測距裝置和光學鏡頭，防禦槍也會運用敵我識別 (identification friend or foe, IFF) 應答器來探查目標。所有聯盟海軍陸戰隊員都會攜帶這些應答器，使他們能夠安全地通過啟動的步哨防禦槍。

圖 9-5: UAC 549-B 自動步哨防禦槍

不幸的是，這些機器步哨防禦槍在著陸時損壞了，因此應答器無法再作用，也沒有其他現成能有效辨識身份的系統可用。你必須盡快解決這個問題，因為你的伙伴人數嚴重不足，而且變種人正在入侵中！

幸運的是，行星 LV-666 沒有其他物種，所以你只須區分人類和變種人。因為變種人基本上是沒有臉的，人臉偵測演算法是一個很可行的方案。

專案目標

編寫一個 Python 程式，當它在影像中偵測到人臉時，停用步哨防禦槍的發射機制。我們將直接使用 OpenCV 內建功能，以快速完成人臉偵測的任務。

程式邏輯說明

步哨防禦槍的動作感測器將處理觸發光學識別程序的工作，為了讓人類安然無恙地通過，你須警告他們先停下來並轉向面對鏡頭，這些動作需要幾秒鐘才能完成，而在驗明其身份為人類後，他們也還需要幾秒鐘才能通過步哨。

你也須執行一些測試以確保 OpenCV 的訓練集是足夠的，並且不會產生任何誤判使變種人趁隙侵入。當然，我們不希望防禦槍意外開火殺死任何人類，但小心謹慎是絕對必要的。只要一個變種人成功突破重圍，每個人都可能喪命。

範例檔案說明

本範例 sentry.py 是一個機器步哨防禦槍程式，程式碼會先掃描資料夾中的影像檔，偵測影像中的人臉，並顯示人臉加上框線的影像，它會根據結果決定「開火」或者「不開火」。你將使用 Chapter_9 資料夾中的 corridor_5 資料夾中的影像。與之前章節相同，在下載並開啟 sentry.py 後，請不要對資料夾中的檔案做移動或改名等動作。

比較理想的做法，應該讓步哨防禦槍直接透過攝影機來判斷。不過因為猜想讀者可能不方便化妝成變種人的模樣來測試，因此我們先準備好照片，讓你使用靜態影像替代。在本章的後面部分，你將有機會使用電腦的視訊鏡頭來偵測自己的人臉。

9.2.1 安裝 playsound 和 pyttsx3 模組

你還需要安裝兩個模組：playsound 和 pyttsx3。前者是一個用來播放 WAV 和 MP3 格式音訊檔案的跨平台模組。你將使用它來產生聲音效果，例如機槍開火和「all clear」的語音。後者是一個跨平台的包裝模組，它支援 Windows 和基於 Linux 的系統 (包括 macOS) 上的文字轉語音 (text-to-speech) 函式庫，步哨防禦槍將使用它來發出聲音警告和指示。與其他文字轉語音的函式庫不同的是，pyttsx3 可以直接從程式中讀取文字，而不必先將其儲存為音訊檔案；它也可以離線工作。對於使用語音的專案而言，它是個可靠的方案。

你可以在 PowerShell 或終端機視窗中使用 pip 來安裝這兩個模組。

```
pip install playsound==1.2.2
pip install pyttsx3
```

 playsound 最新版本在執行上有些問題，因此請指定 playsound 為 1.2.2 版本，若仍有錯誤，請把 Python 版本降為 3.7。

如果你在 Windows 上安裝 pyttsx3 時遇到錯誤，例如：No module named win32.com.client、No module named win32 或 No module named win32api，則請你先安裝 pypiwin32。

```
pip install pypiwin32
```

安裝完成後，你可能需要重新啟動 Python 的整合開發環境或編輯器。

有關 playsound 的更多資料，請參見 https://pypi.org/project/playsound/。至於 pyttsx3 的文件可以在 https://pyttsx3.readthedocs.io/en/latest/ 和 https://pypi.org/project/pyttsx3/ 找到。

9.2.2 匯入模組、設置語音引擎

程式 9-1 匯入模組，建立物件並設置語音引擎。

如果你尚未安裝 OpenCV，請參見第 1-14 頁的「安裝 OpenCV」。

▶ 程式 9-1：sentry.py 第 1 段，匯入模組，設置語音引擎

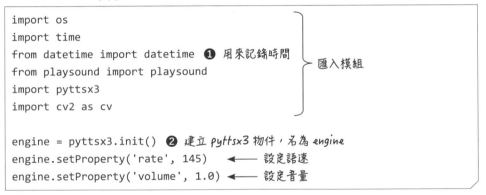

```
import os
import time
from datetime import datetime ❶ 用來記錄時間
from playsound import playsound                            匯入模組
import pyttsx3
import cv2 as cv

engine = pyttsx3.init() ❷ 建立 pyttsx3 物件，名為 engine
engine.setProperty('rate', 145)  ◀─── 設定語速
engine.setProperty('volume', 1.0) ◀─── 設定音量
```

除了 datetime、playsound 和 pyttsx3 以外，如果你閱讀了之前的章節，應該已經對其他的函式庫很熟悉了 ❶。你將使用 datetime 來記錄在走廊中偵測到入侵者的確切時間。

要使用 pyttsx3，我們先建立一個 pyttsx3 物件並將其指派到一個命名為 engine 的變數 ❷，之後我們稱它為 engine 物件。後續我們將使用 engine 物件來產生和停止語音、取得和設置語音引擎屬性等。

接下來的兩行程式是設置語速和音量屬性。語速通常會設快一點,但仍然可以被清楚地理解。這裡使用的語速值 145 是經由反覆試驗來確定的。音量應設為最大值 (1.0),以使任何偶然進入走廊的人都能清楚地聽到警告與指示。

Windows 語音版本

Windows 上的英文預設語音是男性 (HKEY_LOCAL_MACHINE\SOFTWARE\Microsoft\Speech\Voices\Tokens\TTS_MS_EN-US_DAVID_11.0),但也可以使用其他語音。例如,在 Windows 10 上你可以使用以下的引數來切換到英文女聲:

```
engine.setProperty('voice',
                'HKEY_LOCAL_MACHINE\SOFTWARE\Microsoft\
                Speech\Voices\Tokens\TTS_MS_EN-US_ZIRA_11.0')
```

要查看你的平台上可用的語音列表,可以使用以下程式:

```
import pyttsx3
engine = pyttsx3.init()
voices = engine.getProperty('voices')
for voice in voices:
    print(voice.name)
engine.runAndWait()
```

或參見 https://pyttsx3.readthedocs.io/en/latest/engine.html#changing-voices 上的「Changing voices」。

編註:因為我們語音文字為中文,所以 Windows 10 會以中文女性聲音 (HKEY_LOCAL_MACHINE\SOFTWARE\Microsoft\Speech\Voices\Tokens\TTS_MS_ZH-TW_HANHAN_11.0) 播放。

9.2.3 設置音訊、分類器檔案和走廊影像

　　程式 9-2 中所需檔案都各自指派給不同變數，並將當前資料夾更改為包含走廊影像的資料夾

▶ 程式 9-2：sentry.py 第 2 段，設置音訊、找到分類器檔案與走廊影像

```
root_dir = os.path.abspath('.')  ◀── 取得目前路徑
gunfire_path = os.path.join(root_dir, 'gunfire.wav')  ◀── 指定槍聲音訊
                                                            檔案路徑

tone_path = os.path.join(root_dir, 'tone.wav')  ◀── 指定通知音訊檔案路徑
path = "C:/Python310/Lib/site-packages/cv2/data/"  ❶ 包含分類器檔案的
                                                         資料夾路徑

face_cascade = cv.CascadeClassifier(path +\  ◀── 正臉分類器
                              'haarcascade_frontalface_default.xml')
eye_cascade = cv.CascadeClassifier(path +\  ◀── 眼睛分類器
                              'haarcascade_eye.xml')
os.chdir('corridor_5')  ❷ 切換到影像所在的資料夾
contents = sorted(os.listdir())  ◀── 列出資料夾的內容
```

　　設置槍聲的錄音，這是要在走廊中偵測到變種人時播放的。我們用 os.path.abspath('.') 來取得目前所在位置的絕對路徑（包含完整資料夾），然後存到 root_dir 變數，再使用 os.path.join() 函式將此絕對路徑與檔名結合起來，即可指定槍聲音訊檔案 (gunfire.wav) 的所在位置，這樣的處理手法適用於各種系統。另一個音訊檔案 (tone.wav)，則是當程式識別出人類時的「all clear」語音，跟槍聲檔案放在相同的路徑下。

　　安裝 OpenCV 時，預先訓練好的 Haar 分類器 (正臉分類器) 會被下載為 .xml 檔案，我們將包含分類器檔案的資料夾路徑也指派到一個變數 ❶。在程式中顯示的是筆者 Windows 系統上的路徑。你的路徑可能略有差異，例如，在 macOS 上，你可能會在 opencv/data/haarcascades 找到這些檔案。你也可以在以下的網址找到這些檔案：https://github.com/opencv/opencv/tree/master/data/haarcascades/。

確定分類器路徑的另個方法—sysconfig 模組

sysconfig 模組預先安裝在 Python 內，要使用時直接匯入即可。

用 sysconfig 模組確認路徑，程式如下所示：

```
>>> import sysconfig
>>> path = sysconfig.get_paths()['purelib'] + '\cv2\data'
>>> path
'C:\\Python310\\Lib\\site-packages\\cv2\\data'
```

以上的方法在 Windows 上都可以正常運作，但在 Ubuntu 上，作者建議只用在 Python 虛擬環境中。

我們使用 OpenCV 的 CascadeClassifier() 函式來載入分類器檔案 (.xml)。使用字串連接路徑變數和分類器的檔名，並將結果指派到一個變數。

請注意，這裡為了簡化系統，我們只使用兩種分類器，也就是偵測人臉 (正面) 和眼睛的分類器。你也可以使用其他分類器來偵測側臉、微笑、眼鏡或上半身等人類特有的特徵。

最後，將程式用於你在守衛的走廊所拍攝的影像。先用 os.chdir() 切換到放置影像的資料夾 ❷，然後列出資料夾的內容並將結果指派到一個內容變數。因為這裡我們不使用資料夾的完整路徑，所以你須從包含它的資料夾啟動程式，也就是比包含影像的資料夾再高一層的資料夾。

9.2.4 發出警告、載入影像和偵測人臉

程式 9-3 使用一個 for 迴圈來走訪包含走廊影像的資料夾。我們希望一旦任何物體進入走廊，步哨防禦槍就會立即進行偵測。判斷是否有任何物體進入有很多作法，可以設置動作感測器、也可以透過影像的變動來判斷，此處我們是用靜態圖片，因此假設每次迴圈都代表有新的物體出現，等待判別是敵是友。

進入走廊 (迴圈) 會馬上武裝防禦槍，然後它會以語音要求入侵者停下腳步並面對鏡頭，入侵者有幾秒鐘的時間來遵守指令。之後，我們可以呼叫分類器來搜索人臉。

▶ 程式 9-3: sentry.py 第 3 段，走訪影像、發出語音警告，並搜索人臉

```
for image in contents:
    print(f"\nMotion detected...{datetime.now()}")      ❶ 顯示偵測到移動跡象
                                                            發生時間

    discharge_weapon = True    ◀── 先武裝好防禦槍 (可開火狀態)
    engine.say("你已經進入射擊區域。\      ❷ 放入要播放的語句
                請停止腳步，立即把頭轉向槍的位置。\
                當你聽到聲響，你只有 5 秒鐘的時間能通過。")
    engine.runAndWait()   ◀── 強制暫停程式的執行，並播放語音
    time.sleep(3)   ◀── 暫停程式 3 秒

    img_gray = cv.imread(image, cv.IMREAD_GRAYSCALE)    ❸ 載入灰階影像
    height, width = img_gray.shape   ◀── 取得影像高度和寬度
    #若已經確定可以正常偵測每張影像，以下三行可註解起來
    cv.imshow(f'Motion detected {image}', img_gray)   ◀── 顯示影像
    cv.waitKey(2000)   ◀── 視窗停滯 2 秒
    cv.destroyWindow(f'Motion detected {image}')   ◀── 關閉視窗

    face_rect_list = []    ❹ 建立儲存偵測到人臉矩形的空 list
    face_rect_list.append(face_cascade.detectMultiScale(image=img_gray,
                                                        scaleFactor=1.1,
         放入正臉分類器結果                              minNeighbors=5))
```

開始走訪資料夾中的影像，每個新影像就代表走廊中又發現有物體移動，接著會印出偵測到移動跡象和發生的時間 ❶。請注意字串開頭最前面的 f，這代表 f-string 格式。f-string 全名為格式化字串文本 (formatted string literals)，是一種內含表達式的文字字串，表達式會用大括號 {} 包起來，裡面可以使用變數、字串、數學運算，甚至函式呼叫。當程式要印出字串時，這些表達式會被替換為它們所代表的值 (參見 https://www.python.org/dev/peps/pep-0498/)。這是 Python 中最快、最有效的字串格式。

為求小心謹慎，我們都先假設移動的物體疑似是變種人入侵，所以一開始就準備好要開火，但發射前會使用語音警告入侵者停下腳步，讓分類器更好進行掃描分析。

使用 engine 物件的 say() 函式，將要說的「話」用字串當作參數傳入即可 ❷。接下來我們呼叫 runAndWait() 函式。這會強制暫停程式的執行，清空 say() 佇列，並播放聲音。

對於某些 macOS 使用者，程式可能會在第二次呼叫 runAndWait() 時退出。如果發生這種情況，請從本書的網站下載 sentry_for_Mac_bug.py 程式碼。該程式使用作業系統的文字轉語音功能代替 pyttsx3。請記得你仍然需要更新這個程式中的 Haar 分類器路徑，如同在程式 9-2 ❶ 中所做的那樣。

接下來，使用 time 模組將程式暫停三秒鐘。這讓疑似入侵者有時間轉過來正視防禦槍的鏡頭。

此時，就要開始掃描影像，再次重申比較好的做法直接取得走廊攝影機的畫面，不過此處我們是直接載入 corridor_5 資料夾中的影像。呼叫 cv.imread() 函式，參數 flag 指定 IMREAD_GRAYSCALE，以灰階方式載入 ❸。

我們使用影像的 shape 屬性取得以像素為單位的高度和寬度。稍後要在影像上添加文字時，這些資料會派上用場。

人臉偵測僅適用於灰階影像，但 OpenCV 可以在分類器偵測完之後，再轉換回彩色影像。筆者在這裡選擇保留灰階影像，純粹是因為灰階影像顯示的效果看起來更令人毛骨悚然。如果要你想看到彩色影像，只需將前兩行更改如下：

```
img_gray = cv.imread(image)
height, width = img_gray.shape[:2]
```

接著在進行人臉偵測前，顯示影像兩秒鐘 (輸入單位為毫秒)，再關閉視窗。這只是為了確認程式正常執行，才需要一一檢查所有影像，在稍後你對系統運作感到滿意後，可以註解掉這些步驟。

創建一個空的 list 來儲存在當前影像中找到的任何人臉範圍 (矩形區域) ❹。OpenCV 將影像視為 NumPy 陣列，因此 list 中的元素是偵測出人臉影像矩形的左下角座標與其大小 (x 座標, y 座標, 寬度, 高度)，如以下輸出片段所示：

```
[array([[383, 169, 54, 54]], dtype=int32)]
```

接著就要使用 Haar 人臉分類器來偵測人臉了。我們經由呼叫 face_cascade 變數的 detectMultiscale() 函式來執行此項作業。將影像、比例值和最小鄰居數傳入作為參數，這些可用於在出現誤判或無法偵測到人臉的情況時作微調。

為了獲得良好的效果，影像中的人臉應該與用於訓練分類器的人臉大小相同。不過我們並不會知道實際偵測到的人臉大小為何，因此

OpenCV 是採用比例金字塔 (scale paramid) 的方法，透過 scaleFactor 參數來縮放影像 (圖 9-6)。

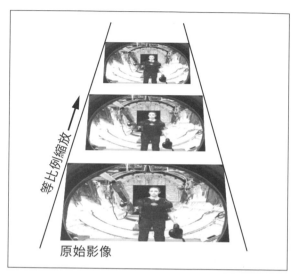

圖 9-6：「比例金字塔」示意圖

　　比例金字塔將影像以設定的倍數重複縮小（編註：有些文件是說放大滑動窗口，意思是一樣的），例如 scaleFactor 若設為 1.2，則影像每次將以 20% 漸進縮小，滑動窗口會在這個較小的影像上再次檢查 Haar 特徵。以上縮小和滑動的程序會持續進行，直到縮小的影像達到用於訓練的影像的大小為止。在我們使用的 Haar 分類器裡，這個大小是 20×20 像素 (你可以打開任何一個 .xml 檔案來確認這一點)。小於此值的窗口當然無法偵測，因此縮小到此即會結束。

 請注意，比例金字塔只會縮小影像而不會放大，是因為放大可能出現假影 (artifacts)。所謂的假影是指原本影像與調整後影像因電腦重組所產生的誤差，這種誤差會導致調整後影像上出現不明物體，讓影像失真。

　　每次重新縮小時，演算法都會計算許多新的 Haar 特徵，導致大量的誤判。為了清除它們，我們使用 minNeighbors 參數。

　　圖 9-7 就顯示了大量誤判的狀況 (多數框起來的都不是人臉)。此圖中的矩形本來應該是 haarcascade_frontalface_alt2.xml 分類器偵測到的人臉，我們將 scaleFactor 參數設為 1.05，因此會用不同的矩形來偵測，儘管多數框選都是誤判，不過正確的人臉也有框選出來，只是周圍聚集大小不一的矩形 (因為重覆框選，看起來像很粗的框框)。

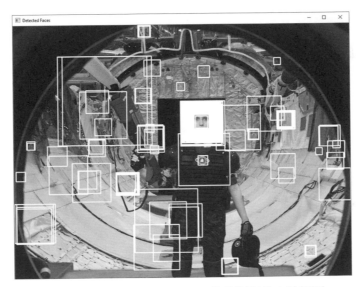

圖 9-7: 以 minNeighbors=0 的偵測到的人臉矩形

　　增加 minNeighbors 參數的值將提高偵測品質，但也會減少偵測到的人臉數目。如果設定值為 1，則僅會保留至少一個或多個相鄰矩形的矩形（編註：同時相鄰矩形只會保留一個框，因此圖 9-8 的框就少得多了），其他不符合此條件的矩形則會被捨棄 (圖 9-8)。

圖 9-8: 以 minNeighbors=1 的偵測到的人臉矩形

　　將最小鄰居數增加到 5 左右 (要有 5 個相鄰的矩形才會保留)，通常可以消除大部分的誤判 (圖 9-9)。這對於大多數應用程式來說可能已經足夠了，但是處理可怕的異次元怪物須更加嚴格。

圖 9-9: 以 minNeighbors=5 的偵測到的人臉矩形

圖 9-10 我們將 minNeighbor 設為 5，不過變種人的腳趾區域仍被誤植為人臉。如果發揮一些想像力，你可以看到矩形頂部有兩隻黑色的眼睛和一個明亮的鼻子，底部有一個暗色條的嘴部，這足以讓變種人安全地通過步哨，可想而知，這會是攸關生死的設定關鍵。

圖 9-10: 一個變種人的右腳趾區域被誤識為人臉

所幸，這個問題很容易解決，解決方案是：不要只搜索一種特徵，因此除了人臉分類器，我們還要搭配使用眼睛分類器。

9.2.5 偵測眼睛和停用武器

同樣在走訪走廊影像的 for 迴圈中，程式 9-4 使用 OpenCV 內建的眼睛分類器，在偵測到的人臉矩形中再搜索眼睛，作為額外的驗證步驟。搜索眼睛可以降低誤判機率，因為變種人沒有眼睛，如果至少發現一隻眼睛，即可假設現場有人類，即停用防禦槍的發射機制讓他們通過。

▶ 程式 9-4：sentry.py 第 4 段，偵測人臉矩形中的眼睛並停用武器

```python
print(f"Searching {image} for eyes.")        ◀── 印出當前搜索影像名稱
for rect in face_rect_list:        ◀── 一一取出偵測到的人臉矩形
    for (x, y, w, h) in rect:        ◀── 得到矩形的左下角座標和大小
        rect_4_eyes = img_gray[y:y+h, x:x+w]        ❶ 建立矩形子陣列
        eyes = eye_cascade.detectMultiScale(image=rect_4_eyes,
                                            scaleFactor=1.05,
                                            minNeighbors=2)
            使用眼睛分類器

        for (xe, ye, we, he) in eyes:        ❷ 得到眼睛影像矩形的左下角座標與其大小
            print("Eyes detected.")        ◀── 印出偵測到眼睛
            center = (int(xe + 0.5 * we), int(ye + 0.5 * he))        ◀── 計算圓心
            radius = int((we + he) / 3)        ◀── 計算圓形半徑
            cv.circle(rect_4_eyes, center, radius, 255, 2)        ◀── 畫出眼睛圓圈
            cv.rectangle(img_gray, (x, y), (x+w, y+h), (255, 255, 255), 2)
                畫出人臉矩形
            discharge_weapon = False        ❸ 停用武器
            break        ◀── 跳出 for 迴圈
```

顯示出當前搜索到影像的名稱，並開始執行迴圈來走訪 face_rect_list 中的矩形。如果至少存在一個矩形，則開始走訪其座標。使用這些座標將影像的對應部分建立為一個子陣列，並在其中搜索眼睛 ❶。

對子陣列使用眼睛分類器。因為現在是搜索一個較小的區域，你可以降低 minNeighbors 的值。如同人臉分類器一樣，眼睛分類器也會傳回矩形的座標。使用另一個迴圈走訪這些座標，在他們的名字末尾加上一個「e」，代表「眼睛」，以將它們與人臉矩形座標區別 ❷。

接下來，在你找到的第一隻眼睛周圍畫上一個圓圈。這只是為了我們自己目視確認之用；對演算法而言，已經找到眼睛了。計算矩形的中心，也就是圓心，然後計算一個比眼睛稍大的半徑值。使用 OpenCV 的 circle() 函式在 rect_4_eyes 子陣列上畫一個白色的圓圈。

現在呼叫 OpenCV 的 rectangle() 函式並將 img_gray 陣列傳入，在人臉周圍繪製一個矩形。顯示影像兩秒鐘，再關閉視窗，因為 rect_4_eyes 子陣列是 img_gray 的一部分，即使你沒有明確地將子陣列傳入 imshow() 函式，圓圈也會顯示出來 (圖 9-11)。

圖 9-11: 人臉周圍的矩形和眼睛周圍的圓圈

識別出人類後，停用武器 ❸，並跳出 for 迴圈。只需要識別出一隻眼睛即可確認有一張人臉，就可以接著走訪下一個候選的臉部矩形，繼續搜索眼睛。

9.2.6 依據偵測結果決定開火或停火

同樣在走訪走廊影像的 for 迴圈中，程式 9-5 會在前面影像偵測的判斷結束後，決定要停火或是開火。在停用武器的情況下，它顯示偵測到的人臉的影像並播放「all clear」語音。否則，若是允許開火，它會顯示影像並播放槍聲的音訊檔案。

▶ 程式: 9-5: sentry.py 第 5 段，防禦槍被停用或啟用時的作業

```
    if discharge_weapon == False:
        playsound(tone_path, block=False)      ◀── 播放音訊檔案
        cv.imshow('Detected Faces', img_gray)  ◀── 顯示當前偵測完成之影像
        cv.waitKey(2000)   ◀── 視窗停滯 2 秒
        cv.destroyWindow('Detected Faces')   ◀── 關閉視窗
        time.sleep(5)   ◀── 暫停程式 5 秒

    else:
        print(f"No face in {image}. Discharging weapon!")   ◀── 印出開火訊息
        cv.putText(img_gray, 'FIRE!', (int(width / 2) - 20,
                   int(height / 2)),                         在影像上標示正在開火
                   cv.FONT_HERSHEY_PLAIN, 3, 255, 3)   ◀┘
        playsound(gunfire_path, block=False)   ◀── 播放槍聲檔案
        cv.imshow('Mutant', img_gray)   ◀── 顯示當前偵測完成之影像
        cv.waitKey(2000)   ◀── 視窗停滯 2 秒
        cv.destroyWindow('Mutant')   ◀── 關閉視窗
        time.sleep(3)   ◀── 暫停程式 3 秒

engine.stop()   ◀── 停止 pyttsx3 引擎
```

還記得先前準備開始偵測影像時，我們先假設是變種人入侵，因此將 discharge_weapon 變數設為 True，準備開火 (見程式 9-3)。如果偵測到人臉和眼睛，此時要先將 discharge_weapon 更改為 False。

如果武器被停用，則顯示當前偵測的影像 (如圖 9-11) 並播放音訊檔案。首先呼叫 playsound，將 tone_path 字串傳入並將 block 參數設為 False。將 block 設為 False 表示你允許 playsound 在 OpenCV 顯示影像時同時執行。如果你將 block 設為 True，則在音訊檔案播放完成後才會看到影像。顯示影像兩秒鐘，然後關閉它並使用 time.sleep() 暫停程式五秒鐘。

如果偵測後沒有找到人類的特徵，則 discharge_weapon 仍然為 True，則顯示一條訊息，表示防禦槍正在開火。使用 OpenCV 的 putText() 函式在影像的中心標示這個決定，然後顯示影像 (見圖 9-12)。

圖 9-12: 偵測到變種人時的視窗

只有文字顯示還不夠，我們還要播放槍聲。請使用 playsound，將 gunfire_path 字串傳入，並將 block 參數設為 False。請注意，如果你在呼叫 playsound 時提供完整路徑，也可以刪除程式 9-2 中的 root_dir 和 gunfire_path。例如在 Windows 系統上可以使用以下程式碼 (用筆者的路徑為例，請讀者依各自的檔案放置位置調整路徑)：

```
playsound('C:/Python372/book/mutants/gunfire.wav', block=False)
```

顯示視窗兩秒鐘，然後關閉它。使程式暫停三秒鐘，使顯示變種人和顯示 corridor_5 資料夾中的下一個影像間略有暫停。迴圈結束後，停止 pyttsx3 引擎。

9.2.7 更嚴密的防禦機制

你的 sentry.py 程式成功修復了損壞的步哨防禦槍，使其無需應答器即可順利運作。但是，因為它偏向保護人類的生命，這仍可能會導致災難性的後果：如果一個變種人挾持人類同時進入走廊，變種人仍然可能躲過防禦系統 (圖 9-13)。

圖 9-13: 最壞的情況 (說一聲 "Cheese!")

另一種情形是，假設人類在走廊上剛好遇到變種人，還來不及看鏡頭就先觸發開火機制 (圖 9-14)。

圖 9-14: 喔，糟了！

　　如果你看過許多科幻或恐怖電影，應該深知在此情況下，無論如此應該讓防禦槍直接射擊任何會動的東西，對！不管是人類或是變種人。幸好絕大多數的人，此生不必面對這樣道德兩難的困境！

9.3 延伸專案：
從影像串流中即時偵測人臉

　　你也可以使用視訊鏡頭來即時偵測人臉。因為這並不難，我們並未將其視為一個專案。使用程式 9-6 中的程式碼，或者直接使用本章資料夾內檔案 video_face_detect.py。你需要使用電腦本身的內建視訊鏡頭，或者連接到電腦的外接視訊鏡頭（編註：因需使用電腦鏡頭，所以請開啟電腦鏡頭權限）。

9.3.1 匯入模組、引用分類器檔案和使用視訊鏡頭

▶ 程式 9-6：video_face_detect.py 第1段，匯入模組、引用分類器檔案和使用視訊鏡頭

```
import cv2 as cv  ◀──── 匯入模組


path = "C:/Python310/Lib/site-packages/cv2/data/"  ◀──── 設定路徑
face_cascade = cv.CascadeClassifier(path +
                                'haarcascade_frontalface_alt.xml')◀

                                            正臉分類器檔案路徑

cap = cv.VideoCapture(0)  ❶ 打開視訊鏡頭
```

　　匯入 OpenCV 後，按照程式 9-2 ❶ 中的方法設置 Haar 分類器 (正臉分類器) 的路徑。這裡我們使用 haarcascade_frontalface_alt.xml，因為它比上一個專案使用的 haarcascade_frontalface_default.xml 具有更高的精確率 (更少的誤判)。接下來我們初始化一個 VideoCapture 類別的物件，將其命名為 cap 表示「擷取」，並將你想使用的視訊設備索引當作參數一併傳入 ❶。如果你只有一個視訊鏡頭，比如你筆記型電腦的內建視訊鏡頭，那麼這個設備的索引應該是 0。

編註：如果你沒授權視訊鏡頭，使其無法打開，或沒有視訊鏡頭，程式會跑出以下錯誤訊息：

```
error: OpenCV(4.5.4-dev) D:\a\opencv-python\opencv-python\opencv\
modules\imgproc\src\color.cpp:182: error: (-215:Assertion failed) !_
src.empty() in function 'cv::cvtColor'
```

9.3.2 從影像串流中偵測人臉

▶ 程式 9-7:video_face_detect.py 第 2 段,從影像串流中偵測人臉

```
while True:
    _, frame = cap.read()  ◀─── 載入畫面
    face_rects = face_cascade.detectMultiScale(frame, scaleFactor=1.2,
                                              minNeighbors=3)
                    └── 正臉分類器

    for (x, y, w, h) in face_rects:  ◀─── 調出每個已偵測到的人臉
        cv.rectangle(frame, (x, y), (x+w, y+h), (0, 255, 0), 2) ◀┐
                                                          畫出矩形 ┘

    cv.imshow('frame', frame)  ◀─── 顯示畫面
    if cv.waitKey(1) & 0xFF == ord('q'):  ❷ 視窗停滯 1 毫秒,
        break  ◀─── 離開迴圈              按 q 鍵(英文字母)退出迴圈

cap.release()  ◀─── 退出視訊鏡頭
cv.destroyAllWindows()  ◀─── 關閉視窗
```

　　我們使用一個 while 迴圈讓鏡頭與人臉偵測都持續運行。在迴圈中,你會擷取視訊裡的每個畫面,對其進行臉部分析,就像你在上一個專案中處理靜態的影像一樣,只是要偵測很多次。雖然它要處理很多工作,還好人臉偵測的演算法夠快速,可以跟上連續的影像串流!

　　要載入畫面,我們呼叫 cap 物件的 read() 函式。它傳回一個布林型態的回應碼(編註:回應碼 (return code) 為執行呼叫函式,其程式執行的結果回報)和代表當前畫面的 NumPy ndarray 物件。回應碼用於檢查從檔案讀取時是否已經讀取了所有的畫面。由於在這裡並未讀取檔案,因此我們將其指派到底線字元 (_) 來表示此變數不使用。

　　接下來再次使用上一個專案中搜索人臉並繪製矩形的程式碼。使用 OpenCV 的 imshow() 函式顯示畫面。如果程式偵測到人臉,它會在這個畫面上繪製一個矩形。

首先呼叫 OpenCV 的 waitKey() 函式，傳入一個延遲時間當參數，讓視窗每 1 毫秒偵測按鍵有無按下，只要使用者按下的是英文的 q 鍵，就會退出這個迴圈 ❷。waitKey() 函式回傳的是按鍵的 ASCII 碼，通常會是 32 位元的整數，不過不同作業系統可能會略有差異，為了兼顧系統相容性，我們用 AND 算符 (&) 跟 0xFF 做運算 (0xFF 為十六進位表示法，相當於十進位的 255，二進位則是 8 個 1)，這樣不管傳回的數字是多少位元，都只需要處理 8 個位元即可。接著用 Python 內建的 ord() 函式，比對按下的是否為小寫 q 的 ACSII 碼 (0x71，即十進位的 113)。

 編註：如果想確認各種按鍵或符號的 ASCII 碼，可參考以下網站資料：https://www.asciitable.com。

當迴圈結束時，呼叫 cap 物件的 release() 函式。退出視訊鏡頭，釋放其對資源的佔有，使其他應用程式可以使用它。最後我們關閉視窗，完成程式的作業。

9.3.3 增加分類器的準確率

你可以向人臉偵測添加更多的分類器以提高其準確率，如同你在之前的專案中所做的。如果這使得偵測速度變得太慢，可以嘗試縮小影片或影像。在呼叫 cap.read() 後，增加以下的程式碼：

```
frame = cv.resize(frame, None, fx=0.5, fy=0.5,
                  interpolation=cv.INTER_AREA)
```

fx 和 fy 參數是螢幕在 x 和 y 方向的縮放比例。使用 0.5 表示視窗的預設大小為螢幕的一半。

　　除非你做了一些「誇張」的動作，例如歪著頭向一側傾斜，否則該程序應該可以輕鬆地跟你的臉部。是的，你沒看錯！這一點動作足以導致無法偵測，並使矩形消失 (圖 9-15)。

圖 9-15: 使用視訊的畫面進行人臉偵測

　　Haar 分類器是設計來識別直立人臉的，包括正臉和側臉視角，都有不錯的效果。它們也可以克服眼鏡和鬍鬚等因素，但是只要稍稍傾斜你的頭，它們很快就會失去效用。克服傾斜頭部問題的一種低效率但簡單的方法是使用迴圈：在將影像進行人臉偵測前稍微旋轉。

　　Haar 分類器可以忍受非常輕微的傾斜 (圖 9-16)，因此你如果每次將影像旋轉 5 度左右，就很有可能獲得好的效果。

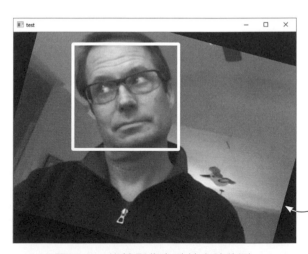

看起來頭擺正，
其實是旋轉整個
畫面的緣故

圖 9-16: 旋轉影像有助於人臉偵測

以 Haar 特徵來做人臉偵測是很受歡迎的方法，因為它的速度夠快，可以在有限的計算資源下即時執行。然而，正如你可能已經猜想到的，人臉偵測也可以使用更準確、更複雜並需要更多計算資源的技術。

例如 OpenCV 附帶了一個準確而強大，基於 Caffe 深度學習框架的人臉偵測器。要了解有關此偵測器的更多資訊，請參見 https://www.pyimagesearch.com/2018/02/26/face-detection-with-opencv-and-deep-learning/ 上的教學「Face detection with OpenCV and deep learning」。

另一個選擇是使用 OpenCV 的 LBP 分類器來進行人臉偵測。該技術將人臉分成多個區塊，再從中萃取局部二值化圖樣統計直方圖 (local binary pattern histograms, LBPHs)。實驗證明此類直方圖可有效偵測影像中不受拘束的人臉，即未必是「對齊且姿勢相似」的人臉。我們將在下一章中介紹 LBPH，那時我們將專注於識別人臉，而非僅是簡單地偵測它們。

9.4 本章總結與延伸練習

在本章中，你使用了 OpenCV 的 Haar 分類器來偵測人臉，playsound 來播放音訊檔案，以及 pyttsx3 來產生文字轉語音後的聲音。多虧了這些有用的函式庫，你可以快速地編寫一個人臉偵測程式，而且該程式還會發出聲音警告和指示。

▌練習專案：人臉模糊化

你是否看過紀錄片或新聞報導中，有人的臉被模糊化以保持匿名，如同圖 9-17？這個很酷的效果很容易用 OpenCV 實作，你只需要從畫面中萃取臉部矩形，對其進行模糊處理，然後再將其覆蓋回影像上，並可選擇是否要加上框線。

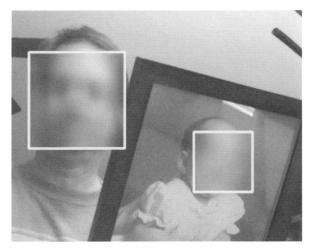

圖 9-17: OpenCV 人臉模糊化示例

模糊化的原理是計算局部矩陣 (可稱為內核，kernel) 中像素的平均。可以將內核視為放置在影像上的一個方格。這個方格裡的所有像素將被用於計算一個平均值。方格越大，取平均的像素越多，因此影像看起來越平滑。因此，你可以將模糊化視為除去高頻內容 (例如銳利邊緣) 的低通濾波器 (low-pass filter)。

模糊化是此程序中你未做過的唯一步驟。要模糊化影像，使用 OpenCV 的 blur() 函式，並將影像和內核大小的數組 (以像素為單位) 傳入。

```
blurred_image = cv.blur(image, (20, 20))
```

在上圖範例中，你將影像中任一像素的值替換為以該像素為中心的 20×20 正方形中所有像素的平均值，對影像中的每個像素重複此項作業。

你可以在 Chapter_9 資料夾找到參考解答 practice_blur.py。

▋挑戰題：偵測貓臉

事實證明，LV-666 星球上存在三種動物生命形式：人類、變種人和貓。基地的吉祥物 Kitty 先生可以自由巡訪這個地方，並且常常在 5 號走廊中徘徊。

修改並校正 sentry.py，讓 Kitty 先生可以自由通過。這將是一項挑戰，因為通常貓並不服從口頭命令。為了讓他至少能看著鏡頭，你可以在 pyttsx3 的口頭命令中添加「Here kitty, kitty」或「Puss, puss, puss」。或者可能更有效的辦法，使用 playsound 播放打開鮪魚罐頭的聲音！

你可在放置本專案分類器的相同 OpenCV 資料夾中找到貓臉的 Haar 分類器 haarcascade_frontalcatface.xml 和 haarcascade_frontalcatface_extended.xml，並在可下載的 Chapter_9 資料夾內找到空走廊的影像 empty_corridor.png。從網路上 (或你的個人收藏) 中選擇一些貓的影像，並將它們黏貼在空走廊中的不同位置，使用其他人類影像來衡量貓影像的適當比例。

10

使用人臉辨識，
建立禁區封鎖線

延續前一章聯盟海軍陸戰隊在 LV-666 星球的防衛任務，本章任務的難度又更高了。

本章我們要進行人臉辨識，而非僅是人臉偵測。聯盟海軍陸戰隊的指揮官 Demming 上尉發現，變種人來自一個有異次元傳送門的實驗室，而指揮官希望只有他本人才能進入此實驗室。

與前一章一樣，我們將會使用 Python 和 OpenCV 來解決這個難題。具體而言，將使用 OpenCV 的局部二值化圖樣統計直方圖 (Local Binary Patterns Histograms, LBPH) 演算法來管控實驗室的門禁系統，這是最古老、最簡易的人臉辨識演算法之一。如果之前沒有安裝和使用過 OpenCV，請查看第 1-14 頁的「安裝 OpenCV」。

10.1 使用 LBPH 演算法辨識人臉

LBPH 演算法是以特徵向量來識別人臉。在第 5 章中，特徵向量本質上就是按特定順序排列的數字 list。在 LBPH 中，這些數字代表人臉的某些特質。例如，假設你可以經由幾個測量值來區分臉部，例如眼睛的間距、嘴的寬度、鼻子的長度和臉部的寬度。這 4 個測量值，按照列出的順序並以公分為單位表示，可以組成以下的特徵向量：(5.1, 7.4, 5.3, 11.8)。將資料庫中的人臉以這些向量表示可以使搜索更迅速，而且讓我們可以通過兩個向量之間的數值差異 (或距離) 來詮釋人臉的不同。

當然，要辨識出某個人的臉部特徵，只有 4 組數字是鐵定不夠的，因此需要有好的演算法找出人臉的各種特徵，並整合成特徵向量。可以選擇的演算法包括 Eigenfaces、LBPH、Fisherfaces、SIFT (scale-invariant feature transform, 尺度不變特徵轉換法)、SURF (speeded-up robust features, 加速穩健特徵法)，以及各種神經網路方法。當人臉的影像是在人為控制的條件下取得時，這些演算法的準確率可以達到相當高的程度─已經跟人類的識別能力差不多。

這裡所謂臉部影像的控制條件 (假設演算法在這些條件下訓練辨識人臉) 至少包括：每個臉部皆為正面視圖，有正常且輕鬆的表情；每次識別的光照和解析度一致；面部不被鬍鬚或眼鏡遮住。

10.1.1 人臉識別流程圖

在深入了解 LBPH 演算法的細節之前，我們先介紹人臉辨識的基本流程。過程包括三個主要步驟：擷取 (capturing)、訓練 (training) 和預測 (predicting)。

擷取 (capturing)

在擷取階段，你收集用於訓練人臉辨識器的影像 (見圖 10-1)。對於你想要辨識的每張臉，你應該拍攝十幾張或更多張有不同表情的影像。

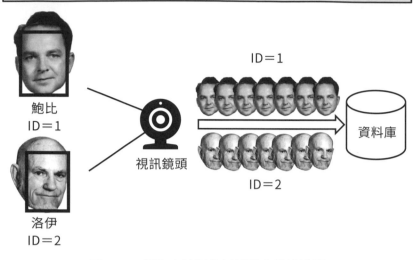

圖 10-1: 擷取人臉影像以訓練人臉辨識器

　　取得影像後要找出其中人臉的區域，在其周圍繪製矩形，將影像裁剪只留下矩形，將裁剪後的影像調整為相同的尺寸 (有些演算法可能不需統一尺寸)，最後轉換為灰階影像。這些擷取下來的人臉影像，要根據不同的人物對象分組，而每一個對象會給予一個獨一無二的 ID 號碼，方便我們在程式中做區分，依照 ID 號碼整理好後存放到資料夾中即可（編註：此處所有的影像是以人物對象的 ID 號碼加上流水號命名後存檔）。

訓練 (training)

　　下一步是訓練人臉辨識器 (圖 10-2)。演算法一在我們的例子中，即 LBPH，它會分析每個訓練影像，再將結果 (也就是某個對象的人臉特徵向量) 寫入 YAML (.yml) 文件，這是一種具可讀性且使用資料序列化的語言格式，常用於資料儲存。

YAML 最初的意思是「另一種標記語言」(Yet Another Markup Language)，但現在解釋為「YAML 不是標記語言」(YAML Ain't Markup Language)，以強調它不僅僅是一種文件標記工具。

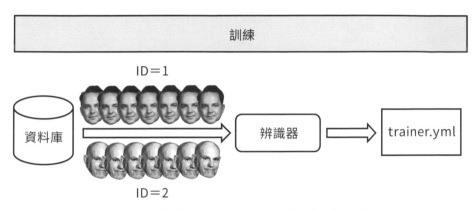

圖 10-2: 訓練人臉辨識器並將結果寫入檔案中

預測 (predicting)

在人臉辨識器訓練完成後，最後一步是載入一個新的、未用於訓練的人臉影像，並「預測」其身分 (參見圖 10-3)。這個新的人臉影像的處理方式與訓練影像是相同的—即裁剪、調整大小並轉換為灰階。辨識器會分析它們，將結果與 YAML 檔案中的人臉資訊 (特徵向量) 進行比較，預測哪個人臉的符合程度最高。

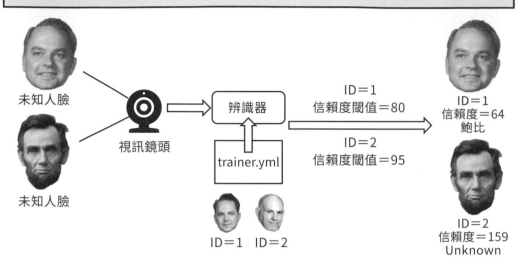

圖 10-3: 使用經過訓練的辨識器預測未知人臉

　　請注意，辨識器會對每張人臉的身分進行預測。在我們的專案中，辨識器在訓練階段時只訓練了同一個對象，所以產生的 YAML 檔中也只會有一個對象，使用 YAML 檔和所有新人臉影像比對，輸出一個**信賴度**（confidence）的數值，雖然名為信賴度，但這個數字實際上是未知人臉跟事先訓練好的人臉之間的差距有多大，因此數字越大，則表示符合程度越差。我們稍後會詳細討論這個問題，但現在僅需知道你將使用閾值來確定預測的人臉是否正確。如果信賴度超過可接受的閾值，程式將放棄當前的匹配，並將人臉歸類為「Unknown」（見圖 10-3）。

編註：如果是 macOS 或 Linux 使用者，請務必查看 Adam Geitgey 的 face_recognition 函式庫，這是一個利用深度學習技術的人臉辨識系統，簡單易用且高度準確。你可以在 Python 軟體基金會網站上找到安裝說明和概述：https://pypi.org/project/face_recognition/。

10.1.2 萃取局部二值化圖樣統計直方圖

你將使用的 OpenCV 人臉辨識器是基於前述的局部二值化圖樣 (local binary patterns)。此演算法最早是在 1994 年左右用於紋理描述器 (texture descriptors)，可用於描述和分類表面紋理，例如區分水泥與地毯。人臉亦是由紋理組成，因此該技術也適用於人臉辨識。

在萃取直方圖之前，首先需要生成二值化圖樣。LBP 演算法將每個像素與其周圍的鄰居進行比較來計算局部紋理，第一個計算步驟是在臉部影像上滑動小窗口並擷取像素資訊，如圖 10-4 所示。

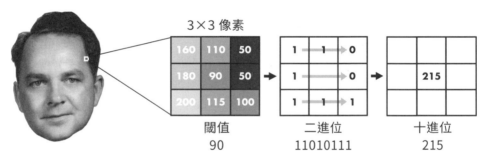

圖 10-4: 用於擷取局部二值化圖樣的 3×3 像素滑動窗口示意圖

下一步是將像素轉換為二進位數，使用中心值 (在本例中為 90) 作為閾值。將八個相鄰值與閾值進行比較，如果相鄰值等於或高於閾值，則其值為 1；如果低於閾值，則其值為 0。接下來，忽略中心值，逐行連接每一格的 0 或 1 以形成一個新的二進位數 11010111 (有些方法採用順時針連接，此處二進位數就會變成 11001111)，最後將此二進位數轉換為十進位數 (215) 並將其儲存在中心像素的位置，此值即為 LBP 值，這個動作也稱為二值化。

繼續滑動窗口，直到所有像素都被轉換為 LBP 值為止。除了使用方形的窗口來擷取相鄰像素以外，此演算法也可以指定一個半徑值使用，即所謂的**圓形局部二值化圖樣 (circular LBP)**。

現在可以從上述生成的 LBP 影像中萃取直方圖了。為達到這個目標，你可以使用網格將 LBP 影像分割為矩形區域 (參見圖 10-5)，接下來再各別統計出每個區域 LBP 值的直方圖（編註：此處的直方圖代表的是區域內所有像素二值化結果中，0～255 分別出現的次數），也就是如圖 10-5 中的「局部區域直方圖」。

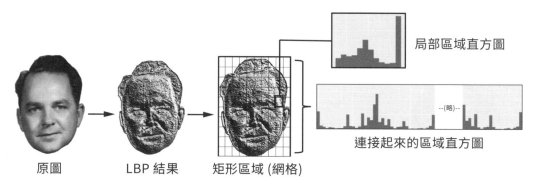

局部區域直方圖

--(略)--

連接起來的區域直方圖

原圖　　　　　LBP 結果　　　　矩形區域 (網格)

圖 10-5: 萃取 LBP 直方圖

在產生局部區域直方圖後，你可以按照一個預先確定的順序將它們連接成一個更長的直方圖 (大致如圖 10-5 所示)。因為像素二值化之後會產生在 0 到 255 之間的灰階影像，所以每個直方圖中有 256 個刻度。如果你將整個影像劃分成 10×10 網格，如圖 10-5 所示，那麼最終的直方圖中會有 10 × 10 × 256＝25,600 個長條 (bins)。我們就用這整合後的直方圖，來代表所要辨識人臉的特徵。也就是說，人臉辨識比較的是這些直方圖，而非影像本身。

要預測一個新的、未知的人臉，也要先用相同的程序萃取出直方圖，再將它與人臉資料庫中的現有直方圖進行比較。所謂的比較即是量測直方圖之間的「距離」。這裡可以使用多種不同的距離量度，包括歐氏距離 (Euclidean distance)、絕對距離 (absolute distance)、卡方 (chi-square) 等（編註：OpenCV 的人臉偵測採用歐氏距離計算）。演算法會一一比對人臉資料庫中的直方圖，並傳回距離最短那個人臉的 ID 號碼以及信賴度。你可以對信賴度設定一個閾值，如圖 10-3 所示。如果新影像的信賴度低於閾值，可以認定結果吻合。

因為 OpenCV 封裝了以上的所有步驟，因此我們可以輕易實作出基於 LBPH 的人臉辨識器，而且在運算資源有限的環境也有出色的效能，並且不太會受光照條件變化的影響 (圖 10-6)。

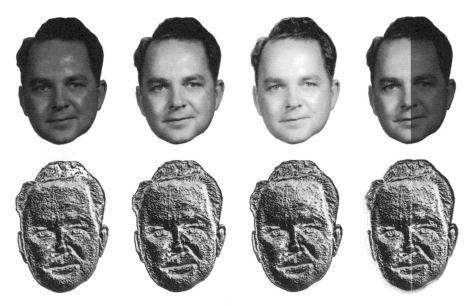

圖 10-6: LBP 對光照變化具有穩健性
（編註：上排影像的光影變化明顯，但下排二值化後的影像差異並不大）

LBPH 演算法不太受到光照條件變化的影響，因為它主要依賴像素強度之間的比較。即使一張影像的亮度比另一張亮，因為影像中相對的明暗變化保持不變，LBPH 仍可以成功辨識。

編註：若對 LBPH 直方圖的視覺化有興趣，可參見 AURlabCVsimulator 網站的 "Look at the LBP Histogram" (https://aurlabcvsimulator. readthedocs.io/en/latest/PlotLBPsHistogram/)。

10.2 專案：外星禁區封鎖線

我們找到產生變種人的傳送門所在的實驗室，Demming 上尉下令立即將其封鎖，只有他本人可以自由進出，因此除了原有密碼認證外，還要加上人臉辨識驗證，本章就要完成這份工作。

▌專案目標

在此專案中，我們會使用編寫一個 Python 程式來辨識 Demming 上尉的臉。我們將使用效能良好且快速簡便，內建於 OpenCV 的 LBPH 人臉辨識器。

另外還需要準備一台有視訊鏡頭的筆記型電腦 (如果電腦有外加的視訊鏡頭當然也行)，用來拍攝訓練影像與任何試圖進入實驗室的人，本專案自然就是 Demming 上尉 (已經事先準備好了)，也可以拍攝其他人的臉部影像，用來訓練另一組特徵或是驗證人臉辨識是否有效。

▌範例檔案說明

你將使用 OpenCV 和 NumPy 來完成此專案中的大部分工作，如果你尚未安裝它們，請參閱第 1-14 頁的「安裝 OpenCV」。你也會需要 playsound，用於播放聲音，以及 pyttsx3，用於文字轉語音的功能。你可以在第 9-8 頁中找到有關這些模組的更多資訊，包括安裝說明。

下載 Chapter_10 資料夾後請不要改動資料夾結構和檔名 (圖 10-7)。請注意，tester 和 trainer 資料夾是給讀者預留操作的空間，而 lab_access_log.txt 和 lbph_trainer.yml 則會在執行程式之後產生，並不包含在下載內容中。

demming_tester	提供 Demming 上尉的影像，用於校正和測試人臉辨識器
demming_trainer	提供 Demming 上尉的影像，用於訓練人臉辨識器
tester	存放讀者自行拍攝影像的空資料夾，用於校正和測試人臉辨識
trainer	存放讀者自行拍攝影像的空資料夾，用於訓練人臉辨識器
1_capture.py 類型: Python File	
2_train.py 類型: Python File	專案程式碼
3_predict.py 類型: Python File	
challenge_video_recognize.py 類型: Python File	挑戰題參考程式碼
lab_access_log.txt	用於記錄實驗室進入請求的空白文字檔
lbph_trainer.yml 類型: YML 檔案	存放已被訓練影像的 YAML 檔案
tone.wav	音訊檔案

圖 10-7: 此專案的檔案結構

demming_trainer 和 demming_tester 資料夾包含 Demming 上尉和其他用於此專案的影像，目前的程式碼直接使用這些資料夾內的檔案。

如果你想使用自己的影像，例如用你自己的臉來取代 Demming 上尉的臉，那麼請使用 trainer 和 tester 資料夾。之後程式碼將為你創建 trainer 資料夾，但 tester 資料夾需要你手動建立並添加一些你自己的影像。當然，你還會需要自己修改程式碼，使其指向這些新資料夾。

10.2.1 擷取影像階段的程式

首先是擷取訓練辨識器所需的人臉影像；如果你打算直接使用 demming_trainer 資料夾中提供的影像，則可以跳過此步驟 (就不用執行 1_capture.py 了)。

若要使用你自己的臉來取代 Demming 上尉的臉，請使用電腦的視訊鏡頭，執行以下程式拍攝 30 張不同表情且不戴眼鏡的臉部影像。如果有現成圖片，或者打算用手機自拍，也可以略過此步驟，直接將影像儲存到 trainer 資料夾中，如圖 10-7 所示。

匯入模組，設置音訊、視訊鏡頭、說明和文件路徑

程式 10-1 匯入模組，初始化並設置語音引擎和 Haar 分類器，初始化視訊鏡頭，並為使用者提供說明與指示。這裡我們需要使用 Haar 分類器—必須先偵測到人臉，然後才需要辨識它是誰。若你想要複習有關 Haar 分類器和人臉偵測的知識，請參閱第 9-2 頁的「偵測人臉—Harr 特徵與分類器」。

▶ 程式 10-1: 1_capture.py 第 1 段，匯入模組，設置音訊、偵測器檔案、視訊鏡頭與說明指示

```
import os import pyttsx3
import cv2 as cv                          匯入模組
from playsound import playsound


engine = pyttsx3.init()            設置語音引擎
engine.setProperty('rate', 145)    ❶ 設定語速
engine.setProperty('volume', 1.0)    設定音量


root_dir = os.path.abspath('.')    找到目前路徑
```

→ 接下頁

```
tone_path = os.path.join(root_dir, 'tone.wav')  ◀── 指定通知音訊檔案路徑

path = "C:/Python310/Lib/site-packages/cv2/data/"  ❷ 放置 Haar 分類器檔案
                                                      的資料夾路徑

face_detector = cv.CascadeClassifier(path +  ◀── 正臉分類器
                                  'haarcascade_frontalface_default.xml')
cap = cv.VideoCapture(0)  ◀── 打開視訊鏡頭
if not cap.isOpened():  ◀── 判斷視訊鏡頭是否有打開
    print("Could not open video device.")
cap.set(3, 640)  ◀── 畫面寬度
cap.set(4, 480)  ◀── 畫面高度     ❸

engine.say("當螢幕提示時，請輸入你的訊息。\
           然後取下眼鏡，直視攝影鏡頭。\
           請做出多種不同的表情，包括正常的、快樂的、悲傷的、疲倦的，\
           直到聽到提示喊停為止。")

engine.runAndWait()  ◀── 停止程式的執行，並播放語音

name = input("\nEnter last name: ")  ❹ 輸入姓氏
user_id = input("Enter assigned ID Number: ")  ◀── 輸入分派的 ID 號碼
print("\nCapturing face. Look at the camera now!")  ◀── 顯示開始捕捉
                                                        臉部的訊息
```

　　這裡所使用的模組，上一章都用過。你將使用 os 模組來處理檔案路徑，使用 pyttsx3 播放文字轉語音的音訊指示，使用 cv 處理影像並執行人臉偵測器和辨識器，並使用 playsound 播放提示語音，讓使用者知道程式何時完成擷取影像。

　　接下來我們設置語音引擎，你將使用它來告訴使用者如何執行程式。預設的語音取決於你使用的作業系統，在 Windows 中英文會為美式「David」男性語音，若輸入中文則會採用臺灣「HanHan」女性語音。設定 engine 的 rate 屬性會針對預設的語音進行最佳化調整 ❶。如果你發現語音太快或太慢，可以自行修改參數。如果要更改語音，請參閱第 9-10 頁的補充。

你將使用提示語音提醒使用者影像擷取過程已經完成。跟第 9 章中的做法一樣，我們設置 tone.wav 音訊檔案的路徑。

現在我們提供包含 Haar 分類器檔案的資料夾路徑 ❷，並將分類器指派到變數 face_detector。此處顯示的路徑來自筆者的 Windows 系統；你的路徑可能會不同。例如在 macOS 上，你可以在 opencv/data/haarcascades 下找到這些檔案。你也可以在 https://github.com/opencv/opencv/tree/master/data/haarcascades/ 找到它們。

在第 9 章中，你學習了如何使用電腦的視訊鏡頭來擷取臉部的影像。在此程式中我們將使用類似的程式碼，由呼叫 cv.VideoCapture(0) 開始。傳入作為參數的 0 指的是目前作用中的視訊鏡頭。如果你有多個鏡頭，可能需要修改其中的數字，可以經由多次試驗來確定。我們使用一些條件判斷來檢查鏡頭是否已開啟；如果已經開啟，則設置畫面的寬度和高度。呼叫兩次 set 函式中傳入的第一個參數分別是參數列表中寬度 (3) 與高度參數 (4) 的位置 ❸（編註：在 OpenCV 裡稱為 propId，由於完整參數名稱太長，因此用此 ID 代替）。

雖然你應該會在現場處理擷取影像的過程，不過我們還是使用 pyttsx3 引擎，透過語音引導操作程序，會讓整個流程更方便進行。為了讓擷取的影像在往後的辨識上足夠準確，請確定要拍攝的使用者已取下所有遮蔽物 (像眼鏡或口罩)，且拍攝的每一張影像都要做出不同的表情。

最後，使用者需要按照畫面上顯示的說明指示進行操作。首先，需要輸入你的名字 ❹，可以隨意輸入。暫時毋須擔心重複，因為目前你是唯一的用戶。此外，每個用戶會分派一個獨一無二 ID 號碼，在此為了配合後面程式能順利運行，請在輸入時輸入 1。OpenCV 會使用變數 user_id 來記錄在訓練和預測期間所使用的所有人臉影像。之後你將建立一個字典，以便將來有更多人被授予存取權限時，可以記錄哪個使用者 ID 是屬於誰的（編註：比較理想是讓程式自行編號，就可以確保不會重覆。不過因為這不是本專案的主軸，因此這裡為簡化複雜度，直接讓使用者輸入數字當 ID，後續也許您可以自行修改這部分的功能）。

在使用者輸入他們的 ID 號碼並按下 Enter 鍵後，視訊鏡頭會馬上開啟並開始擷取影像，同時我們也呼叫 print() 顯示訊息讓使用者知道要面向鏡頭。在上一章裡我們提到 Haar 人臉偵測器對於頭部方向很敏感，為了使其正常運作，用戶必須直視視訊鏡頭，並盡可能保持頭部挺直。

擷取訓練用影像

程式 10-2 使用視訊鏡頭和 while 迴圈來擷取指定數量的人臉影像。程式將影像儲存在一個資料夾中，並在作業完成時發出提示語音。

▶ 程式 10-2：1_capture.py 第 2 段，使用迴圈擷取鏡頭畫面中的影像

```
if not os.path.isdir('trainer'):    ◀── 檢查 trainer 資料夾是否存在
    os.mkdir('trainer')    ◀── 不存在就建立資料夾
os.chdir('trainer')    ◀── 進入資料夾

frame_count = 0    ◀── 初始化畫面數

while True:
    # 擷取畫面影像，共 30 張
    _, frame = cap.read()    ◀── 載入視訊畫面
    gray = cv.cvtColor(frame, cv.COLOR_BGR2GRAY)    ◀── 把畫面影像轉灰階
    face_rects = face_detector.detectMultiScale(gray,    ❶ 正臉分類器
                                                scaleFactor=1.2,
                                                minNeighbors=5)

    for (x, y, w, h) in face_rects:
        frame_count += 1    ◀── 增加擷取影像張數
        cv.imwrite(str(name) + '.' + str(user_id) + '.'    ┐ 儲存影像至
                + str(frame_count) + '.jpg', gray[y:y+h, x:x+w])  ┘ 資料夾
        cv.rectangle(frame, (x, y), (x + w, y + h), (0, 255, 0), 2)  ┐
        cv.imshow('image', frame)    ◀── 顯示影像                    ┘ 畫出矩形
```

→ 接下頁

```
        cv.waitKey(400)  ◀── 視窗停滯 0.4 秒
    if frame_count >= 30:  ❷ 檢查是否達到目標張數
        break

print("\nImage collection complete. Exiting...")  ◀── 顯示完成資訊
playsound(tone_path, block=False)  ◀── 發出提示語音
cap.release()  ◀── 退出視訊鏡頭
cv.destroyAllWindows()  ◀── 關閉視窗
```

　　首先檢查是否有一個名為 trainer 的資料夾，如果它不存在，則使用 os 模組的 mkdir() 函式來創建此資料夾，然後將當前路徑切換至此資料夾。

　　先將 frame_count 設為 0，程式只有在偵測到人臉時，才會擷取並儲存當前的畫面影像。我們會用 frame_count 來記錄已擷取的畫面數，才知道何時結束程式。

　　接下來直接進入 while 迴圈，然後呼叫 cap 物件的 read() 函式。如前一章所述，read() 函式傳回一個由布林型態的回應碼和代表當前畫面的 NumPy ndarray 物件組成的 tuple。由於在這裡不需要判斷檔案讀取完畢了沒，因此使用底線 (_) 當佔位字元接收回應碼即可。

　　人臉偵測和人臉識別都在灰階影像上運作，因此我們將畫面影像轉換為灰階，並將結果陣列命名為 gray。接著我們呼叫 detectMultiscale() 函式來偵測圖像中的人臉 ❶。請使用者直視筆記型電腦視訊鏡頭，使影像更容易拍攝正確，之後演算法的運作效果才會更好。不論拍攝結果如何，都應檢查拍攝結果是否合乎預期。

　　前述的 detectMultiscale() 會輸出圍繞臉部的矩形座標，我們用一個 for 迴圈走訪每組座標，並立即將 frame_count 變數增加 1。

使用 OpenCV 的 imwrite() 函式將影像保存到 trainer 資料夾。檔案使用以下命名法：

```
使用者輸入的姓名     使用者輸入的 ID     程式中擷取的第幾張影像 (程式自行編號)
        ↑              ↑                    ↑
    name.user_id.frame_count.jpg
    ‾‾‾‾ ‾‾‾‾‾‾‾ ‾‾‾‾‾‾‾‾‾‾‾
```

我們僅儲存在臉部矩形內的局部影像，避免背景會干擾人臉辨識的特徵訓練。

接下來的兩行程式在原始畫面上繪製一個臉部矩形，這樣使用者—Demming 上尉—可以檢查他的頭部是否為直立、表情是否合適。waitKey() 函式則是延遲擷取過程，讓使用者可以輪流作出多個表情。

雖然範例檔案中，Demming 上尉的影像都是一派輕鬆、中性的表情，如果是自己擷取影像，還是建議請使用者多試試不同表情；同時，頭部可以微微左右擺動一下，也會對訓練有所幫助。

接著，檢查是否已達到要擷取的目標張數 (此處為 30 張)，如果已達到則跳出迴圈 ❷。請注意，如果沒有人望向鏡頭，則迴圈會永遠運行下去。只有在分類器偵測到人臉，並傳回人臉矩形時，它才會對畫面進行計數。

藉由顯示訊息並發出提示語音，讓用戶知道鏡頭已關閉。然後我們釋放鏡頭，並關閉所有影像視窗來結束程式。

此時，trainer 資料夾會包含 30 張經過精細裁剪的使用者臉部影像。在下一小節中，你將使用這些影像 (或 demming_trainer 資料夾中提供的影像集) 來訓練 OpenCV 的人臉辨識器。

10.2.2 訓練人臉辨識器程式

下一步是使用 OpenCV 建立一個基於 LBPH 的人臉辨識器，使用訓練影像對其進行訓練，並將結果儲存為可重複使用的檔案。如果你使用自己的臉部影像來代替 Demming 上尉的，你必須修改程式使其指向 trainer 資料夾；否則，你將使用 demming_trainer 資料夾與 2_train.py 程式檔案，它們都在可下載的 Chapter_10 資料夾中。

程式 10-3 設置用於人臉偵測的 Haar 分類器路徑，以及上一個程式擷取的訓練影像。

訓練人臉辨識器的過程，要讓程式知道它辨識的是誰，在機器學習的領域稱之為標籤值 (labels)。不過你不能使用 Demming 上尉的名稱 (字串型別)，在機器學習中，我們要盡可能給予數值類型的資料，因此必須改用使用者 ID。接著會透過迴圈一一取出之前拍攝的影像，我們會從檔名中提取使用者 ID，並偵測出人臉區域，然後將使用者 ID 和對應的人臉影像分別存進 labels 和 images 兩個 list 中。

最後用這兩個 list 來訓練辨識器，並將結果保存到 YAML 檔案中。

▶ 程式 10-3: 2_train.py，訓練和儲存 LBPH 人臉辨識器

```
import os
import numpy as np import cv2 as cv        匯入模組        放置 Haar 分類器檔案
                                                            的資料夾路徑
cascade_path = "C:/Python310/Lib/site-packages/cv2/data/"
face_detector = cv.CascadeClassifier(cascade_path +        人臉偵測器
                                'haarcascade_frontalface_default.xml')
```

→ 接下頁

```
train_path = './demming_trainer' # 使用提供的 Demming 臉部影像
#train_path = './trainer' # 若使用的是你的臉，請取消註解
```
❶ 選擇影像集

```
image_paths = [os.path.join(train_path, f)
for f in os.listdir(train_path)]
```
◀── 儲存訓練資料夾中每個影像的資料夾路徑和檔名

```
images, labels = [], []
```
◀── 建立空 list

```
for image in image_paths:
    train_image = cv.imread(image, cv.IMREAD_GRAYSCALE)
    label = int(os.path.split(image)[-1].split('.')[1])
```
◀── 讀取灰階影像
❷ 使用者 ID 數字標籤值轉整數

```
    name = os.path.split(image)[-1].split('.')[0]
    frame_num = os.path.split(image)[-1].split('.')[2]
```
◀── 提取每個影像的名稱
◀── 提取每個影像的畫面號碼

```
    faces = face_detector.detectMultiScale(train_image)
    for (x, y, w, h) in faces:
        images.append(train_image[y:y + h, x:x + w])
        labels.append(label)
        print(f"Preparing training images for {name}.{label}.
            {frame_num}")
        cv.imshow("Training Image", train_image[y:y + h, x:x + w])
        cv.waitKey(50)
```
❸ 呼叫人臉偵測器
◀── 將人臉部分的影像放進 list
◀── 將使用者 ID 放入 list
◀── 告知使用者執行情形
◀── 顯示影像
◀── 停滯視窗 50 毫秒

```
cv.destroyAllWindows()
```
◀── 關閉視窗

```
recognizer = cv.face.LBPHFaceRecognizer_create()
```
❹ 初始化辨識器物件

```
recognizer.train(images, np.array(labels))
recognizer.write('lbph_trainer.yml')
print("Training complete. Exiting...")
```
◀── 訓練影像
◀── 將訓練過程的結果寫入檔案
◀── 通知使用者程式完成

　　你已經看過匯入模組和人臉偵測器的程式碼了。儘管你已經在 1_
capture.py 中將訓練影像裁剪為臉部矩形了，在這裡重複此程序並沒有什
麼壞處。至於 2_train.py 的其他部分則是完全不同的程式碼，需要再詳
細探討。

接下來，你要選擇使用的訓練影像集：你在 trainer 資料夾中自己擷取的影像或 demming_trainer 中提供的影像集 ❶，此處可以註解或刪除你不使用的程式碼行。請注意，因為你沒有提供該資料夾的完整路徑，所以你需要從包含它的資料夾啟動你的程式，該資料夾應該比 trainer 和 demming_trainer 資料夾高一級。

使用串列生成式來建立一個名為 image_paths 的 list，這是用來儲存訓練資料夾中每個影像的資料夾路徑和檔名，接著為影像及其標籤值創建空 list。

使用一個 for 迴圈來走訪影像路徑，讀取灰階影像；然後從檔名中提取其數字標籤值，並將其轉換為整數 ❷。請記住，標籤值就是之前執行 1_capture.py 時你輸入的使用者 ID；若使用 Demming 影像，使用者 ID 已預設為 1。

❷ 的提取和轉換的過程

os.path.split() 函式接收一個資料夾路徑，並傳回一個包含資料夾路徑和檔名的 tuple，如下面的程式碼片段所示：

```
>>> import os
>>> path = 'C:\demming_trainer\demming.1.5.jpg'
>>> os.path.split(path)
('C:\\demming_trainer', 'demming.1.5.jpg')
```

然後，使用索引 -1 來選擇 tuple 中的最後一項，並用點 (".") 來將其拆分，就會生成一個包含四個項目 (使用者名稱、使用者 ID、畫面號碼、副檔名) 的 list。

```
>>> os.path.split(path)[-1].split('.')
['demming', '1', '5', 'jpg']
```

此為標籤值

→ 接下頁

此 list 中的索引 1 即為標籤值。

```
>>> os.path.split(path)[-1].split('.')[1]
'1'
```

重複此過程以提取每個影像索引 0 的使用者名稱 (name) 和索引 2 的畫面號碼 (frame_num)。

取出的檔名是字串，其中使用者 ID 的部分取出要先轉換成數字，才能當作 OpenCV 訓練所需的標籤值。

現在，在每個訓練影像上呼叫人臉偵測器 (正臉分類器) ❸。這將傳回一個 numpy.ndarray，我們將其命名為 faces。開始走訪陣列，它包含偵測到的人臉矩形之座標。將矩形部分的影像附加到你之前製作的影像 list 中。再將影像的使用者 ID 附加到標籤 list 中。

經由在命令解析器 (shell) 中顯示一條訊息告知使用者現在執行的情形。然後，讓每個訓練影像顯示 50 毫秒，方便你目測檢查。

開始訓練人臉辨識器了。如同你在使用 OpenCV 的人臉偵測器時所為，首先要初始化一個辨識器物件 ❹，接著呼叫 train() 函式進行訓練，並將影像 list 和即時轉換為 NumPy 陣列的標籤 list 傳入。

我們不想要每次有人要驗證他們的臉時，都需要重新訓練辨識器，所以將訓練過程的結果寫入一個名為 lbph_trainer.yml 的檔案，最後通知使用者程式完成。

10.2.3 人臉「預測」器程式

現在開始辨識人臉了，我們將這個過程稱之為「預測」，因為這一切都歸結為機率。3_predict.py 中的程式首先會計算每個人臉的連接 LBP 直方圖，然後它會計算這個直方圖和訓練集中所有直方圖之間的距離。接下來，它將為新人臉指派最接近它的訓練人臉的標籤和名稱，但前提是距離低於你指定的閾值。

在開始執行程式前，請確認已經安裝 opencv-contrib-python，若未安裝可能跑出錯誤訊息 AttributeError: module 'cv2' has no attribute 'face'。安裝方式為打開 Windows PowerShell 或終端機輸入以下程式並執行。

```
pip install opencv-contrib-python
```

匯入模組和準備人臉辨識器

程式 10-4 匯入模組，準備一個字典來儲存使用者 ID 和名稱，設置人臉偵測器和辨識器，並建立測試資料的路徑。測試資料包括 Demming 上尉的影像，以及其他幾張臉部影像。我們使用訓練資料夾中的一張 Demming 上尉的影像來測試結果，如果一切正常，演算法應該能成功地識別該影像為很接近 (距離很短) 的吻合結果。

▶ 程式 10-4：3_predict.py 第 1 段，匯入模組並準備人臉偵測和辨識

```
import os
from datetime import datetime        匯入模組
import cv2 as cv
```
→ 接下頁

```
names = {1: "Demming"}  ← 將使用者 ID 聯結到使用者名稱       放置 Haar 分
cascade_path = "C:/Python310/Lib/site-packages/cv2/data/" ← 類器檔案的
                                                            資料夾路徑
face_detector = cv.CascadeClassifier(cascade_path + ← 正臉分類器
                            'haarcascade_frontalface_default.xml')

recognizer = cv.face.LBPHFaceRecognizer_create()  ❶ 初始化辨識器物件
recognizer.read('lbph_trainer.yml')  ← 載入訓練資料

test_path = './demming_tester'
#test_path = './tester'          ❷ 選擇影像集

image_paths = [os.path.join(test_path, f) for f in os.listdir(test_path)]
```

在匯入一些熟悉的模組之後，建立一個字典來將使用者 ID 連結到使用者名稱。雖然目前只有一組使用者資訊 (鍵值對)，未來如果要增加更多使用者到這個字典裡，都很簡單方便。如果你使用自己的人臉，可以隨意更改姓氏，但請將 ID 設置為 1。

接下來，我們直接重複使用設置 face_detector 物件的程式碼，你需要輸入自己的分類器路徑 (參見第 10-13 頁的程式 10-1)。

如同在 2_train.py 中一樣，我們初始化一個辨識器物件 ❶，然後使用 read() 函式載入包含訓練資料的 .yml 檔案。

你需要使用資料夾中的人臉影像來測試辨識器。請選擇要使用的影像集 ❷，如果你使用提供的影像 (裡面包含 Demming 上尉)，請設置 demming_tester 資料夾的路徑；否則，請使用你之前建立的 tester 資料夾。你可以將自己的影像添加到此空白資料夾中，並放入一些其他影像作為對照組，影像集內的影像請儘量不重複。

辨識人臉並更新存取日誌

程式 10-5 走訪 test 資料夾中的影像，從中偵測出任何存在的人臉，將人臉直方圖與訓練檔案中的人臉直方圖進行比較，命名人臉，指定信賴度閾值 (距離值)，然後將名稱和存取時間記錄在一個永久的文字檔案中。作為此程序的一部分，如果偵測結果吻合，程式理論上會解鎖實驗室，但由於實際上並沒有實驗室，因此我們將跳過該部分。

▶ 程式 10-5: 3_predict.py 第 2 段，執行人臉辨識並更新存取日誌檔案

```python
for image in image_paths:
    predict_image = cv.imread(image, cv.IMREAD_GRAYSCALE)      ← 讀取灰階影像
    faces = face_detector.detectMultiScale(predict_image,      ← 人臉偵測器
                                           scaleFactor=1.05,
                                           minNeighbors=5)
    for (x, y, w, h) in faces:                                 顯示有關請求
        print(f"\nAccess requested at {datetime.now()}.")      ← 存取的訊息
        face = cv.resize(predict_image[y:y + h, x:x + w], (100, 100))
                                                               ❶ 調整影像大小

        predicted_id, dist = recognizer.predict(face)          ← 進行人臉預測
        if predicted_id == 1 and dist <= 95:    ❷ 使用閾值作為條件
            name = names[predicted_id]          ← 取得影像檔名
            print("{} identified as {} with distance={}"  ← 顯示影像
                  .format(image, name, round(dist, 1)))         已被識別
            print(f"Access granted to {name} at {datetime.now()}.",
                  file=open('lab_access_log.txt', 'a'))
        else:                                                  ❸ 顯示日誌訊息
            name = 'unknown'    ← 將名稱設為 unknown
            print(f"{image} is {name}.")      ← 顯示訊息

        cv.rectangle(predict_image, (x, y), (x + w, y + h), 255, 2)
                                                               繪製矩形
        cv.putText(predict_image, name, (x + 1, y + h - 5),
                   cv.FONT_HERSHEY_SIMPLEX, 0.5, 255, 1)       ← 標示使用
        cv.imshow('ID', predict_image)      ← 顯示影像          者名稱
        cv.waitKey(2000)    ← 視窗停滯 2 秒
        cv.destroyAllWindows()    ← 關閉視窗
```

　　首先使用迴圈來走訪資料夾中的影像。這裡的資料夾是 demming_tester 資料夾或 tester 資料夾。將每個影像讀取為灰階影像，並將結果陣列指派到名為 predict_image 的變數，然後對它執行人臉偵測器 (正臉分類器)。

　　現在走訪臉部矩形，就像你之前所做的那樣。顯示有關請求存取的訊息；然後使用 OpenCV 將人臉子陣列調整為 100×100 像素 ❶。這與 demming_trainer 資料夾中訓練影像的尺寸相近。調整影像大小並不是絕對必要的，但根據筆者的經驗，這有助於改善效果。如果你使用自己的影像來代替 Demming 上尉，你應該檢查訓練影像和測試影像的尺寸是否相近。

　　現在可以進行人臉預測了，這只需要一行程式碼：在辨識器物件上呼叫 predict() 函式，並將人臉子陣列傳入，此函式將傳回一個 ID 號碼和一個距離值。

　　距離值越低，人臉被正確預測的可能性就越大。以 Demming 上尉的影像為例，若距離等於或低於閾值的影像，將被肯定地識別為 Demming 上尉；其他的則被標為「unknown」。

　　要使用閾值作為條件，我們使用 if 敘述 ❷。如果你使用自己的訓練和測試影像，請在第一次執行程式時將距離值設置為 1,000。查看測試資料夾中所有已知和未知圖像的距離值，然後重新決定一個閾值。若你是用 Demming 的訓練和測試影像，為了使低於閾值的所有人臉都是被正確識別為 Demming 上尉，我們將使用的閾值 (距離值) 小於為 95 作為判斷依據。

　　接下來，我們使用 predicted_id 作為字典 names 的鍵值來取得影像檔名。在命令解析器中顯示一條訊息，指出影像已被識別並包含影像檔名、從字典中取得的名稱，及距離值。

對於日誌，我們也顯示一條訊息，指出此名稱（在此例中為 Demming 上尉，是從字典中取得的）已被授予實驗室存取權限，並使用 datetime 模組加入時間的資訊 ❸。

如果你想保留一份人們來往紀錄的永久檔案，有一個方便的技巧：只需使用 print() 函式並寫入 file 即可。打開 lab_access_log.txt 檔案，並加上 append 參數（即程式中的 'a'）。這樣的話，就不會每張新影像都覆寫檔案，而是在檔案最後添加一行新的紀錄。以下是執行後的檔案內容：

```
Access granted to Demming at 2021-12-20 09:31:17.415802.
Access granted to Demming at 2021-12-20 09:31:19.556307.
Access granted to Demming at 2021-12-20 09:31:21.644038.
Access granted to Demming at 2021-12-20 09:31:23.691760.
--（略）--
```

如果不滿足條件（超出閾值），將名稱設置為「unknown」並顯示一條訊息。然後在臉部周圍繪製一個矩形，並使用 OpenCV 的 putText() 函式標示使用者名稱，顯示影像兩秒鐘之後再關閉它。

10.2.4 執行結果

你可以從 demming_tester 資料夾中的 20 張圖像中看到一些執行結果，如圖 10-8 所示。預測器程式碼正確識別了 Demming 上尉的八張影像，沒有任何誤報。

圖 10-8: Demming 和非 Demming

為了確保 LBPH 演算法更準確，你需要在受控制的條件下使用它。所以請使用者使用同一台筆記型電腦來存取，你可以更容易地控制拍攝姿勢、臉部大小、影像解析度和光照條件。

10.3 本章總結與延伸練習

在本章中，你使用 OpenCV 的局部二值化圖樣統計直方圖演算法來識別人臉。只需幾行程式，你就生成了一個強大的人臉辨識器，而且在不同的光線環境下也能運作。你還使用了標準函式庫的 os.path.split() 函式來分解資料夾路徑和檔名，以取得特定的變數名稱。

▌挑戰題：添加密碼和影像擷取

你在本專案中編寫的 3_predict.py 程式經由走訪影像資料夾以執行人臉辨識。重新編寫程式，使其能由視訊鏡頭的影片串流中動態地辨識人臉。臉部矩形和名稱應出現在影片畫面中，就像它們出現在資料夾影像上一樣。

要啟動該程式，請讓使用者輸入由你設定的驗證密碼。如果正確，請添加語音的指示，告訴使用者要望向鏡頭。

如果程式正確地辨識出 Demming 上尉，則使用音訊宣布已授予存取權限；否則，播放存取被拒絕的音訊。

如果你需要知道如何從影片串流中辨識人臉，且得到相關幫助，請參見 challenge_video_recognize.py 程式。請注意，你可能需要為影片畫面使用比用於靜止影像更高的信賴度閾值。

為了記錄嘗試進入實驗室的人員，請將個別畫面儲存到 lab_access_log.txt 檔案所在的資料夾中。使用紀錄中的 datetime.now() 結果作為檔名，以便可辨識每次嘗試存取時臉部影像匹配。請注意，你需要將從 datetime.now() 傳回的字串重新格式化，使其只包含作業系統定義的檔名可接受的字元。

▌挑戰題：多人辨識

在本專案中，你使用你自己或者是 Demming 上尉的影像進行訓練和預測，兩者都是單一對象的辨識，在這個挑戰題中，將挑戰多個影像對象同時辨別，請打開 1_capture.py 檔案，這次我們要改變 ID 的輸入方式，改用系統直接設定，並增加檢查 ID 是否重複的機制，因為每個影像的 ID 都具有唯一性，可以使兩個影像對象得以分別，另外在實作時請注意 3_predict.py 檔案開頭的名稱與 ID 字典也需要跟著改變。

▌挑戰題：明星臉和雙胞胎

使用本專案中的程式碼來比較面容相似的名人和雙胞胎。使用來自網路的影像來訓練，看看你是否能騙過 LBPH 演算法。名人可能的配對有《黑寡婦》主角史嘉蕾・喬韓森 (Scarlett Johansson) 和《水行俠》女主角安柏・赫德 (Amber Heard)；《哈利波特》女主角艾瑪・華森 (Emma Watson) 和《莎賓娜的顫慄冒險》主角琪兒蘭・席普卡 (Kiernan Shipka)；《飢餓遊戲》連恩・漢斯沃 (Liam Hemsworth) 和網球名將卡倫・哈查諾夫 (Karen Khachanov)；《白宮風雲》羅伯・勞 (Rob Lowe) 和《噬血Y世代》男主角之一伊恩・桑莫哈德 (Ian Somerhalder)；《莉琪的異想世界》主角希拉蕊・朵芙 (Hilary Duff) 和《安眠書店》女主角維多利亞・佩德雷蒂 (Victoria Pedretti)；《侏羅紀世界》女主角布萊絲・達拉斯・霍華 (Bryce Dallas Howard) 和《00:30凌晨密令》女主角潔西卡・雀絲坦 (Jessica Chastain)；以及喜劇演員威爾・法洛 (Will Ferrell) 和鼓手音樂家查德・史密斯 (Chad Smith)。

至於著名的雙胞胎，看看太空人雙胞胎馬克・凱利 (Mark Kelly) 和史考特・凱利 (Scott Kelly)，以及名人雙胞胎瑪莉凱特・歐森 (Mary-Kate Olsen) 與艾希莉・歐森 (Ashley Olsen)。

▍挑戰題：時光機

如果你曾經觀看過舊節目的重播，你會看到年輕時 (有時年輕很多) 的著名演員。儘管人類在臉部辨識方面的能力非常出色，但我們仍然可能難以認出年輕的伊恩・麥克連 (Ian McKellen) 或派崔克・史都華 (Patrick Stewart)。這就是為什麼有時需要某種聲音特徵或者奇怪的舉止，才讓我們趕忙使用 Google 查演員是誰。

人臉辨識演算法在跨時間辨識人臉時也容易失敗。要了解 LBPH 演算法在這些條件下的表現，請使用本專案中的程式，並使用你 (或你的親戚) 在特定年齡的臉部影像來訓練它，再用不同年齡段的影像進行測試。

11

建立互動式的喪屍逃生地圖

影集《陰屍路》(The Walking Dead) 於 2010 年在電視頻道 AMC 首播，故事背景設定於一次喪屍大災變的開端，講述的是在美國喬治亞州亞特蘭大地區一小群倖存者的故事。這部廣受好評的節目很快就成為一種社會現象，躍居有線電視史上收視率最高的影集，同時催生了衍生劇《驚嚇陰屍路》(Fear the Walking Dead)，並開創了一種全新的節目類型一劇後討論節目一《閒話行屍》(Talking Dead)。

在本章中，你將扮演一位思維敏捷的資料科學家，因為預見到文明即將要崩潰，你將準備一張地圖，幫助《陰屍路》的倖存者逃離擁擠的亞特蘭大都會區，前往密西西比州西部人口稀少的地區。在此過程中，你將使用 pandas 函式庫載入、分析和清理資料，並使用 bokeh 和 holoviews 函式庫來繪製地圖。

11.1 專案：使用區域密度圖視覺化人口密度

根據科學家的說法 (是的，不少專家認真研究過這個主題)，在喪屍大災變中倖存下來的關鍵是盡可能地遠離城市。在美國，這意味著要生活在圖 11-1 所示的大片黑色區域之一。燈光越亮，人口越多，所以如果你想避開人群，就要走向「光明之外」。

亞特蘭大

圖 11-1: 2012 年美國夜間城市燈光圖

編註：對於喪屍大災變還能參考 Game Theory: Real Tips for SURVIVING a Zombie Apocalypse (7 Days to Die) (The Game Theorists, 2016)，這是一部影片，描述了逃離喪屍大災變的世界上最佳地點。與《陰屍路》不同的是，該影片的設定是喪屍病毒可以經由蚊子和蜱蟲傳播，在選擇地點時須將此因素納入考量。

　　不幸的是，對於我們亞特蘭大的《陰屍路》倖存者來說，要到相對安全的美國西部還有很長的路要走。他們將無可避免要穿過一個接一個的城鎮，沿路最好盡可能是人口最少的地區。一般地圖不會有各地區的人口數，但我們可以從美國人口普查取得這項資訊；在文明瓦解和網路全面斷線之前，你可以事先將人口密度資料下載到你的筆記型電腦上，然後使用 Python 對其進行整理。

呈現此類資料的最佳方式是使用區域密度圖 (choropleth map)，這是一種使用顏色或圖案來表示特定地理區域統計數據的視覺化方法，其最常見的應用之一就是表現美國總統選舉結果，在美國地圖上用紅色代表共和黨獲勝，藍色代表民主黨獲勝 (圖 11-2)。

編註：若想知道製作區域密度圖須了解的細節，可參見此文章 https://blog.datawrapper.de/choroplethmaps/

　　如果倖存者有一張人口密度的區域密度圖，顯示每個縣每平方英哩的人數，他們就可以找到從亞特蘭大出發，穿越美國南部，最短、理論上最安全的路線。儘管你可以從人口普查中獲得更加詳細的資料，但使用縣級資料應該就夠了，因為喪屍群會隨著飢餓而遷移，太詳細的統計數據意義有限。

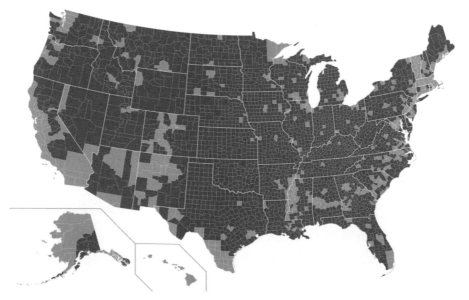

圖 11-2: 2016 年美國總統大選結果的區域密度圖
(因為印刷關係無法顯示紅藍，此處，深色＝共和黨，淺色＝民主黨)

▌專案目標

找出穿越各縣的最佳路線，倖存者可以使用州道地圖，就像在加油站和旅遊服務中心找到的相同。這些紙本地圖包括縣和郡的輪廓，讓我們可以很容易地將城市和道路的網路與印出來的區域密度圖作對比。我們要建立美國本土 (48 個相鄰州) 的互動式地圖，按縣顯示人口密度。

▌程式邏輯說明

與所有資料視覺化的練習一樣，在實際繪圖前，有幾項前置作業要考量，包括有：尋找和清理資料、選擇繪圖類型和視覺化工具、準備繪圖資料。

尋找和清理資料

以我們的情形而言，尋找資料是相對容易的，因為美國人口普查的資料是公開的，但你仍需要清理資料，例如尋找和處理不實資料點、空值，以及格式問題。情況理想的話，你還可以驗證資料的準確率，這是資料科學家經常忽略的一項艱鉅的任務。資料至少應該通過基本的合理性檢測，這可能需要等到資料被繪製出來才能得知，例如，紐約市的人口密度應該比蒙大拿州 (Montana) 的比靈斯 (Billings) 高。

接下來，你必須決定如何呈現資料。在本專案中你將使用地圖，其他選項可能包括長條圖或表格，更重要的是選擇用於繪製繪圖的工具 (Python 函式庫)。工具的選擇會對你準備資料的方式及最終顯示的內容產生重大影響。

選擇繪圖類型和視覺化工具

當我們談到 Python 中的視覺化工具時，可以說選擇實在太多，包括有：matplotlib、seaborn、plotly、bokeh、folium、altair、pygal、ggplot、holoviews、cartopy、geoplotlib，和 pandas 中的內建函式。

這些不同的視覺化函式庫各有其優缺點，但由於此專案需要快速完成，因此我們將專注於易於使用的 holoviews 函式庫，以及其後端模組─用於繪圖的 bokeh。這個組合讓你只要編寫幾行程式碼即可生成互動式區域密度圖，且 bokeh 的範例資料中就已經包含了美國各州界和縣界的圖形。

準備繪圖資料

一旦選擇了視覺化工具，自然必須依照工具要求的格式來放置資料。你須學會如何將一個人口檔案資料，填入另一個表示各縣的圖形的檔案裡，之後，你將能使用 bokeh 繪製地圖。

還好在 Python 資料分析的世界中，幾乎清一色都採用 pandas 來儲存資料，我們可以使用 pandas 直接載入人口普查資料進行分析，也可以輕易轉換成 holoviews 和 bokeh 所要求的格式。

11.2 Python 資料分析函式庫 — pandas

pandas 是 Python 語言中最流行的開源函式庫，用來做資料萃取、處理和操作，包含專為處理常見資料來源 (如 SQL 關聯式資料庫和 Excel 試算表) 而設計的資料結構。如果你打算成為任何形式的資料科學家，那麼你肯定會在某個時候用到 pandas。

pandas 函式庫包含兩個主要資料結構：Series 和 DataFrame。Series 就像是一維的陣列，它可以容納相同型別的任何資料，例如整數、浮點數、字串等，比較不一樣的是，每一筆資料會帶有標籤（編註：標示資料的名稱或涵義）。pandas 是基於 NumPy 實作的，因此一個 Series 物件實際上是兩個相關聯的 Numpy 陣列 (ndarray) (如果你不熟悉，請參閱第 1-20 頁的陣列介紹)，其中一個陣列是資料點的值 (value)，它們可以是任何 NumPy 資料型別 (但型別要一致)；另一個陣列則是每個資料點的標籤，稱為索引 (index) (表 11-1)。

表 11-1: 一個 Series 物件

索引	值
0	25
1	432
2	- 112
3	99

與 Python list 的索引不同，在 Series 中的索引不必一定要是整數（編註：因此跟一般 list 或 ndarray 索引的用法不完全相同）。例如在表 11-2 中，索引是人名，而值為他們的年齡。

表 11-2: 使用有意義標籤的 Series 物件

索引	值
Javier	25
Carol	32
Lara	19
Sarah	29

與 list 或 NumPy 陣列一樣，你可以經由指定索引來切片 (slice) 一個 Series，或選擇某個特定的元素。你可以經由指定索引來選擇 Series 中某個特定的元素，也可以透過元素的位置從中切片 (slice) 出另一個 Series，還有其他各種可以對 Series 進行過濾、執行數學運算、與其他 Series 合併等各種操作（編註：Series 和稍後介紹的 DataFrame 的功能都很強大，對初學者來說有點複雜，不過別擔心，本專案只會做最基本的欄位資料存取而已）。

DataFrame 是一種更複雜的資料結構，包括兩個維度，其結構是類似試算表的表格狀，意即有行、列和資料 (表 11-3)，你可以將其視為有兩種索引的陣列、由行 (column) 組成的有序集合 (ordered collection)。

表 11-3: 一個 DataFrame 物件

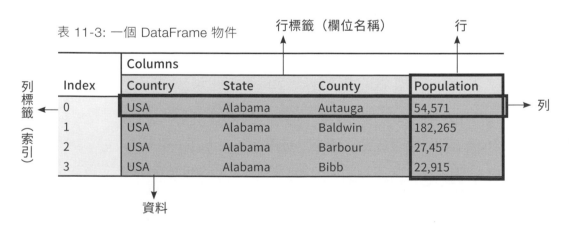

DataFrame 有兩種索引，可以理解成行跟列各用不同的標籤來標記資料。列的標籤就直接稱為索引 (Index)，與 Series 中的索引陣列大致一

樣，行的標籤則稱為欄位名稱 (Columns)，之後我們比較常會透過欄位名稱來存取一行一行的資料。

要描述 pandas 中的所有功能可能需要一整本書的篇幅，你可以參考旗標的《**Python 資料分析必備套件！Pandas 資料清理・重塑・過濾・視覺化**》。後續講解程式碼時，會再進一步介紹實際的運用手法。

小編補充：DataFrame 常見的屬性和方法

屬性或方法	說明
shape	顯示 DataFrame 的列數和欄數
columns	顯示 DataFrame 所有欄位名稱
index	顯示 DataFrame 的索引
head()	回傳前 n 筆 (列) 的資料，n 代表 ( ) 內填寫的數字，若不填寫，會預設回傳前 5 筆 (列)
info()	DataFrame 的詳細資訊
describe()	DataFrame 中各數值的描述統計
loc	使用標籤名稱指定行和列
iloc	使用位置 (數字) 指定行和列

11.3 bokeh 模組和 holoviews 函式庫

bokeh 模組 (可參見 https://bokeh.org/) 是一個常用於現代瀏覽器的互動式視覺化開源函式庫，你可以將它用於大型或串流資料集（編註：即用於視覺化呈現的暫存數據，因沒有用資料庫儲存，所以之後無法調用）

來產生優美的互動式圖像。它使用 HTML 和 JavaScript 來呈現圖像，兩者都是用於建立互動式網頁的主要程式語言。

holoviews 開源函式庫 (可參見 https://holoviews.org/) 的宗旨在使資料分析和視覺化變得簡單。使用 holoviews 時，我們並不直接呼叫繪圖函式庫 (例如 bokeh 或 matplotlib) 來繪圖，而是將要分析的資料整合成 holoviews 的物件類別，再呼叫該物件的函式來產生視覺化的圖表 (編註：就官方的說法，視覺化不該是由使用者一筆一畫繪製，而是要讓資料自己呈現出來)。

holoviews 範例圖表包括幾個使用 bokeh 視覺化的區域密度圖 (如 https://holoviews.org/gallery/demos/bokeh/texas_choropleth_example. html)，稍後，我們將使用此範例圖表中的失業率範例來了解如何以類似方式呈現我們的人口密度資料 (編註：具體來說我們會引用內建失業率的圖表，然後將連結的資料從失業率改為人口密度，因此以下你要先了解範例圖表和人口密度的資料集，才能修改成我們需要的最終結果)。

11.3.1 安裝模組

如果你完成了第 1 章中的專案，那麼就代表你已經安裝 pandas 和 NumPy。如果還沒有，請參見第 1-13 頁的「用 pip 安裝 NumPy 及其它函式庫」中的說明。

安裝 holoviews 的其中一個方式是在 Anaconda 環境下執行，Linux、Windows 或 macOS 作業系統下都可以安裝 Anaconda，安裝後再依照以下指令安裝最新的 bokeh 和 holoviews，以及其他必要的相依套件：

```
conda install -c pyviz holoviews bokeh
```

這種安裝方法會在後端一起載入 matplotlib 繪圖函式庫、bokeh 繪圖函式庫，以及 Jupyter/IPython Notebook。

 編註：holoviews 函式庫很多語法需搭配 Jupyter Notebook 使用，若使用其他執行環境，無法自動顯示地圖是正常的，必須把檔案存成 .html 檔，讓圖表在網頁呈現。

你可以使用 pip 安裝一組類似的套件。

```
pip install "holoviews[recommended]"
```

假設你已經安裝了 bokeh，可以用 pip 選擇最小安裝的選項來安裝其他套件。你可以在 https://holoviews.org/install.html 和 https://holoviews.org/user_guide/Installing_and_Configuring.html 找到這些和其他的安裝說明。

11.3.2 取得 bokeh 內建縣、州、失業資料

bokeh 函式庫有州和縣的圖形資料，以及 2009 年美國每個縣的失業率資料。如前所述，你將先了解內建範例所採用的資料格式，才能知道如何代換為我們所需的 2010 年人口普查的人口密度資料。

要下載 bokeh 的範例資料，請開啟網路連線，打開 Python shell，然後輸入以下內容：

```
>>> import bokeh
>>> import bokeh.sampledata
>>> bokeh.sampledata.download()
Creating C:\Users\lee_v\.bokeh directory
Creating C:\Users\lee_v\.bokeh\data directory
Using data directory: C:\Users\lee_v\.bokeh\data
-- (略) --
```

此處會顯示 bokeh 範例資料的存放路徑

　　如你所見，程式會告訴你將資料存放在電腦的路徑，以便 bokeh 可以自動找到它。你的路徑會和上述作者的電腦不同，後面請自己依照實際顯示的路徑來操作。進入程式給的電腦路徑，就可以看到 bokeh 的範例資料，若你需要更多資訊，請參見 https://docs.bokeh.org/en/latest/docs/reference/sampledata.html。

　　在下載檔案的資料夾中找出 US_Counties.csv 和 unemployment09.csv，這些純文字檔案使用通用的逗號分隔值 (comma-separated values, CSV) 格式，其中每一列代表一筆資料紀錄，不同欄位以逗號分隔。

　　開啟失業率資料 (unemployment09.csv) 會看到密密麻麻的資料內容，儘管可以猜到大部分的欄位是代表什麼，不過沒有描述資料的欄位名稱還是很不方便 (圖 11-3)，這是資料科學家常會碰到且須解決的問題，我們稍後會處理這個問題（編註：修改並加上容易辨識的欄位名稱）。

	A	B	C	D	E	F	G	H	I
1	CN010010	1	1	Autauga County, AL	2009	23,288	21,025	2,263	9.7
2	PA011000	1	3	Baldwin County, AL	2009	81,706	74,238	7,468	9.1
3	CN010050	1	5	Barbour County, AL	2009	9,703	8,401	1,302	13.4
4	CN010070	1	7	Bibb County, AL	2009	8,475	7,453	1,022	12.1
5	CN010090	1	9	Blount County, AL	2009	25,306	22,789	2,517	9.9
6	CN010110	1	11	Bullock County, AL	2009	3,527	2,948	579	16.4

圖 11-3: unemployment09.csv 的前幾列

如果你打開地理資料 (US_Counties.csv)，同樣會看到很多欄位，不過還好都有標題就清楚得多 (圖 11-4)。你面臨的挑戰即是找出圖 11-3 中的失業率資料與圖 11-4 中的地理資料之間的關聯，以便稍後可以對人口普查資料進行同樣的處理程序。

	A	B	C	D	E	F	G	H	I	J	K	L
1	County Name	State-County	state abbr	State Abbr.	geometry	value	GEO_ID	GEO_ID2	Geographic Name	STATE num	COUNTY num	FIPS formula
2	Autauga	AL-Autauga	al	AL	<Polygon>	126.4	05000US01001	1001	Autauga County, Alabama	1	1	1001
3	Baldwin	AL-Baldwin	al	AL	<Polygon>	486.1	05000US01003	1003	Baldwin County, Alabama	1	3	1003
4	Barbour	AL-Barbour	al	AL	<Polygon>	583.3	05000US01005	1005	Barbour County, Alabama	1	5	1005
5	Bibb	AL-Bibb	al	AL	<Polygon>	569.3	05000US01007	1007	Bibb County, Alabama	1	7	1007
6	Blount	AL-Blount	al	AL	<Polygon>	893	05000US01009	1009	Blount County, Alabama	1	9	1009

圖 11-4: US_Counties.csv 的前幾列

取得人口普查資料

你可以在本章資料夾中找到人口普查的資料 census_data_popl_2010.csv，該檔案源於美國 FactFinder 網站，原名為 DEC_10_SF1_GCTPH1.US05PR_with_ann.csv。在本書出版時，美國政府已經將人口普查資料遷移到一個名為 https://data.census.gov 的新網站 (參見 https://www.census.gov/data/what-is-data-census-gov.html)。

人口普查資料 (census_data_popl_2010.csv) 其實有經過資料清理，原檔案 DEC_10_SF1_GCTPH1.US05PR_with_ann.csv 的開頭，你會看到許多帶有兩個標題列，因為第一個標題列與第二個意義有所重複，我們將第一個刪除，另存為 census_data_popl_2010.csv (圖 11-5)。其中我們對 M 行感到有興趣，它的欄位名稱為「Density per square mile of land area – Population」(每平方英哩土地面積的人口密度)。

	A	B	C	D	E	F	G
1	Id	Id2	Geography	Target Geo Id	Target Ge	Geographic area	Geographic area
2	0100000US		United States	0100000US		United States	United States
3	0100000US		United States	0400000US01	1	United States - A	Alabama
4	0100000US		United States	0500000US01(	1001	United States - A	Autauga County
5	0100000US		United States	0500000US01(	1003	United States - A	Baldwin County
6	0100000US		United States	0500000US01(	1005	United States - A	Barbour County

H	I	J	K	L	M	N
Populatic	Housing	Area in sq	Area in sq	Area in sq	Density per	Density per
3087455	1317047	3796742	264836.8	3531905	87.4	37.3
4779736	2171853	52420.07	1774.74	50645.33	94.4	42.9
54571	22135	604.39	9.95	594.44	91.8	37.2
182265	104061	2027.31	437.53	1589.78	114.6	65.5
27457	11829(r1	904.52	19.64	884.88	31	13.4

圖 11-5: census_data_popl_2010.csv 的前幾列 (裁成兩段呈現)

此時，理論上你已經具有產生人口密度區域密度圖所需的所有
Python 函式庫和資料檔案。但是，在編寫程式之前，你須知道如何將人
口資料連結到地理資料，以便將正確的「縣」資料放置在對應的圖形中。

11.3.3 活用 holoviews 範例圖表

學習調整現有的程式碼來自己使用，對於資料科學家來說是一項重要
的技能，可能會需要反覆推敲的技巧。因為開源軟體是免費的，所以有時
提供的說明文件講不清楚，你必須自己搞懂它是如何運作的。讓我們花點
時間來看看如何將此技巧應用於當前的問題。

在前面的章節中，我們使用了 turtle 和 matplotlib 等開源模組提
供的範例圖表。holoviews 函式庫也有一個範例圖表 (可參見 https://
holoviews.org/gallery/index.html)，包括 Texas Choropleth Example，
一張 2009 年德州失業率的區域密度圖 (圖 11-6)。

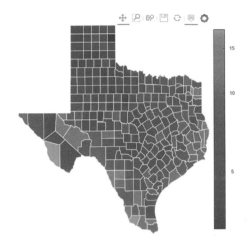

圖 11-6: 來自 holoviews 範例圖表的 2009 年德州失業率的區域密度圖

　　程式 11-1 包含 holoviews 為此地圖提供的程式碼。你可以基於此範例來建立你的專案，但你必須解決兩個主要差異：首先，你計畫繪製的是人口密度而不是失業率；其次，你要的是美國本土的地圖，而不僅是德州的地圖。我們先來看看原始的範例程式：

▶ 程式 11-1: texas_choropleth_example.py，產生德州區域密度圖

```
import holoviews as hv                                            匯入模組
from holoviews import opts
hv.extension('bokeh')    ◀── 指定後端模組
from bokeh.sampledata.us_counties import data as counties        ❶ 載入資料
from bokeh.sampledata.unemployment import data as unemployment


counties = [dict(county, Unemployment=unemployment[cid])   ❷ 存取失業率資料
            for cid, county in counties.items()
            if county["state"] == "tx"]   ❸ 選取德州


choropleth = hv.Polygons(counties, ['lons', 'lats'],
                         [('detailed name', 'County'), 'Unemployment'])
```
→ 接下頁

```
choropleth.opts(opts.Polygons(logz=True,
                              tools=['hover'],
                              xaxis=None, yaxis=None,
                              show_grid=False,
                              show_frame=False,
                              width=500, height=500,
                              color_index='Unemployment',
                              colorbar=True, toolbar='above',
                              line_color='white'))
```

若你不是在 Jupyter Notebook 上執行程式，請在此程式最上方匯入 os 函式庫中 abspath，和 webbrowser 模組。

```
from os.path import abspath
import webbrowser
```

然後在 texas_choropleth_example.py 程式最後面，增加以下程式即可在瀏覽器上顯示區域密度圖，詳細將於後面說明。

```
hv.save(choropleth, 'texas.html', backend='bokeh')
url = abspath('texas.html')
webbrowser.open(url)
```

回到 texas_choropleth_example.py 程式本身，程式從 bokeh 範例資料中載入資料 ❶。你還需要知道 unemployment 和 county 變數的格式和內容；Unemployment 資料是之後透過 unemployment 變數和一個稱為 cid 的索引來存取 (cid 應該不難推測代表「county ID」) ❷，該程式使用一個判斷州代碼的條件式 ❸ 來選取德州，而非整個美國。

讓我們在 Python shell 中研究一下。

```
>>> from bokeh.sampledata.unemployment import data as unemployment
>>> type(unemployment)    ❶ 檢查資料型別
<class 'dict'>
>>> first_2 = {k: unemployment[k] for k in list(unemployment)[:2]}
>>> for k in first_2:                         ❷ 建立新字典
        print(f"{k} : {first_2[k]}")    ❸ 印出字典前兩列內容
(1, 1) : 9.7
(1, 3) : 9.1          失業率
>>>                           第 1 個數字為州代碼，第 2 個數字為縣代碼
>>> for k in first_2:
        for item in k:
            print(f"{item}: {type(item)}")    ❹ 檢查上面印出的兩個 tuple
1: <class 'int'>                                  中元素的資料型別
1: <class 'int'>
1: <class 'int'>
3: <class 'int'>
```

首先使用範例圖庫中的語法載入 bokeh 範例資料，再使用內建的 type() 函式來檢查 unemployment 變數的資料型別 ❶，你會發現其實它是一個字典。

現在，使用字典生成式 (dictionary comprehension) 來建立一個新的字典 ❷，其中包含 unemployment 中的前兩列。結果顯示 ❸，你可以看到鍵值是 tuple，資料值是數字，可能是失業率百分比。我們也檢查數字的資料型別，它們是整數而非字串 ❹。

將印出內容 ❸ 與圖 11-3 檔案 (unemployment09.csv) 中的前兩列進行比較。鍵值 tuple 中的第一個數字，可能是一個州代碼，是來自 B 行；tuple 中的第二個數字，可能是縣代碼，則是來自 C 行；很明顯地，失業率儲存在 I 行中。

再將上述內容 ❸ 與代表縣資料的圖 11-4 檔案 (US_Counties.csv) 進行比對：可以分別找到 STATE num (位於 J 行) 和 COUNTY num (位於 K 行) 顯然對應到 tuple 中的兩個數字。

到目前為止一切順利，但是我們的目的是要將失業率代換成人口密度，因此要回頭看看圖 11-5 中的人口資料檔案 (census_data_popl_2010.csv)，是否可以比照相同的欄位連結到圖 11-4 (US_Counties.csv)。乍看在圖 11-5 中的人口資料檔案找不到類似的州或縣代碼，但是 E 行的數字與圖 11-4 L 行是相符的，而其欄位名稱是 FIPS formula，這些 FIPS 數字上網查一下就可以知道跟州和縣代碼有關。

調查以後，我們了解到聯邦資訊處理標準 (FIPS) 代碼基本上可以視為一個縣的郵遞區號。FIPS 代碼是由美國國家標準與技術研究所 (National Institute of Standards and Technology) 分配給每個縣的五位數字代碼，前兩位數字代表該縣所在的州，後三位數字代表該縣 (表 11-4) (編註：目前通行的是 FIPS 6-4 版本)。

表 11-4: 使用 FIPS 代碼識別美國各縣

美國各縣	州代碼	縣代碼	FIPS
Baldwin Country, AL	01	003	1003
Johnson Country, IA	19	103	19103

恭喜你，你現在已經知道如何將美國人口普查資料連結到 bokeh 範例資料中各縣的圖形了。可以開始編寫繪製最終圖表的程式了！

11.4　在地圖上呈現人口密度

11.4.1　匯入模組和資料並建立 DataFrame

　　程式 11-2 匯入模組和 bokeh 的縣範例資料 (US_Counties.csv)，其中 geometry 欄位包括所有縣的圖形的座標。接著載入並創建一個 DataFrame 物件來表示人口資料，然後開始清理和準備資料，以便和各縣的資料整合。

▶ 程式 11-2: choropleth.py 第 1 段，匯入模組，載入資料，創建 DataFrame 並命名各欄位

```
from os.path import abspath
import webbrowser
import pandas as pd                    匯入模組
import holoviews as hv
from holoviews import opts
hv.extension('bokeh')   ❶ 指定後端模組
from bokeh.sampledata.us_counties import data as counties   ← 載入地理資料

df = pd.read_csv('census_data_popl_2010.csv', encoding="utf-8 ")
                                              ❷ 讀取人口資料
df = pd.DataFrame(df,
                    columns=
                      ['Target Geo Id2',
        篩選資料        'Geographic area.1',
                       'Density per square mile of land area - Population'])

df.rename(columns =
          {'Target Geo Id2':'fips',
           'Geographic area.1': 'County',
           'Density per square mile of land area - Population':'Density'},
          inplace = True)   ← 更改欄位名稱

print(f"\nInitial popl data:\n {df.head()}")
print(f"Shape of df = {df.shape}\n")
```

首先匯入 os 函式庫中 abspath，和 webbrowser 模組，用於在瀏覽器上顯示區域密度圖。接下來，匯入 pandas，並再次像程式 11-1 一樣地匯入 holoviews。請注意，你必須將 bokeh 指定為 holoviews 的擴展模組 (extension) 或後端模組 (backend) ❶，因為 holoviews 可以與其他繪圖函式庫一起使用 (例如 matplotlib)，因此我們需具體指定要使用何者。

從 bokeh 範例圖庫載入地理資料 (US_Counties.csv)，再使用 pandas 讀取人口的資料 (census_data_popl_2010.csv)，該模組包含一組輸入/輸出的 API 函式，以方便讀取和寫入資料。這些讀取器 (reader) 和寫入器 (writer) 可以處理多種主要檔案格式，例如 CSV (read_csv、to_csv)、Excel (read_excel、to_excel)、SQL 語法 (read_sql、to_sql)、HTML (read_html、to_html) 等。在此專案中，你將使用 CSV 檔案。

在大多數情況下，你可以在不指定字元編碼的情況下讀取 CSV 檔案。

```
df = pd.read_csv('census_data_popl_2010.csv')
```

但若該檔案使用特定編碼方式，例如：Latin-1 (也稱為 ISO-8859-1)，你可能會收到以下錯誤訊息：

```
UnicodeDecodeError: 'utf-8' codec can't decode byte 0xf1 in position 31:
invalid continuation byte
```

為避免此問題，我們在一開始就在 encoding 參數後指定 utf-8 為讀取人口資料檔案時的編碼方式 ❷。

現在，經由呼叫 DataFrame() 將人口資料檔案轉換為表格式的 DataFrame。你不需要原始檔案中所有欄位，因此我們將要保留的欄位名稱傳入 DataFrame()，它們分別代表圖 11-5 中的 E、G 和 M 行，也就是分別代表 FIPS 代碼、縣名和人口密度。

接下來，使用 rename() 函式重新命名欄位名稱，使它們更短且更有意義，這裡我們分別將之命名為 fips、County 和 Density。

使用 head() 函式來顯示 DataFrame 的前幾列，並讀取其 shape 屬性來顯示 DataFrame 的資料大小。預設情況下，head() 函式會顯示出前五列。如果要查看更多列，可以將數字作為參數傳入，例如 head(20)。你可在 shell 中看到程式 11-2 的輸出結果：

```
Initial popl data:
        fips            County   Density
0       NaN      United States      87.4
1       1.0            Alabama      94.4
2    1001.0     Autauga County      91.8
3    1003.0     Baldwin County     114.6
4    1005.0     Barbour County      31.0
Shape of df = (3274, 3)
```

→ 這兩行非縣代碼的資訊，可刪

請注意，前兩列 (第 0 列和第 1 列) 是沒有用的。事實上，你可以從輸出中了解到，每一州開頭首列是各州的平均密度，因此編碼規則不同（編註：這幾列的數字明顯都小於 100），為了統一起見我們可以將之刪除，你還可以從 shape 屬性中看到原本 DataFrame 有 3,274 列。

11.4.2 刪除無關的列並取出州和縣代碼

程式 11-3 刪除了 FIPS 代碼小於或等於 100 的所有列，這些被刪除標題列並未完整列出州和縣的位置。然後，我們將從篩選後的 FIPS 代碼欄位計算出州和縣的代碼，並獨立成兩個新欄位，以便稍後可以使用這些資料從 bokeh 範例資料中選擇正確的縣的圖形。

▶ 程式 11-3：choropleth.py 第 2 段，刪除無關的列並準備州和縣代碼

```
df = df[df['fips'] > 100]   ◀── 刪除無關的列
print(f"Popl data with non-county rows removed:\n {df.head()}")
print(f"Shape of df = {df.shape}\n")

df['state_id'] = (df['fips'] // 1000).astype('int64')  ❶ 得到新的州代碼欄位
df['cid'] = (df['fips'] % 1000).astype('int64')  ◀── 得到新的縣代碼欄位
print(f"Popl data with new ID columns:\n {df.head()}")
print(f"Shape of df = {df.shape}\n")
print("df info:")
print(df.info())  ❷ 印出 DataFrame 的簡明摘要

print("\nPopl data at row 500:")
print(df.loc[500])  ❸ 印出第 500 列資料
```

要在縣的圖形中顯示人口密度資料，你需要先將 df 的資料轉換為字典，其中鍵值是州代碼和縣代碼的 tuple，資料值即是人口密度資料。但正如你之前看到的，人口資料 (df) 並不包含州和縣代碼的各別欄位；它只有 FIPS 代碼。因此，你需要將 FIPS 代碼拆分為州和縣的代碼。

首先，刪除所有非縣的列。如果你查看之前的 shell 輸出 (圖 11-5 中的第 4 列和第 5 列)，你會發現這些列不包含四位或五位的 FIPS 代碼。因此，你可以使用 FIPS 欄位來創建一個新的 DataFrame，仍然命名為 df，而只保留 FIPS 值大於 100 的列。要檢查這是否有效，我們從

程式 11-3 印出前幾列即可得知，如下所示：

```
Popl data with non-county rows removed:
     fips           County   Density
2  1001.0    Autauga County     91.8
3  1003.0    Baldwin County    114.6
4  1005.0    Barbour County     31.0
5  1007.0       Bibb County     36.8
6  1009.0     Blount County     88.9
Shape of df = (3221, 3)              列數少了 53
```

可以看到 DataFrame 開頭前兩列無關的內容已經刪除了，而根據 shape 屬性，你總共移掉了 53 列，其中包括一開頭的標題列，還有 50 個州、哥倫比亞特區 (DC) 和波多黎各的首列等。請注意，DC 的 FIPS 代碼為 11001；波多黎各的 FIPS 使用州代碼 72，以與其 78 個縣的三位數縣代碼相匹配。之後你將保留 DC 的 FIPS，但會將波多黎各的移除。

編註：波多黎各位在加勒比海地區，是美國領土下自治邦，屬於美國聯邦政府（中央政府）管轄範圍，有自己的地方政府，卻未成為美國的一州。

接下來，為州代碼和縣代碼建立獨立的欄位。將第一個新欄位命名為 state_id，使用整除算符 (//) 來取得除以 1,000 後的整數 (也就是前一碼或前兩碼數字)，如此計算得到的即是州代碼 ❶。

雖然 // 會傳回一個整數，但新的 DataFrame 裡的欄位預設是使用 float 浮點數型別。但由我們對 bokeh 範例資料的分析可知，它在鍵值的 tuple 中是以整數來儲存這些代碼。使用 pandas 的 astype() 函式將欄位轉換為整數資料型別，參數設為「int64」。

現在，為縣代碼創建一個新的欄位，將其命名為 cid，以便與 holoviews 的區域密度圖範例中使用的名稱一致。由於你現在要的是 FIPS 代碼的最後三位數字，請使用餘數算符 (%)，傳回除以 1000 後的餘數 (也就是後三碼數字)。將此行轉換為整數資料型別，如同前一列程式中所做的一樣。

再次印出，只是這次我們呼叫 DataFrame 上的 info() 函式 ❷。此函式會傳回 DataFrame 的簡明摘要，包括資料型別和記憶體使用情況。

```
Popl data with new ID columns:
      fips          County    Density  state_id  cid
2    1001.0   Autauga County     91.8         1    1
3    1003.0   Baldwin County    114.6         1    3
4    1005.0   Barbour County     31.0         1    5
5    1007.0      Bibb County     36.8         1    7
6    1009.0    Blount County     88.9         1    9
Shape of df = (3221, 5)


df info:
<class 'pandas.core.frame.DataFrame'>
Int64Index: 3221 entries, 2 to 3273        因為列索引並未重新編號，
Data columns (total 5 columns):            所以此處索引是到 3273，
fips     3221  non-null  float64           但實際只有 3221 列
County   3221  non-null  object      →  可視為字串型別
Density  3221  non-null  float64
state_id 3221  non-null  int64
cid      3221  non-null  int64
dtypes: float64(2), int64(2), object(1)
memory usage: 151.0+ KB
None
```

從各行和資訊摘要中可以看出，state_id 和 cid 是整數的數值。

前五列的州代碼都是個位數,但州代碼也有可能是兩位數。我們需要花點時間檢查後面各列的州代碼,你可以呼叫 loc() 函式並將一個較高的列數傳入 ❸,此處呼叫 loc[500] 讓你檢查第 500 列資料的州代碼:

```
Popl data at row 500:
fips              13207
County        Monroe County
Density           66.8
state_id          13
cid               207
Name: 500, dtype: object
```

fips、state_id 和 cid 等資料看起來都很合理,這樣就完成了資料準備。下一步是將這些資料轉換成一個字典,使 holoviews 可以利用它來製作區域密度圖。

11.4.3 準備用於顯示的資料

程式 11-4 將州和縣代碼,以及密度資料轉換為各別的 list,再將它們重新組合成一個字典,其格式與 holoviews 範例圖表中使用的 unemployment 字典相同。它也列出了要從地圖中排除的州和領地,並列出繪製區域密度圖所需的資料。

▶ 程式 11-4:choropleth.py 第 3 段,準備用於繪圖的人口資料

```
state_ids = df.state_id.tolist()
cids = df.cid.tolist()            轉換成 list 格式
den = df.Density.tolist()

tuple_list = tuple(zip(state_ids, cids))    合併成 tuple
popl_dens_dict = dict(zip(tuple_list, den))    合併成字典        → 接下頁
```

```
EXCLUDED = ('ak', 'hi', 'pr', 'gu', 'vi', 'mp', 'as')  ←── 創建不屬於美國
                                                            本土的州和領地
                                                            的 tuple

counties = [dict(county, Density=popl_dens_dict[cid])  ←── 建立字典
            for cid, county in counties.items()
            if county["state"] not in EXCLUDED]
```

先前我們查看了 holoviews 範例圖表中的 unemployment 變數，發現它是一個字典，並以州和縣代碼的 tuple 為鍵值，以失業率為資料值，如下所示：

```
(1, 1) : 9.7
(1, 3) : 9.1
--（略）--
```

要為人口資料創建一個類似的字典，首先使用 pandas 的 tolist() 函式創建 DataFrame 裡 state_id、cid 和 Density 列的各別 list，再使用內建的 zip() 函式將州和縣代碼的 list 合併為 tuple 組 (tuple pairs)。使用 zip() 將此 tuple_list (稱其 tuple_list 可能不盡準確；技術上而言，它是一個 tuple_tuple) 與 den 組合，創建出最終的字典 popl_dens_dict，這樣就完成了資料準備。

《陰屍路》的倖存者將幸運地離開亞特蘭大，當然，他們到達阿拉斯加的機率很渺茫！為 bokeh 縣資料 (US_Counties.csv) 中不屬於美國本土的州和領地創建一個名為 EXCLUDED 的 tuple，包括阿拉斯加 (AK)、夏威夷 (HI)、波多黎各 (PR)、關島 (GU)、維京群島 (VI)、北馬里亞納群島 (MP) 和美屬薩摩亞 (AS)，為了減少輸入的長度，你也可以使用縣資料集提供的縮寫 (見圖 11-4)。

接下來，和在 holoviews 範例圖表做的步驟一樣，建立一個字典並將其放入名為 counties 的 list 中。你可以在此處添加人口密度資料，使用 cid 縣代碼將其連結到正確的縣，使用條件式來排除 EXCLUDED tuple。

如果你顯示此 list 中的第一個索引，你將獲得以下 (過長而被截斷的) 輸出：

```
[{'name': 'Autauga', 'detailed name': 'Autauga County, Alabama', 'state':
'al', 'lats': [32.4757, 32.46599, 32.45054, 32.44245, 32.43993, 32.42573,
32.42417, --（略）-- -86.41231, -86.41234, -86.4122, -86.41212, -86.41197,
-86.41197, -86.41187], 'Density': 91.8}]
```

Density 字典取代了 holoviews 範例圖表中使用的 Unenployment 字典。接下來，可以繪製地圖了！

11.4.4 繪製區域密度圖

程式 11-5 建立區域密度圖，將其儲存為 .html 檔案，並使用瀏覽器開啟。

▶ 程式 11-5: choropleth.py 第 4 段，建立和繪製區域密度圖

```
choropleth = hv.Polygons(counties,  ◀── 創建一個二維的幾何圖形區域
                         ['lons', 'lats'],
                         [('detailed name', 'County'), 'Density'])

                                              ❶ 設置地圖選項
choropleth.opts(opts.Polygons(logz=True,
                              tools=['hover'],
                              xaxis=None, yaxis=None,
                              show_grid=False, show_frame=False,
                              width=1100, height=700,        → 接下頁
```

```
                                        colorbar=True, toolbar='above',
                                        color_index='Density', cmap='Greys',
                                        line_color=None,
                                        title='2010 Population Density \      ❶
per Square Mile of Land Area'
                                        )
                    )

hv.save(choropleth, 'choropleth.html', backend='bokeh')   ❷ 儲存為 .html 檔
url = abspath('choropleth.html')   ◀── 指派 .html 檔所在路徑
webbrowser.open(url)   ◀── 打開路徑並顯示地圖
```

　　根據 holoviews 的文件，Polygons() 類別會創建一個二維的幾何圖形區域，將傳入的圖形 list 繪製出來。將一個變數命名為 choropleth，把 counties 變數和字典的鍵值傳入 Polygons()，包括用於繪製縣圖形的 lons 和 lats，我們也將縣名和人口密度的鍵值傳遞給它。當你在地圖上移動游標時，holoviews 的浮動快顯 (hover) 工具將使用此 tuple ('detailed name', 'County') 向你顯示完整的縣名，例如 County: Dallas County, Texas (圖 11-7)。

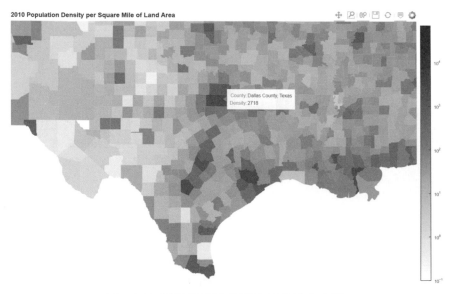

圖 11-7: 浮動快顯功能開啟的區域密度圖

接下來設置地圖選項 ❶。首先，將 logz 參數設置為 True 來使用色彩對應軸。

holoviews 視窗有一組預設的工具，例如平移 (Pan)、縮放 (Box Zoom / Wheel Zoom)、存檔 (Save)、重置 (Reset) 等 (見圖 11-7 的右上角)，你可以使用 tools 參數將浮動快顯功能添加到 list 中，使你可以查詢地圖，並獲得縣名和人口密度的詳細資訊。

你並非在繪製有 x 軸、y 軸標註的標準圖，因此將它們設置為 None 即可，同樣地，不必在地圖周圍顯示網格或框架。

以像素為單位來設定地圖的寬度和高度，調整成適合你的顯示器的設置；接下來將 colorbar 設置為 True，並將工具欄放在顯示的頂部。

由於你欲根據人口密度為縣著色，請將 color_index 參數設置為 Density，它表示 popl_dens_dict 中的資料值。對於填充的顏色，參數 cmap 輸入 Greys，代表使用黑白灰的顏色；如果你想使用更亮的顏色，可以在 https://holoviews.org/user_guide/Colormaps.html 找到可用顏色的對應軸，請務必選擇名稱中帶有「bokeh」的項目。接下來為縣圖形的外框選擇線條顏色，如果地圖是灰階 (如本書)，可以選擇無 (None)、白色或黑色。

最後加上圖表的標題名稱，就可以完成區域密度圖的繪製了。

要將地圖保存在當前資料夾，請使用 holoviews 的 save() 函式，並將 choropleth 變數、帶有 .html 副檔名的檔案名，以及所要使用的繪圖後端的名稱 ❷ 代入。如前所述，holoviews 是專為與 Jupyter Notebook 一起使用而設計，如果你想要地圖直接在瀏覽器上顯示，首先當然開啟儲存的地圖 (.html 檔)。將保存地圖的完整路徑指派給一個 url 變數，然後使用 webbrowser 模組打開 url 並顯示地圖 (圖 11-8)。

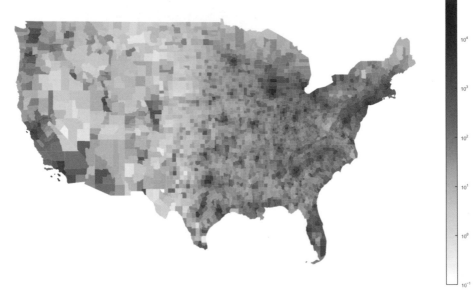

2010 Population Density per Square Mile of Land Area

圖 11-8: 2010 年人口密度區域密度圖，較淺的顏色代表人口密度較低

你可以使用地圖頂部的工具欄進行平移、縮放（使用框或滑鼠滾輪）、存檔、重置或浮動，如圖 11-7 所示，浮動快顯工具將幫助你在地圖陰影難以在視覺上區分的地方找到人口最少的縣。

 Box Zoom 工具允許快速放大查看矩形區域，但可能會拉伸或擠壓地圖軸。要在縮放時保證地圖的長寬比，請配合使用 Wheel Zoom 和 Pan 工具。

11.4.5 擬定最佳路線

　　奇索斯山脈 (Chisos Mountains) 是大彎曲國家公園內死火山，可能是地球上渡過喪屍末日的最佳地點之一。這些山峰地處偏遠且形似堡壘 (圖 11-9)，高出周圍沙漠平原 4,000 英呎，最高海拔近 8,000 英呎。它們的中心是一個帶有國家公園設施的天然盆地，包括小屋、小木屋、商店和餐廳。該地區魚類和野味豐富，沙漠泉水提供淡水，格蘭德河岸 (the banks of Rio Grande) 也適合耕種。

圖 11-9: 德州西部的奇索斯山脈 (左) 與 3D 地形圖表示 (右)

　　使用你的區域密度圖，你可以快速規劃一條通往遠方的天然堡壘的路線，但首要之務是要逃離亞特蘭大。離開都會區的最短路線是在阿拉巴馬州伯明翰市和蒙哥馬利市之間的狹窄通道 (圖 11-10)，你可以向北或向南繞過下一個大城市—密西西比州傑克遜市。但如果要選擇最佳路線，你需要再高瞻遠矚一些！

　　傑克遜市周圍的南向路線較短，但這樣倖存者會被迫通過高度發
展的 I-35 走廊，該走廊以南部的聖安東尼奧和北部的達拉斯－沃斯堡
(DFW) 為界 (圖 11-11)，這在德州希爾縣形成了一個有潛在危險的咽喉
點 (choke point) (在圖 11-11 中圈出)。

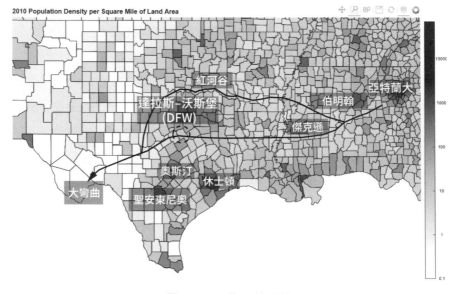

圖 11-11: 往西的路線

編註：達拉斯–沃斯堡 (DFW) 其實分別為兩個城市，達拉斯和沃斯堡，因為兩者距離相近，商業往來頻繁，與附近的阿靈頓，共同組成都會區。

　　或者，穿過俄克拉荷馬州和德州之間的紅河谷，此向北路線會更長但更安全，尤其是能利用河流通航的話。一旦到沃斯堡 (FW) 以西，倖存者就得以過河、轉向南方求援。

　　如果 holoviews 可提供更改顏色的互動式滑桿，這樣的規劃起來會更簡單。例如，你可以經由簡單地在圖例上下拖動游標，以過濾或更改縣的陰影深度，如此可以更容易地找到穿過人口最少的縣的連接路線。

　　不幸的是，滑桿不是 holoviews 視窗元件選項之一。不過，既然你會使用 pandas，仍有辦法可以實現這個功能，只需在 print(df.loc[500]) 程式碼後面添加以下程式：

```
df.loc[df.Density >= 65, ['Density']] = 1000
```

　　這會更改 DataFrame 中的人口密度值，將大於或等於 65 的值設定為常數值 1000。再次執行程式，你將得到圖 11-12 中的圖。使用這些新的值後，聖安東尼奧－奧斯汀－達拉斯的屏障更加顯眼了，相較之下，東德州北部的紅河谷的安全性凸顯出來了！

　　你可能會好奇，電視劇裡的倖存者都去了哪裡？他們無處可去！他們在亞特蘭大附近度過了電視劇的前四季，起初在石頭山 (Stone Mountain) 露營，後來藏身於虛構小鎮伍德伯里 (Woodbury) 附近的一個監獄中 (圖 11-13)。

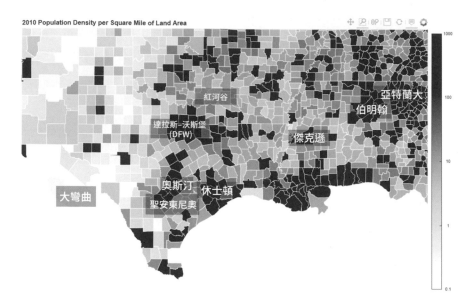

圖 11-12: 以黑色陰影表示每平方英哩人口超過 65 人的縣

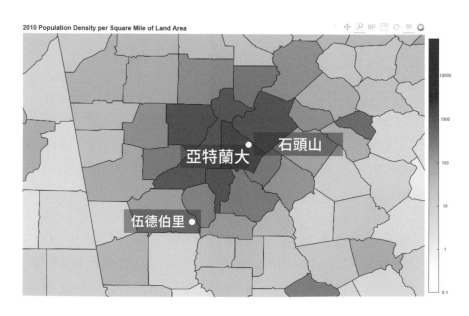

圖 11-13: 石頭山和虛構小鎮伍德伯里的位置

石頭山距離亞特蘭大市中心和迪卡爾布縣 (DeKalb County) 不到 20 英哩，每平方英哩有 2,586 人。伍德伯里 (現實中為塞諾亞市 (Senoia)) 距離亞特蘭大市中心僅 35 英哩，位於考維塔縣 (Coweta County) (每平方英哩 289 人) 和費耶特縣 (Fayette County) (每平方英哩 549 人) 的邊界，難怪這些倖存者的處境這麼艱難。要是他們之中有一位是資料科學家，或許就不會淪落至如此悲慘的境地了！

11.5　本章總結與延伸練習

在本章中，使用 Python 資料分析庫 (pandas) 以及 bokeh 和 holoviews 視覺化模組。在此過程中，你進行了一些真實世界的資料整理，以及清理和連結來自不同來源的資料。

▌挑戰題：繪製美國人口變化圖

美國政府已於 2021 年公佈 2020 年人口普查的人口資料。使用它以及本專案的 2010 年資料，生成一個新的區域密度圖，該地圖可顯現該時間段內各縣的人口變化。

提示：你可以將 pandas 的 DataFrames 中的行「相減」以生成差異資料，如下面的簡單範例所示 (2020 年人口資料是虛擬的數據)。

```
>>> import pandas as pd
>>>
>>> # 以縣對應範例人口資料
>>> pop_2010 = {'county': ['Autauga', 'Baldwin', 'Barbour', 'Bibb'],
               'popl': [54571, 182265, 27457, 22915]}
```
→ 接下頁

```
>>> pop_2020 = {'county': ['Autauga', 'Baldwin', 'Barbour', 'Bibb'],
                'popl': [52910, 258321, 29073, 29881]}
>>>
>>> df_2010 = pd.DataFrame(pop_2010)
>>> df_2020 = pd.DataFrame(pop_2020)
>>> df_diff = df_2020.copy() # 複製 df_2020 為新的 DataFrame
>>> df_diff['diff'] = df_diff['popl'].sub(df_2010['popl'])
# 減去 popl 行
>>> print(df_diff.loc[:4, ['county', 'diff']])
    county    diff
0   Autauga  -1661
1   Baldwin  76056
2   Barbour   1616
3   Bibb      6966
```

12

在模擬世界中覺醒的
救世主

在 2003 年，哲學家尼克‧博斯特倫 (Nick Bostrom) 提出了一種假說——其實我們生活在一個電腦模擬的世界裡，這個世界是由我們先進的、可能為「後人類」的後代所創造。時至今日，包括尼爾‧德格拉斯‧泰森 (Neil DeGrasse Tyson) 和伊隆‧馬斯克 (Elon Musk) 在內的許多科學家和思想家都相信，這個模擬假說 (simulation hypothesis) 很有可能是正確的。如此解釋了為何數學能絕妙並準確地描述自然現象、為何觀察者似乎可以影響量子事件，以及為什麼我們在宇宙中顯得如此孤獨。

編註：後人類是假設中的未來物種，是由人類進化而來，可能為改造人、意識體等。

更奇怪的是，「你」可能是這個模擬世界中唯一真實的東西。也許你是「桶之中腦」(brain in a vat)，沉浸在歷史模擬 (historical simulation) 中。為了計算的效率，模擬可能僅描繪當前與你交互作用的那些事物。例如，當你走進房間並關上房門後，房間外的世界可能會如同冰箱的燈一般瞬間熄滅。你如何真正知道會或不會呢？

編註：桶中之腦，是一種想像中的實驗，若把大腦從人身上取出，放入桶子內，並讓它持續保持活性，在這時傳遞神經訊號，讓大腦以為自己在做家事，請問這時做家事是否為真實情境，還是一切都是模擬出來的？大腦能判斷得出來嗎？

許多科學家們嚴肅認真地看待這個假設，針對如何設計一些測試以證明此假設，已經有過許多辯論，及發表過許多論文（編註：如艾薩克‧艾西莫夫 (Issac Asimov) 紀念辯論會的影片 https://youtu.be/wgSZA3NPpBs，由天體物理學家尼爾‧德格拉斯‧泰森主持，該影片討論的主題為我們生活在一個模擬世界的可能性）。在本章中，你將嘗試使用物理學家提出的方法來回答這個問題，你將建構一個簡單的模擬世界，再對其進行分析，來尋找可能洩露天機的線索。你將以逆向的方式完成這個專案，在提出解決問題的策略之前編寫程式。你會發現，即使是最簡單的模型，也能為我們存在的本質提供一些深刻的見解。

 若想了解模擬假設的概述可參考 "Are We Living in a Simulated Universe? Here's What Scientists Say" (NBC News, 2019), by Dan Falk。

12.1 專案：當個創世主，畫出你的小世界

模擬現實並不僅是一個遙遠的夢想，現今的物理學家可以利用世界上最強大的超級電腦來完成這一項壯舉，在數飛米 (1 fm＝10^{-15} m) 尺度下模擬次原子粒子（編註：比原子還小的粒子，如電子、中子、質子、光子、介子、夸克等）的行為，雖然模擬只代表了宇宙的一小部分，但它與我們所理解的現實是真假難辨的。

▍專案目標

解決我們的問題並不需要超級電腦或物理學學位，你所需要的只是 turtle 模組，turtle 模組隨 Python 一同提供，因此你無需安裝其他的任何套件。你在第 6 章中使用了 turtle 模組來模擬阿波羅 8 號任務。在這裡，我們沒有要模擬出元宇宙 (Metaverse) 般的龐大虛擬世界，只是帶你了解用電腦模擬的一些基本概念，才能進一步在虛虛實實的世界中，嘗試辨識出可能是模擬出來的物件特徵。

12.2 建立模擬環境

在範例程式檔 pool_sim.py 裡，被模擬的對象是一隻鱷龜。我們會建立一個以鱷龜為主要棲息生物的池塘作為模擬環境，包括一個小島、一根漂浮的樹幹，和一隻名為 Yertle 的鱷龜。Yertle 會游離樹幹，游回來，然後再次游出。

12.2.1 匯入 turtle 模組，設置畫面，繪製小島

程式 12-1 匯入 turtle 模組，設置一個池塘的 Screen 類別物件，並為 Yertle 繪製了一個小島作為牠巡視的領域。

▶ 程式 12-1: pond_sim.py 第 1 段，匯入 turtle 模組並繪製池塘和小島

```
import turtle

pond = turtle.Screen()          ◄── 將 Screen 類別物件指派為 pond
pond.setup(600, 400)            ◄── 設定池塘的畫面大小
pond.bgcolor('light blue')      ◄── 設定池塘背景
pond.title("Yertle's Pond")     ◄── 設定標題

mud = turtle.Turtle('circle')   ◄── 建立 Turtle 類別物件
mud.shapesize(stretch_wid=5, stretch_len=5, outline=None)  ◄── 放大圓形
mud.pencolor('tan')             ◄── 設定繪圖顏色
mud.fillcolor('tan')            ◄── 設定填充顏色
```

匯入 turtle 模組後，將 Screen 類別物件指派為 pond 變數。使用 turtle 的 setup() 函式設定池塘的畫面大小 (以像素為單位)，然後將背景塗成淡藍色。你可以在許多網站上找到 turtle 顏色及其名稱的表格，例如 https://trinket.io/docs/colors。最後我們為畫面提供標題來完成這個池塘。

接下來，製作一個圓形的小島，讓鱷龜 Yertle 能在上面曬日光浴。使用 Turtle 類別物件來實例化一個的 turtle 物件，並名為 mud。雖然 turtle 附帶了一個繪製圓形的函式，但在這裡我們也可以直接傳入 'circle' 參數，它會生成一個圓形的 turtle 物件。當然，這個圓形預設的大小太小了，不能構成一個島，我們可以使用 shapesize() 函式將其放大，最後經由將繪圖顏色和填充顏色設定為棕褐色，這樣小島就完成了。

12.2.2　繪製樹幹、樹洞和鱷龜 Yertle

程式 12-2 繪製樹幹、樹洞和鱷龜 Yertle 來完成程式，然後移動 Yertle，使牠可以離開小島去查看樹幹。

▶ 程式 12-2：pond_sim.py 第 2 段，繪製一根樹幹和一隻鱷龜，然後移動鱷龜

```
SIDE = 80        ◀── 樹幹 (矩形) 的長度
ANGLE = 90      ◀── 設定角度
log = turtle.Turtle()     ◀── 建立代表樹幹的 turtle 物件
log.hideturtle()      ◀── 隱藏 turtle 物件
log.pencolor('peru')  ┐
                       ├ 將樹幹著色
log.fillcolor('peru') ┘
log.speed(0)     ◀── 設定物件的移動速度為最快
log.penup()   ❶ 使移動軌跡不被描繪
log.setpos(215, -30)     ◀── 設定樹幹位置
log.lt(45)     ◀── 將物件向左旋轉 45 度
log.begin_fill()     ◀── 要開始使用填滿功能
for _ in range(2):   ❷ 使用迴圈
    log.fd(SIDE)     ◀── 畫出樹幹的長度
    log.lt(ANGLE)     ◀── 轉角度
    log.fd(SIDE / 4)     ◀── 畫出樹幹的寬度
    log.lt(ANGLE)     ◀── 轉角度
log.end_fill()     ◀── 將樹幹填滿為棕色

knot = turtle.Turtle()     ◀── 建立代表樹洞的 turtle 物件
knot.hideturtle()     ◀── 隱藏 turtle 物件
```

→ 接下頁

```
knot.speed(0)  ←—— 設定物件的移動速度為最快
knot.penup()  ←—— 使移動軌跡不被描繪
knot.setpos(245, 5)  ←—— 設定樹洞位置
knot.begin_fill()  ←—— 要開始使用填滿功能
knot.circle(5)  ←—— 畫出半徑為 5 像素的圓
knot.end_fill()  ←—— 將樹洞填滿為黑色

yertle = turtle.Turtle('turtle')  ←—— 建立代表鱷龜 Yertle 的 turtle 物件
yertle.color('green')  ←—— 設定鱷龜 Yertle 為綠色
yertle.speed(1)  ←—— 設定物件的移動速度為最慢
yertle.fd(200)  ←—— 前進 200 像素
yertle.lt(180)  ←—— 轉 180 度
yertle.fd(200)  ←—— 前進 200 像素
yertle.rt(176)  ❸ 向右轉 176 度
yertle.fd(200)  ←—— 前進 200 像素
```

　　你將繪製一個矩形來代表樹幹，因此首先我們設定兩個變數：SIDE 和 ANGLE。前者代表樹幹 (矩形) 的長度，以像素為單位；第二個是角度，以度為單位，你將依據此角度在矩形的各個角轉動 turtle。

　　在預設條件下，所有 turtle 一開始都會在畫面中心，座標 (0, 0) 處。由於你打算將樹幹放在一邊，因此在建立代表樹幹的 turtle 物件後，請使用 hideturtle() 函式將其隱藏，你就不會看到它飛過畫面而落下的過程。

　　將樹幹著色為棕色 (peru)，並設置物件的速度為最快 (0 代表無動畫產生)，你就不必看盯著它在畫面上慢慢被繪製的過程。你也不會看到它從畫面中心移到邊緣，切換到 penup() 模式，使移動軌跡不被描繪 ❶。

　　使用 setpos() 函式 (用於設定位置) 將樹幹放置在靠近畫面的右方邊緣，再將物件向左旋轉 45 度並呼叫 begin_fill() 函式 (表示要開始使用填滿功能)。

你可以經由使用 for 迴圈 ❷ 繪製矩形來節省幾列程式碼。迴圈會執行兩次，並繪製矩形的兩個邊 (樹幹的長度和寬度)。將 SIDE 除以 4 使樹幹的寬度為 20 像素。執行迴圈後，呼叫 end_fill() 將樹幹填滿為棕色。

我們再建立一個 turtle 物件來表示的樹洞，賦予樹幹一些特徵。我們先隱藏 turtle 物件，以不會發現軌跡的方式，最快速度移動它到正確位置。要繪製樹洞，請呼叫 circle() 函式並將 5 傳入，也就是畫出半徑為 5 像素的圓。請注意，你不需要指定填充顏色，因為黑色是預設值。

最後，經由繪製「山大王」Yertle 來結束程式。Yertle 是一隻綠色的鱷龜，因為牠年紀大了，所以將牠的繪製速度設置為最慢的 1。讓牠游出去檢查樹幹，然後轉身游回來。Yertle 年紀大了，忘記了自己剛剛做了什麼，所以，再讓牠游出去，但這一次調整牠的方向，讓牠不再直直地游向東方 ❸。執行程式，你應該會得到如圖 12-1 所示的結果。

仔細觀察這張圖片，儘管這是一個很簡單的模擬，但它包含了重要見解——我們是否像 Yertle 一樣，生活在電腦模擬世界裡？

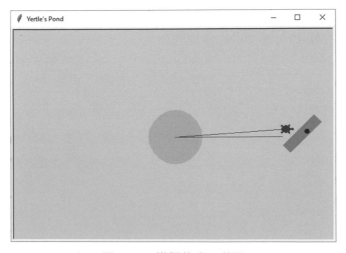

圖 12-1: 模擬的畫面截圖

12.3 模擬環境的意義

由於計算資源有限，所有電腦模擬都需要某種類型的框架來「附著」它們的擬真模型，這個框架可能稱為網格 (grid)、晶格 (lattice)、網目 (mesh)、矩陣 (matrix) 還是其他任何的名稱，它都提供了一種方法來在 2D 或 3D 空間中放置物件，並為其指派屬性，例如質量、溫度、顏色或其他內容。

turtle 模組使用畫面中的像素作為座標系統，並儲存相應的屬性。例如：用像素位置定義形狀，像樹幹的外框；像素顏色屬性用來區分不同的形狀。

像素的列和行以垂直交叉方式排列呈現，儘管個體像素是正方形且太小而不易看到，但你可以使用 turtle 模組的 dot() 函式來生成放大後的模擬圖，如下面的程式碼片段所示：

```
>>> import turtle

>>> t =  turtle.Turtle()
>>> t.hideturtle()
>>> t.penup()

>>> def dotfunc(x, y):
        t.setpos(x, y)
        for _ in range(10):
            t.dot()
            t.fd(10)

>>> for i in range(0, 100, 10):
        dotfunc(0, -i)
```

這將產生圖 12-2 中的模式。

圖 12-2: 黑點所形成正交網格代表正方形像素

在 turtle 世界中，像素是最小單位，如同原子是不可分割的，一條線不能短於一個像素，移動只能以像素的整數倍作為距離 (儘管你輸入浮點數值也不會引發錯誤)，最小的可能物件是一個像素大小，這意味著模擬的網格決定了你可以觀察到的最小特徵。假設我們確實生活在一個模擬世界中，由於我們可以觀察到非常小的次原子粒子，所以這個世界的網格勢必要非常精密。這導致許多科學家對模擬猜想抱持極度懷疑的態度，因為它需要大量的記憶體。不過誰知道呢？也許這對我們遙遠的後代，或者外星人來說，根本不是問題。

除了對物件的大小有限制外，模擬網格可能會在宇宙的結構上有一個首選的「方向」，或有「異向性」(anisotropy)。所謂「異向性」是材料的方向依賴性，例如木材更容易沿其紋理，而不是以斷的方式分裂。如果你在 turtle 模擬中仔細觀察 Yertle 的路徑 (圖 12-3)，你可以看到異向性的跡象：上方略微傾斜的路徑較曲折，而下方的東西向路徑則是完全筆直的。

圖 12-3: 傾斜路徑與直線路徑

在正交網格上繪製非正交線並不美觀,但這裡涉及的不僅僅是美學問題,沿 x 或 y 方向移動只需要整數加減法 (圖 12-4,左);但要以一個角度移動,則需要三角函數來計算在 x 和 y 方向的位移 (圖 12-4,右)。

對於電腦而言,數學計算等於工作量,因此我們可以推測以一定角度移動會需要更多能量。經由對圖 12-4 中的兩種計算進行計時,我們可以對這種能量差異進行相對測量。

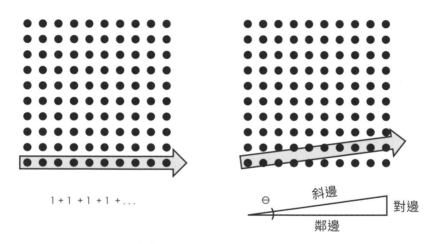

1 + 1 + 1 + 1 + ...

圖 12-4: 沿列或行移動 (左) 比跨行移動 (右) 所需的計算簡單

12.4 測量跨越網格的成本

為了計算一條斜穿像素網格的線和一條沿著網格的線之間的差異,你需要繪製兩條等長的線。但請記得,turtle 模組只能使用整數。你需要找到一個角度,使三角形的所有邊 (圖 12-4 中的對邊、鄰邊和斜邊) 都是整數。如此可使斜線與直線的長度相同。

要找到這些角度，你可以使用勾股數 (Pythagorean triple，也稱畢氏三元數)，即一組符合直角三角形規則 $a^2 + b^2 = c^2$ 的正整數 a、b 和 c。最著名的勾股數是 3-4-5，但你需要更長的線，以確保繪圖函數的執行時間不低於電腦時鐘的測量精度。幸運的是，你可以在網上找到其他更大的勾股數。62-960-962 這個組合是一個不錯的選擇，因為它夠長，但仍然可以放在 turtle 畫面中。

 編註：這一節主要是要證明，電腦畫斜線比畫直線來得麻煩、更花時間，你可能會疑惑這跟模擬世界有何關聯？作者做這個實驗是要說明，既然畫斜線對電腦來說是比較困難的作業，當你被困在虛擬世界中，可能有機會從這一點來做突破，例如：觀察景物的斜線是否自然，判斷是否為虛擬環境，或是有正面衝突時攻擊斜線部位會是其弱點。本節最後作者也會提出其科學上的論述。

12.4.1 比較繪製直線和斜線的執行時間

為了比較繪製一條直線的成本和繪製一條斜線的成本，在範例程式 line_compare.py (程式 12-3) 使用 turtle 來繪製兩條線。第一條線與 x 軸平行 (東西向)，第二條線與 x 軸成一個小的夾角，若你可以使用三角函數計算出正確的角度，那麼在這裡，它是 3.695220532 度。該程式使用 for 迴圈多次繪製這些線，並使用內建時間模組記錄繪製每條線所需的時間，最後比較所需時間的平均值。

你需要使用平均值的原因，是因為你的中央處理單元 (CPU) 大多時候都在執行多個程序。作業系統在幕後調度這些程序，執行一個程序時會將另一個暫停，直到資源 (例如輸入/輸出) 可用為止。因此，我們很難記錄特定函數的絕對運行時間，但計算多次執行的平均時間可以彌補這一點。

▶ 程式 12-3：line_compare.py，繪製一條直線和一條斜線並記錄各自的執行時間

```
from time import perf_counter
import statistics          ⎱ 匯入模組
import turtle

turtle.setup(1200, 600)    ◀── 設置畫面的大小
screen = turtle.Screen()   ◀── 建立繪圖視窗

ANGLES = (0, 3.695220532)  ◀── 直線和斜線的角度
NUM_RUNS = 20   ◀── for 迴圈的執行次數
SPEED = 0       ◀── 繪製線條的速度
for angle in ANGLES:
    times = []  ❶ 創建一個空的時間 list
    for _ in range(NUM_RUNS):
        line = turtle.Turtle()  ◀── 建立代表線的 turtle 物件
        line.speed(SPEED)   ◀── 設定物件的移動速度
        line.hideturtle()   ◀── 隱藏 turtle 物件
        line.penup()        ◀── 使移動軌跡不被描繪
        line.lt(angle)      ◀── 向左轉
        line.setpos(-470, 0)  ◀── 將 turtle 物件移動到畫面左測
        line.pendown()      ◀── 畫出移動軌跡
        line.showturtle()   ◀── 顯示內建圖案
        start_time = perf_counter()  ❷ 計時(開始)
        line.fd(962)    ◀── 前進 962 像素
        end_time = perf_counter()    ◀── 計時(結束)
        times.append(end_time - start_time)  ◀── 將計時結果加入時間 list

line_ave = statistics.mean(times)  ◀── 算出每條線的平均執行時間
print("Angle {} degrees: average time for {} runs at speed {} = {:.5f}"
      .format(angle, NUM_RUNS, SPEED, line_ave))
```

　　首先從 time 模組載入 perf_counter (效能計數器的縮寫)，此函數以秒為單位返回時間的浮點數值。它可以提供比 time.clock() 更精確的資訊，因此它在 Python 3.8 中取代了 time.clock()。

　　接著，匯入 statistics 模組，它能幫助你計算多次執行模擬的時間平均值，再匯入 turtle 模組，並設置 turtle 的畫面大小。但請記住，你需要能夠看到 962 像素長的線條。之後建立繪圖視窗。

接著，設定一些模擬的關鍵變數值，將直線和斜線的角度放在名為 ANGLES 的 tuple 中，再使用一個變數來儲存 for 迴圈的執行次數和繪製線條的速度。

開始走訪 ANGLES tuple 中的角度。建立代表線的 turtle 物件之前，我們先創建一個空 list 來儲存時間的測量值 ❶，接下來的步驟和之前所做的一樣。將 turtle 物件向左旋轉指定的角度，然後使用 setpos() 將其移動到畫面的左側。

將 turtle 物件向前移動 962 像素，將此命令夾在兩次呼叫 perf_counter() 之間 ❷，對移動進行計時。將結束的時間減去開始的時間，並將結果附加到時間 list 中。

最後使用 statistics.mean() 函數算出每條線的平均執行時間，將結果顯示至小數點後五位。程式執行後，turtle 畫面應如圖 12-5 所示。

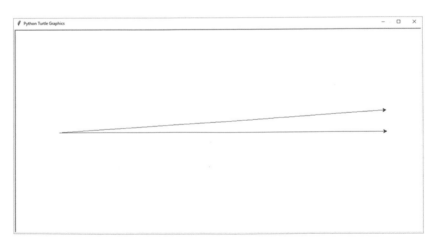

圖 12-5: line_compare.py 的完整 turtle 畫面

因為你使用了勾股數，斜線的長度確實為像素長度的整數倍，而非只是以最近的像素來逼近。因此，你可以確信直線和斜線具有相同的長度，並且在進行計時測量時，比較是公平的。

12.4.2 在不同條件下進行比較

如果你將每條線繪製 500 次 (將 NUM_RUNS 更改為 500)，然後比較結果，你應該會看到繪製斜線所需的時間大約是直線的 2.4 倍。

```
Angle 0 degrees: average time for 500 runs at speed 0 = 0.06492
Angle 3.695220532 degrees: average time for 500 runs at speed 0 = 0.15691
```

你的時間可能會略有不同，因為它們會受到你可能在電腦上同時執行的其他程序的影響。如前所述，CPU 會妥善管理所有這些程序，使你的系統快速、高效和公平。

如果你重複執行 1,000 次，你應該得到類似的結果。(如果你確定要這樣做，那你可能需要準備一杯咖啡和一些美味的派！) 繪製斜線的時間大約是繪製直線的 2.7 倍。

```
Angle 0 degrees: average time for 1000 runs at speed 0 = 0.10911
Angle 3.695220532 degrees: average time for 1000 runs at speed 0 = 0.29681
```

你是使用高的繪製速度來執行一個相對簡短的函數，如果你擔心 turtle 做了一些最佳化以犧牲準確性來加快速度，你可以放慢速度並重新執行程式。將繪製速度設置為正常 (speed＝6)，斜線的繪製時間大約是直線的 2.6 倍，也接近最高速度 (speed＝0) 的結果。

```
Angle 0 degrees: average time for 500 runs at speed 6 = 1.12522
Angle 3.695220532 degrees: average time for 500 runs at speed 6 = 2.90180
```

顯然，在像素網格上斜向移動，比沿著它移動需要更多的工作量。

模擬世界的論證

　　這個專案的目標是為從可能被模擬的生物 (也許是我們) 身上，找到任何一種模擬跡象的方法。目前為止，我們至少知道兩件事。首先，如果我們生活在模擬中，那網格是非常小的，因為我們可以觀察到次原子粒子。其次，如果這些小粒子以某個角度穿過模擬網格時，我們應該會找到可以轉化為某種可測量值的計算阻力。這種阻力可能看起來像是能量損失、粒子散射、速度降低或類似的現象。從之前程式執行結果可以發現繪製斜線比直線更耗時間，這可能是證明模擬世界存在的證據，但還不夠要確認模擬世界的存在，這是一個待你解決的謎。

　　2012 年，來自波昂大學的物理學家 Silas R. Beane 以及來自華盛頓大學的 Zohreh Davoudi 和 Martin J. Savage 發表了一篇論文，正是針對模擬世界是否存在進行了論證。根據作者的說法，如果將看似連續的物理定律施加在離散的網格上，則網格間距可能會對物理過程造成限制。

　　他們提出觀察超高能宇宙射線 (ultra-high energy cosmic rays, UHECRs) 來對此進行研究。UHECRs 是宇宙中速度最快的粒子，隨著能量的增加，它們會被越來越小的特徵影響。請注意，這些粒子可以擁有的能量是有限的。這現象被稱為 GZK 極限 (GZK cutoff，GZK 代表三位發現者姓氏的開頭字母)，並在 2007 年經由實驗證實，GZK 極限所帶來的現象與模擬網格可能導致的邊界阻礙是一致的。這樣的邊界阻礙也會導致 UHECRs 優先沿著網格的軸行進，並散射試圖穿過它的粒子。

　　可以預期地，這種方法也存在許多潛在的障礙。UHECRs 很罕見，異常行為也可能並不明顯。如果網格的間距遠小於 10^{-12} 飛米，我們可能完全無法檢測到它。甚至可能根本沒有網格，至少並非按照我們的理解—因為它所使用的技術可能遠遠超過我們自己的技術。而且，正如哲學家普雷斯頓・格林 (Preston Greene) 在 2019 年指出的那樣 (可參見 https://www.nytimes.com/2019/08/10/opinion/sunday/are-we-living-in-a-computer-simulation-lets-not-find-out.html)，如果我們生活在模擬中，但我們若要強求發現這件事，可能會觸發模擬的終結！

12.5 本章總結與延伸練習

從程式的角度來看,建立鱷龜 Yertle 的模擬世界是很簡單的。但是寫程式的很大一部分是解決問題,使你所做的少量工作能產生重大影響。不,我們沒有觀測宇宙射線,但我們起了一個良性的開始。電腦模擬需要一個可以在宇宙上標記可觀察特徵的網格─這個想法的重要性,遠超過對其細節的描述。

在《哈利波特:死神的聖物》(Harry Potter and the Deathly Hallows) 一書中,哈利問鄧不利多,「告訴我最後一件事。這是真的嗎?或者這一直發生在我的腦海裡?」鄧不利多回答說:「哈利,這當然發生在你的腦海裡,但為什麼這意味著它不是真實的呢?」

即使我們的世界並不像尼克・博斯特倫 (Nick Bostrom) 假設的那樣處於「現實的基本層面」,你仍然可以為自己解決此類問題的能力感到高興。如果笛卡爾活在今天,他可能會說「我 Coding,故我在」。前進吧!

作者的話

生命中永遠沒有足夠的時間讓我們做想做的所有事情,而對於寫作一本書而言尤甚。接下來的挑戰題是作者想做卻沒有時間完成的,但你可能比我更好運。與往常一樣,本書不為挑戰題提供解答─你不需要它們。

這是真實的世界,而你已經準備好了!

▌挑戰題：尋找安全空間

　　1970 年獲獎的小說《環形世界》向全世界介紹了耍木偶人 (Pierson's Puppeteer)，一種有知覺且高度先進的外星食草動物。作為群居動物，耍木偶人非常膽小和謹慎。當他們意識到銀河系的核心已經爆炸，輻射將在 20,000 年後到達他們時，他們立即開始逃離它們的星系！

　　在這個專題中，你是 29 世紀外交團隊的一員，負責與耍木偶人大使進行交流。你的工作是在美國本土內選擇一個他們認為安全的州，設立耍木偶人使館。你需要篩選每個州的自然災害，例如地震、火山、龍捲風和颶風，並向大使展示成果地圖。不要擔心你使用的資料已經過時數百年，我們就先假設它是公元 2850 年的當前資料。

　　你可以從 https://earthquake.usgs.gov/earthquakes/feed/v1.0/csv.php/ 的右手邊欄位找到地震資料（編註：建議使用 30 天的資料，因為資料內容會較多）。使用氣泡圖繪製那些 6.0 級或更大地震。

　　龍捲風資料則可以從 https://www.ncdc.noaa.gov/climate-information/extreme-events/us-tornado-climatology 的表格右上方 Download 處下載。使用區域密度圖，以各州每年的平均數量來呈現，就像在第 11 章中所做的那樣。

　　至於火山，你可以在 https://pubs.usgs.gov/sir/2018/5140/sir20185140.pdf 第 16 頁 2018 Update to the U.S. Geological Survey National Volcanic Threat Assessment 的 table 2 中找到危險火山列表。在地圖上將這些火山表示為點，這些點的顏色或形狀需要與地震資料不同。另外，請忽略黃石火山，我們假設監測這座超級火山的專家可以及時預測噴發，使大使能夠安全地逃離地球。

要查找颶風軌跡，請訪問國家海洋和大氣管理局網站 (https://coast.noaa.gov/digitalcoast/data/) 並搜索「Historical Hurricane Tracks」。下載並在地圖上標示第 4 級及更高級別的風暴。

試著像耍木偶人一樣思考，並使用最終的合成地圖為大使館選擇一個候選州。你可能不得不忽略一兩次龍捲風。美國是個危險的地方！

挑戰題：太陽來了

2018 年，來自加州伍德賽德的 13 歲學生喬治亞・哈欽森 (Georgia Hutchinson) 贏得了 Broadcom MASTER 全國中學生科學競賽 STEM 獎共 25,000 美元。她的專題「設計一款基於資料驅動的雙軸太陽能跟蹤器」（編註：太陽能板面向太陽時，發電效率最高）因不再需要昂貴的光感測器，可使太陽能電池板更便宜、更高效。

 編註：STEM 為科學 (Science)、技術 (Technology)、工程 (Engineering) 和數學 (Mathematics) 的開頭字母縮寫，代表著理工相關科系。

這個新的太陽能跟蹤器的使用前提是我們能在地球上任何定點、任何時刻知道太陽的位置。所以它使用來自國家海洋和大氣管理局的公共資料來持續鎖定太陽的位置，並傾斜太陽能板以實現最大發電量。

編寫一個 Python 程式，根據你選擇的位置來計算太陽的位置。可以參見維基百科 https://en.wikipedia.org/wiki/Position_of_the_Sun。

挑戰題：狗狗眼中的世界

使用你的電腦視覺知識，編寫一個 Python 程式，該程式獲取圖片，並模擬狗會看到的內容。請參考 https://www.akc.org/expert-advice/health/are-dogs-color-blind/ 和 https://dog-vision.andraspeter.com/。

▌挑戰題：自動篩選親朋好友的照片

你的配偶、兄弟姐妹、父母、最好的朋友或其他人正在舉辦慶祝晚宴，而你負責投影片放映。在硬碟裡有大量照片，但檔案名只列出了拍攝日期和時間，不提供有關內容的任何線索。

如果照片是放在 Google 相簿，或許有機會快速篩選出親朋好友的照片，但若是放在本機上，可能就要自己手動篩選了。但是等等，前面不是學過人臉辨識了嗎？只要先找到一些照片來訓練，寫幾段程式，就可以大大簡化這個工作。

首先，在你的個人照片集中找到先挑出要辨識的人物。接下來，編寫一個 Python 程式搜索你的資料夾，找到包含某人的照片，並將照片複製到一個特殊的資料夾供你查看。訓練時，確保包括面部輪廓和正面直視圖，並在辨識面部時使用 Haar 階層式分類器。

▌挑戰題：模擬蜘蛛結網

使用 Python 和 turtle 模組來模擬蜘蛛結網。有關結網請參見 https://www.brisbaneinsects.com/brisbane_weavers/index.htm。

▌挑戰題：站在高崗上

「離德州休士頓最近的山是什麼？」這個在線上問答網站 Quora 上提出的看似簡單的問題其實並不容易回答。一方面，你需要考慮墨西哥以及美國的山脈。另一方面，山的定義並不是明確一致而被普遍接受的。

為了使這更容易一些，請使用聯合國環境規劃署對山區地形的定義之一。尋找海拔至少為 2,500 公尺 (8,200 英尺) 的突起，將它們視為山脈。計算它們到休士頓市中心的距離，以找到最近的山。

MEMO